寒地建筑理论研究系列丛书

# 寒地建筑应变设计

## RESPONSIVE DESIGN STRATEGY FOR COLD REGION ARCHITECTURE

梁　斌　梅洪元　著

中国建筑工业出版社

本书的出版受国家自然科学基金
青年基金资助（51608413）

# 丛书序

　　《寒地建筑理论研究系列丛书》是近年来我的研究团队围绕寒地建筑所进行的理论思辨与前沿探索，几位青年才俊在博士论文的研究成果基础上编著成书。这些学术专著从不同的视角进行理论创新，提出了具有针对性的设计策略。其核心思想是超越封闭、机械、单一的思维禁锢与创作束缚，使寒地建筑具有"生于大地、长于阳光"的蓬勃生命力。

　　在寒地建筑所面对的各种自然环境要素中，气候起着主导作用，对于严酷气候环境的适应直接影响到寒地建筑的布局、形态与空间。几十年来的寒地建筑设计实践与理论研究，让我深刻感受到地域因素的诸多限制并非束缚了创作自由，相反它们是寒地建筑创新的灵感源泉。我的研究团队秉持原真的建筑设计思想，倡导共融、开放、和谐的设计原则与多种技术整合的适用技术观，以基于环境特质的创新意识、植根地域的建筑语言与体现建构逻辑的审美表征，真实展现寒地建筑原生于自然环境的生命力，实现对严酷气候环境从被动适应转为主动利用。

　　在当代的建筑语境下，寒地建筑所涉及领域非常广阔，已不仅仅是技术问题，更是环境问题、经济问题与社会问题的有机关联。我的研究团队进行了理论拓展，从"文化传承、环境友好、人文关怀"的角度去建构寒地建筑、环境、社会与人的和谐共生，以现代性、在地性与人本性的有机结合，使寒地建筑回归建筑创作本原。

《寒地建筑理论研究系列丛书》的出版发行，不仅仅是我和研究团队科研成果的体现，也凝结着大量建筑界同仁在寒地建筑研究领域的学术贡献。感谢他们丰硕的研究成果为我们提供了宝贵的借鉴，也拓展了我们的研究视域。感谢中国建筑工业出版社的鼎力支持，本丛书得以付梓印刷。

　　行文至此，感慨颇深。每一本著作背后都有着岁月之笔所书写的故事，那些与学生们一起度过的学术时光是我人生中最幸福的时刻。

梅洪元

哈尔滨工业大学建筑学院教授、
博士生导师
全国工程勘察设计大师
美国建筑师协会荣誉会士（FAIA）
2017年11月

# 本书摘要

　　本书将应变设计理论与方法引入寒地建筑设计，应对变化的气候、行业以及社会背景。可持续思想则契合了当前的设计发展方向，作为应变设计的目标与原则不可或缺。两者结合构成了本研究的理论基础，成为在寒地现实条件下实现适寒、适居、适技的可持续目标的保障。

　　将应变作用机制与哲学三分法观点相整合，分解为正题—阻御、反题—调适、合题—协同，依据其由外而内、由宏观到微观的层级关系形成三个层面的策略框架：通过对寒地原生环境作用机制的剖析，引介出阻御应变的基本原理，提出基于寒地建筑外部形式的阻御应变设计策略；通过对寒地次生环境作用机制的系统剖析，引介出调适应变的基本原理，提出基于寒地建筑内部性能的调适应变设计策略；通过对寒地建造环境作用机制的系统剖析，引介出协同应变的基本原理，提出基于寒地建筑各系统的协同应变设计策略。三者共同构建起系统、完整的可持续寒地建筑应变设计策略体系。

　　研究心得主要体现在以下三个方面：首先，将可持续思想与应变设计结合，创新发展了寒地建筑设计理论；其次，借鉴哲学三分法架构基于可持续思想的寒地建筑应变设计研究框架，提出了探索寒地建筑设计的全新方法；第三，提出了基于可持续思想的寒地建筑阻御、调适、协同应变设计策略体系，具有理论和实践的双重意义，契合我国当前节约型社会下的可持续发展需求。

# 前　言

　　新世纪以来，寒地建筑逐渐面临前所未有的严峻考验——全球性气候波动加剧了原本恶劣的气候条件、全行业生态意识的提升形成对建筑品质更高的要求、节约型社会的发展进程遏制了技术与资源的过度使用，所有这些变化趋势都将问题导向一处，即应对变化的需求。寒地建筑迫切需要一套契合地域特质的设计方法，使建筑在与人、与自然的矛盾关系中成为关键的承接环节，突破气候、物资、文化的地缘制衡，促成新的平衡机制。承担这一角色的"应变设计"无论作为一种设计理念或设计方法，都为寒地建筑领域开辟了一个崭新和极具特色的研究思路。

　　本书中的应变设计集成了环境气候学、生物进化论、动态建筑理论的相关内涵，定义为由主体出发的主动思维和协同客体要素的动态行为，并以历时性为特征表达了持续应对变化的过程。可持续思想则扩充了系统理论、生命周期理论以及循环经济理论的核心特质，对其与时俱进的外延契合了当前社会背景下应变设计的发展方向，作为应变设计的目标与原则不可或缺。两者的结合构成了本研究的理论基础，是在寒地现实条件下实现适寒、适居、适技的可持续目标的保证。

　　本书的策略体系建构由依据应变设计的相关要素与作用机制展开。对于应变主体——寒地建筑，从宏观到微观、从表象到本源对其进行应变解析。对于应变对象——建筑环境，则根据其典型特征归纳为原生环境、次生环境及建造环境，突破了传统寒地共性问题研究的局限。进而，借鉴哲学三分法的观点从正、反、合三个层面界定应变机制，建立起基于可持续思想的寒地建筑应变设计研究框架：阻御应变设计、调适应变设计和协同应变设计。最终形成系统的寒地建筑应变设计策略体系以及针对性的寒地建筑设计手法集成。

　　层面一，基于可持续思想的阻御应变设计。该部分是应变设计策略体系中的正题阶段，意指因应寒地外环境的特异性和周期变化而保持建筑内部不变，由内而外地选择性隔离外部侵害的应变方式，回应了寒地建筑适寒的基本诉求。通过阻御冬季冷风的城市格局策动、阻御冰雪侵袭的场域形态防护、阻御极寒温度的界面性能进化展开具体的策略引介。

层面二，基于可持续思想的调适应变设计。该部分是应变设计策略体系中的反题阶段，面对参与到建筑内环境构成的次生环境，应汲取其优势，在建筑内部形成新的动态平衡，进一步回应寒地建筑适居的可持续诉求。通过调适高纬度光照的游牧型空间生长、调适热舒适度的交互式功能重构、调适内部生境的自组织场所更新展开具体的策略引介。

层面三，基于可持续思想的协同应变设计。该部分是应变设计策略体系中的合题阶段，通过全行业、多学科技术力量的整合，突破地域、经济等条件的制约，在建筑各系统内部以及系统之间产生共同加强的附加效益，最终回应寒地建筑适技的可持续诉求。通过协同建造效率的集成构造系统、协同建造品质的绿色部品系统、协同建造成本的再生能源系统展开具体的策略引介。

本书以寒地建筑构建要素多元、关系错综复杂的大设计系统作为研究对象，以一系列针对性的应变措施应对寒地建筑中的典型问题，具有理论和实践的双重意义，契合我国当前节约型社会的可持续发展需求。期望本书的研究能够对寒地建筑的设计现状有所裨益，对行业发展有所引领和助力。

# 目　录

# 第 1 章
## 绪 论

# 1.1 研究缘起

## 1.1.1 全球性气候波动加剧

从未有过任何一个时期，气候变化如此频繁，促使全世界达成共识并空前地关注这种变化的可能性以及在未来的不确定性。地球的气候从大气逐渐形成到1亿年前的地质年代，总体上表现为冷暖交替的缓慢周期性变化，但自近现代以来，人类活动的爆发式增长所带来的人口剧增、环境污染、生态恶化、地表破坏等问题对地球产生了不可逆的影响，引起气候变化加速，并呈现波幅增大的趋势，引起全球气温升高、海平面上升、气象规律改变等现象。基于气候变化这一全球共识，联合国先后制订了《联合国气候变化框架公约》和《京都议定书》，以控制$CO_2$及其他"温室气体"的排放量，直至2009年已得到183个国家正式批准。但在全球经济的发展需求下，各国履行状况参差，总体情况并未得到明显改善。

自20世纪50年代以来，由气候引起的灾难数量逐年增加（图1-1），特别是近年反常而频繁出现的雪灾、沙尘暴、高温、风雹和冻害等，都是气候恶化

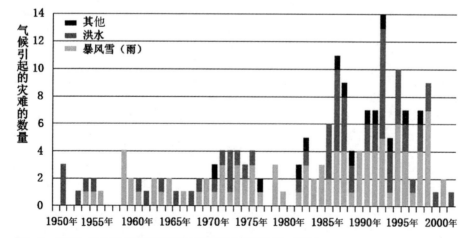

图1-1　1950~2000年由气候引起的主要灾难（资料来源：网络）

的直接结果，给居民生活带来严重影响。全国平均每年因极端气候事件造成的直接经济损失超过2000亿元，死亡逾2000人。与此同时，20世纪60年代至今的NOAA–NESDIS积雪覆盖数据和MODIS气温空间分布数据显示，我国北方城市所在地区大范围呈现出降雪减少、气温升高的趋势，与人口稀少地区的相对稳定形成对比，可以肯定与城市化进程导致的城市热岛效应有直接关联。面对整体脆弱的生态环境和相对复杂的气候条件，2011年第十一届全国人民代表大会第四次会议审议通过的《中华人民共和国国民经济和社会发展第十二个五年规划纲要》明确提出要增强适应气候变化能力。2013年，由国家发改委、住房和城乡建设部、交通部、水利部、气象局等9部门联合颁布的《国家适应气候变化战略》首次将适应气候变化提高到国家战略的高度，从城市规划、建筑、农业、旅游业等多角度制定了重点任务和保障措施，将适应气候变化的要求纳入中国经济社会发展的全过程。并明确规定，到2020年中国适应气候变化的主要目标是：适应能力显著增强，重点任务全面落实，适应区域格局基本形成[1]。

气候变化对建筑提出严峻考验和更高要求。建筑作为开放的人工系统，其对于人和环境的双重适应是区别于其他系统的主要特征。利用建筑自身的适应能力应对气候变化，为人提供庇护，是建筑的基本职能。但现有的建筑大多调节范围较窄，适应能力有限，辅助机械设备对建筑施加影响可以增强其适应变化的能力，但需要付出更高的成本。并且，由于气候变化速率正在超过建筑的自身适应速率，提升建筑的适应能力势在必行。因此，立足现有的建设条件与技术水平，寻求适合的理论与方法指导，使建筑能够不断适应变化的气候环境，成为面对气候变化挑战的关键问题。

## 1.1.2 全行业生态意识提升

20世纪以来，现代建筑已历经从诞生到飞跃式发展的过程。随着能源机械技术的成熟，人类产能资源空前整合，大规模的建设活动改变了我们的生存环

---

[1] 国家发改委. 国家适应气候变化战略［Z］，2013：3.

境，对人类健康与地球生态造成双面影响。基于对环境激变的反省和认知，现代建筑进入新世纪之后已经凸显出可持续的需求，生态设计、绿色建筑、低碳理论正逐渐成为社会所接受的共识，由此带来的社会思想革命正在强烈地改变着我们的城市和建筑的面貌。

1989年，联合国环境署理事会通过《关于可持续发展的声明》。1990年，英国建筑研究院颁布的BREEAM绿色建筑评估体系成为世界上第一个也是最广泛使用和最权威的国际标准。1998年，美国绿色建筑委员会在BREEAM的基础上提出了LEED标准。2000年，加拿大自然资源部发起并由15个国家参与制定了GBC2000标准。2001年，日本环保省颁布了CASBEE《建筑环境效益综合评估》。借鉴国际上的先进经验，我国于2006年颁布了《绿色建筑评价标准》GB/T 50378，开始对建筑进行节能评价和管理①。以上评价标准的建立反映了全世界共同的关注点和目标，具有越来越高的开放性和专业性，但仍然存在一些局限，例如一些社会、人文因素的简化以及地域性特征的缺失等，难以直观地反映在建筑上，对于具体的建筑环境改善措施特别是像严寒和寒冷地区这种特殊环境下的应对措施缺乏直观指导，操作性有待提高。但这种行业大趋势不可逆转，2014年我国颁布了新版的《绿色建筑评价标准》GB/T 50378—2014，在建筑类型上扩展至各类民用建筑、将评价方法细化为设计评价和运营评价两类、在评价指标体系上增加了施工管理类并对评价细则进行了大量的扩充和细化，这一进步标志着我国在建筑可持续发展道路上的又一次迈进。面对生态意识的普及与可持续建筑的热潮，如何从设计的角度实现建筑的生态需求，为寒地城市的参与者营造高品质、高舒适度的工作和生活场所成为又一个问题。

### 1.1.3　节约型社会趋势来临

在践行可持续思想，建立节约型社会的大时代背景下，建筑对资源的消耗与可持续发展、节约型社会的建立形成了尖锐的矛盾。中共中央总书记习近平

---

① 　住房和城乡建设部. 绿色建筑评价标准GB/T 50378［S］. 北京：中国建筑工业出版社，2006.

在中共中央政治局第六次学习中强调坚持节约资源和保护环境的基本国策，良好的生态环境是人和社会持续发展的根本基础。

鉴于气候和地域条件的特殊性，寒地建筑的社会影响和经济成本是不容回避的现实。寒地建筑因防寒适雪增加的围护结构厚度，以及复杂的施工工艺提高了用材、用工，直接转化入建造成本；寒地城镇建筑面积约为全国城镇建筑面积的10%，却消耗了全国城镇建筑总能耗的40%，仅冬季取暖一项就占全年能耗的40%，运营成本居高不下，而为控制能耗所采用的技术和措施又会增加建造成本；对于生态需求强烈的寒地建筑，依靠技术和设备调节建筑环境必不可少，普适的技术措施难以生根落地，高新技术经济性和成熟度不可控制，因此技术成本也是重要投入之一。在这种投入产出失衡的供需压力之下，目前存在一种重"技"轻"艺"的现象，往往过于关注建筑施工与管理阶段的节能措施，盲目迷信高技术的生态效果，或将技术视为"皇帝的新衣"，在需要提高社会影响时不计成本地采用，而忽视其本身价值对建筑生态性能的重要影响。依赖技术和设备来控制建筑能耗、调节建筑空间环境的主动式措施虽能一定程度上缓解现实问题，但自身成本、耗能与收益难成正比，对于耗能大户寒地建筑而言，总体经济性并未得到根本上的改善。然而，寒地居民对建筑的客观需求不可逆转，建设节约型社会的趋势也不会改变，因此，通过各种有效措施降低建筑对于环境的消耗，缓解技术措施与资源消耗、经济成本的矛盾成为寒地建筑设计领域的难点。

综上所述，寒地建筑所处的变化的气候条件、变化的行业形势、变化的社会趋势等背景都将问题导向一处，即适应变化的需求。建筑设计必须紧随时代步伐，融合科技进步、经济发展与思想更新，与时俱进地提升设计理论与方法。我们迫切需要对寒地建筑进行系统研究，寻找出一套适用于寒地地域的设计方法，使建筑在与人和自然的关系中成为关键的承接环节，成为资源节约型、环境友好型、技术适用型的典范，向着高品质、低成本、低能耗的可持续目标靠近。

## 1.2　概念界定及相关探索

### 1.2.1　寒地建筑与寒地环境

在我国建筑热工设计分区上，寒地包括严寒和寒冷两个气候区，覆盖了我国黄河流域以北的大部分地区以及新疆、西藏、四川的部分地区，总计约三分之二的领土面积。在气候分区上，寒地对应了Ⅰ、Ⅱ、Ⅵ、Ⅶ四个气候区，体现了除温度特征之外寒地不同地区在气候上的差别，如东北地区相对湿润，年温差较大而日温差较小，西北地区则相对干燥，日照丰富，年温差和日温差均大，这一点从我国建筑热工设计分区和气候分区的对比可以看出。我国寒地幅员辽阔，东西宽近5000km，因此在气候条件和建筑设计依据上差别很大，同一热工分区内的不同地区气候特征可能截然相反，而不同气候区在实际生活中很多地域的气候区别反而并不明显。在气候特征上，寒地表现为冬季漫长、气候寒冷、以雪的形式降水、1月份平均气温低于0℃等特性。

顾名思义，寒地建筑是以地域性为基础而定义的一种建筑类型，泛指位于寒冷地区的建筑，因其所在地域典型的自然气候、经济技术、社会文化等条件而展现出从建造到使用、从外观到内在等多方面的特色（图1-2）。我国的寒地建筑地域特色鲜明，普遍具有厚重、质朴、粗犷的表现形式，但长期受经济技术落后、对外交流闭塞的制约而发展迟滞。进入21世纪，全球化浪潮的冲击更使寒地建筑面临着地域风格丧失的危机。本书着眼于我国寒地建筑的设计问

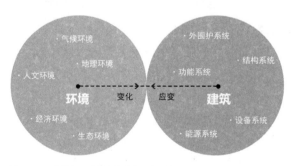

图1-2　建筑与环境的应变关系示意

题，但在研究范围上借鉴同样位于寒冷地区的英国、荷兰、丹麦等其他欧洲国家，美国、加拿大等北美国家以及日本、韩国等东北亚国家的建筑实践和理念思潮，以寻求适用于我国国情的寒地建筑设计之道。

我国的建筑环境理论研究倾向于地域性的概念，20世纪80～90年代，国内对于建筑地域性的研究已经从单纯建筑学的观点和方法，发展到建筑学与生物学、计算机科学等其他学科相结合的研究思路。近年来，国内学者对于建筑地域性的研究更加深入，其中具有代表性的有：吴良镛院士提出的"乡土建筑现代化，现代建筑地方化"观点，体现了地域建筑的中国特色；齐康、邹德侬也对建筑的地域（地区）性及相应的设计对策进行了深入的研究；张彤的"整体地区建筑"和曾坚的"广义地域性建筑"对地域性建筑理论进行了系统的概括和提炼；崔恺院士提出的本土设计思想以自然和人文环境资源为本，倡导一种自觉的文化价值观与理性思考。

具体到寒地建筑范畴，作为以寒地环境为特色的建筑类型的沉淀，理论思考始终伴随着自发的环境实践。当代寒地建筑领域涌现出一批代表人物，创造了大量具有影响力的理论成果和实践作品。新疆建筑设计研究院的王小东院士从事地域建筑设计和理论研究40余年，在形成西北建筑特色和地域建筑理论方面取得了多项突出成果，作品有新疆国际大巴扎、新疆人民大会堂等。西安建筑科技大学的刘加平院士长期从事乡村建筑节能和生态民居建筑研究，是"西部建筑环境与能耗控制研究"学术带头人，主持和参与编制多部国家和地方设计标准，为我国西部寒冷地区低能耗建筑理论研究与工程实践方面作出了突出贡献。哈尔滨工业大学建筑设计研究院的梅洪元教授扎根于东北寒地，多项研究成果已在寒地建筑工程中广泛应用，代表作品有哈尔滨国际会展中心、黑龙江省图书馆以及与赫尔佐格联合设计的寒地建筑研究中心等。

相关书籍著作方面，东南大学的齐康院士与杨维菊等人编写的《绿色建筑设计与技术》探讨了绿色建筑设计理念与设计方法以及与之相匹配的应用技术，其中的严寒地区和寒冷地区部分系统地介绍了适用于该地区的绿色建筑设计要点。由国内多个研究机构与高校联合编著的可持续建筑系列教材《可持续建筑技术》汇集了国内外不同气候、不同地区、不同经济背景下的先进设计思想与技术，对我国当前行业形势下的设计、施工、管理、评价等各阶段均具有指导意义。梅洪元教授的《寒地建筑》作为第一部针对我国东北地区建筑设计实践和理论研究的总结，提出了以原真性、共融性、相宜性为基点的地域建筑理性创新思路，在寒地建筑研究领域树立了一座里程碑。

欧洲对于寒地建筑的专项研究主要表现在建筑生态、建筑节能、建筑舒适度等方向。丹麦建筑师T·万德孔斯特最早提出建设自足、和谐的地方社区的概念。英国设计师麦克哈格的《设计结合自然》提出了"生态决定论"，强调生态学信息所具有的决定意义。德国建筑师、建筑学教授托马斯·赫尔佐格自20世纪70年代起致力于北欧建筑的生态和技术研究，是当今最负盛名的寒地建筑节能技术专家，被视为20年来在太阳能建筑和技术革新领域内的开拓者。同处高纬度地区的苏联建筑师M·B·波索欣在著作《建筑、环境与城市建设》中指出建筑师的主要任务是使自己的作品不与自然环境发生冲突。

在国外，基于寒地环境的建筑实践始终伴随着理论研究。北欧和日本等高纬度国家因纬度、气候等方面与我国的相似性，加上其在建筑设计中各自表现出的典型特征，对我国寒地建筑研究的借鉴意义极大。北欧因较好的经济条件属于建筑发展较快的地区，在发展过程中体现出强烈的以技术主导的寒地建筑设计特征，对自身技术的自信鲜明地反映在建筑设计之中，代表建筑如托马斯·赫尔佐格的建筑工业养老基金会扩建以及芬兰建筑大师阿尔托的贝克大楼等。日本则是在最大限度地吸取先进建筑技术和思想的基础之上低调内敛地回答环境问题，兼具西方的精巧先进和东方的含蓄婉转，并将民族文化特征植入建筑设计，代表建筑如黑川纪章的中银舱体大楼等。此外，英国、荷兰、丹麦等其他欧洲国家，以及美国、加拿大等北美国家的可持续建筑技术在福斯特、GMP、BIG、SOM等先锋事务所的引导下发展迅速，一些案例在后文中有所引用。

综合比较国内外的寒地建筑研究现状，国外学者的研究涉及的相关学科领域更加宽泛，无论是对于寒冷地区的气候研究、建筑热环境研究都以实用为目的，迅速转化到技术和实践中。但针对寒地的专项著作较少，呈现出一种实践丰富、理论不足的态势。国内情况正好相反，理论成果丰厚，但向实践的转化环节略显掣肘。原因是相互的，国内的学术研究和技术探索往往各行其道，理论因为缺乏实践基础多流于空洞，而技术、经济等环节的落后使得多数理论构想难以实现，由此造成大量寒地建设项目不能很好地反映和适应寒地特性。从这个角度来看，我们恰恰需要借鉴和学习西方的宝贵经验，吸收新技术、新思潮以取长补短、互通有无，提升寒地建筑的环境应变能力。

## 1.2.2　应变的建筑领域移植

应变有两个基本释义：一指适应时势变化、应付事态变化；二指力学名词。应变一词融汇了我国古代哲学思想之大成，《易·系辞上》中有云："一阖一辟谓之变，往来不穷谓之通。"《荀子·非相》："不先虑，不早谋，发之而当，成文而类，居错迁徙，应变不穷，是圣人之辩者也。"晋代干宝《搜神记》卷十二："应变而动，是为顺常。"[①]另外，应变在生物学、社会学、系统学、物理学等学科中都有涉及，含义不尽相同。对建筑而言，应变是基于最朴素、原真的生态思想而衍生出的本土词汇，不同于目前流行的西方舶来词的自适应、自组织等概念，应变的主体是建筑，其出发点是主动的，应变的对象是环境，其表现是动态的。应变本身的非动态行为却以动态思维为前提，并以历时性为特征表达持续应对变化的过程。本书将应变定义为一种主动的设计方法，一种预判的设计思想，通过多元设计措施使建筑能够动态应对外界条件的变化，而不是单纯设计出一个能变的建筑。本书所研究的应变概念在其基本定义的基础上引申为"寒地建筑应变"，即"建筑应寒地之变"（图1-3）。随着研究对应变展开的剖析与引申，在当今全社会与各行业的可持续趋势下，应变已不仅是应设计所需之变，也是应时势所趋之变。

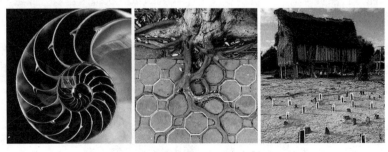

图1-3　动物、植物、建筑的应变表现（资料来源：网络）

---

① 互动百科. 关于应变的释义［EB/OL］. http://www.baike.com/wiki/应变.

　　随着人类文明发展带来建筑行业的一日千里，应变的出发点从最初被动的本能反应变成主动地预防，应变的方式从单一的适应转而呈现出绮丽多姿的局面。目前来看，这一发展过程主要经历了以下三个阶段：

　　（1）适应——基于被动防御的应变：应变的第一个阶段是古人类时期，这个阶段的特征是适应应变。如图1-4所示，人类从穴居、巢居、散居到聚居的过程体现了人类尝试适应自然的朴素应变思想，首要问题是如何在复杂的自然环境中保护自己、求得生存。大约在40万年前人类开始学会用火取暖，这也是应变形成的标志。利用直接的热辐射来调节微气候，由于没有封闭围合的空间场所，热量即生即散。进而，人类找到了另一种形式的气候补偿——利用自然形成的山洞。在随后的漫长进化过程中，人类创造了第二皮肤——衣服，以及原始建筑——掩体，以此来适应恶劣的自然环境。受材料和加工技术的限制，人类通过不断地加厚围护结构、紧缩使用空间来保证舒适度，或是躲避极端不利的区域和气候。在这个阶段，人类对环境的应变能力是有限的，只能通过被动地防御来适应环境的变化，这种适应相对于环境的变化速度往往是滞后和低效的。

　　（2）媒介——基于技术措施的应变：应变的第二个阶段是从远古时代到工业革命之前，这个阶段的特征是媒介应变。人类已经掌握一定的环境规律和技术措施，能够主动地防御自然气候和灾害对自身的威胁。这个阶段人类文明迅速发展，世界范围内的贸易交流促进了各国之间技术和文化的共享。人类对火的应用已经相当自如，并开发出更多代替木材的、高产能的矿物能源，对风能、水能等自然资源的利用进一步改善了人类的生活状态。建筑方面也呈现出

图1-4　基于被动防御的应变表现（资料来源：网络）

更多的建筑类型和具有针对性的气候适应措施：一方面，防风、遮阳等被动技术被发掘并不断改进，广泛应用于以传统民居为代表的低技术建造中，如中国东北地区的院落、华北地区的窑洞、西南地区的吊脚楼等；另一方面，新材料、新结构等主动技术的出现大大增强了人类的应变能力，并出现了崇尚技术和机械美学的高技派倾向，如法国蓬皮杜艺术中心。同时，暖通空调与照明设备的发展使人们对建筑内环境的控制更趋于完善，对地下空间的开发印证了全封闭、不受外界影响、完全依靠设备的建筑环境成为现实。由美籍华裔建筑师贝聿铭主持的法国卢浮宫博物馆扩建工程中，建于地下的新馆既是对原有建筑的保护，同时也代表了新时代建筑技术向旧时代的诀别（图1-5）。在这个阶段，人类已经能够依靠能源、建筑、技术等媒介主动应变环境变化，人工控制建筑环境，但应变的能力和手段仍显不足。

（3）变化——以变应变：应变的第三个阶段是工业革命以后至今，这个阶段的特征是以变化应对变化。电能的广泛应用结合机械化与自动化的发展，为建筑业的繁荣集齐了一切必要条件，人类进入了"舒适建筑"阶段。自动化技术使建筑的变化成为现实，建筑可以与气候相生共融、与环境同步变化，或改变肌理，或调整形式，甚至可以移动重组，以此应对不同的环境。美国从20世纪30年代便开始研究适合大规模生产并便于装卸移动的标准化住宅，为后来的住宅工业化奠定了基础；70年代，以黑川纪章为代表的日本新陈代谢派致力于建筑的增建可变性，设计了以插件为概念的东京中银舱体大楼；80年代，人工控制的开合屋盖开始广泛应用在体育建筑领域，使人们开始摆脱自然界限制自主选择比赛环境，如澳网公开赛主场罗德拉沃尔球场；2000年，日本建筑师坂

**图1-5 基于技术措施的应变表现（资料来源：网络）**

茂为德国汉诺威世博会设计的日本馆，采用轻质环保材料，能够快速拆卸回收，对环境几乎零污染。进入新世纪后，工业化装配式建筑日趋成熟，并出现了以3D打印为代表的全新建造方式，人的主观意愿在建筑中越来越多地渗透，以可变性和灵活性应变环境限制下的需求（图1-6）。这个阶段是飞速发展的阶段，虽历时较短，但已经历了发展所带来的能源危机、环境危机、健康危机的反馈。人类掌握了更高级的应变形式，但还需考虑应变所带来的代价，我们应提倡可持续的应变而非过度的应变。

近十多年，应变开始作为设计思想和设计方法应用在建筑设计领域，并涌现了一些研究成果。目前与应变有关的建筑类专著较少，同济大学吕爱民博士的《应变建筑：大陆性气候的生态策略》是其中一部时间较早、水平较高的著作。该书立足于我国的大陆性气候特征，研究建筑与气候的作用关系，提出了应变的建筑观及相应的设计策略。同时，该书主要围绕气候作用下的建筑应变措施进行介绍，在研究内容上仍有余地。东南大学方立新教授的学术专著《绿色建筑的结构应变》超越了应变的力学概念，从设计角度讨论绿色结构如何设计，结合绿色建筑结构在低碳背景下的发展趋势，对相关案例进行了多层次的分析评价，对相关领域研究者和结构工程师有很大的借鉴作用。有关的学位论文包括浙江大学王建华的博士论文《基于气候条件的江南传统民居应变研究》、同济大学石婷婷的硕士论文《应变建筑外界面及其审美特征》、大连理工大学刘洋的硕士论文《建筑空间应变设计研究》、浙江大学徐力立的硕士论

图1-6　以变应变的表现（资料来源：网络）

文《基于现代技术的生态建筑应变策略研究》、昆明理工大学徐颖的硕士论文《住宅应变性研究》、东北林业大学苏丽萍的硕士论文《住宅空间应变性的设计研究》、浙江大学庄磊的硕士论文《建筑节能设计中应变节能研究》。

应变的英文释义strain是力学名词，在建筑设计领域，国外虽没有将"应变"作为理论体系或设计方法的直接应用，但有一些与其含义相近的概念，如自适应（Self-Adaptive）、气候适应（Acclimatization）、气候反馈（Climate Responsive、Climatic Adaptation）等，对这些近似概念的研究和探索也已经进入到一个非常成熟的阶段，且从环境学、生物学、地域、有机等角度的研究历史悠久，成果丰富。与我国孤立的、缺少实践成果的理论研究相比，国外建筑研究呈现出的是多学科、多文化、多技术共同交织的研究方式。这种多元的交叉与融合的观念促进了国外建筑理论与实践的相互激励、迅猛发展，已不仅仅是一种单纯设计理念的"意构"，而是一种"实现"中的不断"超越"。我们从国外建筑研究中看到的不仅是基础资料的丰厚，更是一种研究方式的启示。

## 1.2.3 可持续在建筑领域的发展

可持续包含两重含义，其一是需求，对寒地建筑品质和使用效果的迫切需求，其二是限制，对技术和资源过度使用的限制。不同于"绿色"、"生态"、"节能"等词汇，"可持续"是一个更大的概念，横向上涵盖自然、社会、经济等层面，纵向上贯穿全生命周期乃至更长的时间维度。可持续的自然属性要求寻求生态系统的最佳平衡点以支持生态的完整性和人类愿望的实现，使人类的生存环境得以持续；可持续的社会属性要求改善人类的生活质量（或品质）的同时，保持社会和人文的健康、稳定发展；可持续的经济属性要求在保持自然资源的质量和其提供服务的前提下，使经济发展的净利益增加至最大额度。同时，可持续的时效性要求平衡近期利益和长远效益的关系，并以阶段性目标为依据衡量设计的可持续能力。

因此，在本研究中加入"可持续"是对广泛的应变设计的限定和甄选（应变是一个广泛的设计思想，针对某一特定问题所作出的应对都可以归纳为应变设计，其本身不具备先进性和时代性），特指满足与建筑相关的自然、人文、社会的现实需求，有利于实现适寒、适居、适技的可持续目标的应变设计，这些具有可持续特征的应变策略才是本书所研究的对象。毋庸置疑，可持续已经成为全社会乃至全人类的共同理想，建筑的可持续正是国际上建筑的相关领域为了实现人类可持续发展战略所采取的重大举措和对国际潮流的积极回应，以发展的眼光看待寒地建筑设计问题是契合可持续思想的第一要义。

在书籍著作方面，欧美国家的可持续研究基于高度发达的科学技术和高质量的建筑实践，衍生出丰富的研究成果。《可持续性建筑》是较早将可持续思想与建筑直接联系的著作之一，其作者布赖恩·爱德华兹教授是英国皇家建筑师学会环境和能源小组成员以及柯尔律兹议会关于《21世纪议程》的顾问之一。该书阐述了环境问题、建筑产品和专业服务、能源和污染、水资源保护、环境健康和安全、回收利用以及设计的未来等内容。彼得·F·史密斯教授曾任英国皇家建筑师学会环境与能源委员会主席及英国皇家建筑师学会副主席兼可持续发展部部长，在该领域的成果颇丰，先后出版了《实践概念——能源》、《建筑生态改造——住宅节能和产能指南》、《尖端可持续性——新兴低能耗建筑技术》等著作。其中，《适应气候变化的建筑——可持续设计指南》从能源角度出发介绍了大量基于能源节约与再生的新技术，通过降低矿物能源的需求实现对气候变化的适应。《太阳辐射·风·自然光：建筑设计策略》由美国的布朗和德凯编著，该书澄清了形式与能量的关系，着眼于建筑元素，在三个尺度上组织书中的内容：建筑组团、建筑单体和建筑构件。《可持续设计变革》由安妮·切克和保罗·米克尔斯维特所著，该书将设计思维看作一种方法或态度，介绍设计如何发展并逐渐深入应用到社会环境挑战中。《环境可持续设计》由意大利的维佐里和曼齐尼编著，对产品开发和设计过程提供了一个全面的理论框架以及一套实用的方法工具。

总体而言，可持续概念随着社会的发展成熟而与时俱进，被逐渐赋予更多的内涵，在全球得到更多的关注和响应。而我国在国家政策与法规的导向之下逐渐从理论转向务实，可持续亦从"思想"逐渐转向"设计"。

# 1.3　寒地建筑应变设计的目的与意义

## 1.3.1　目的

本书从应变的视角，以可持续为核心思想透视寒地建筑的本源，是在我国推行绿色建筑的大背景之下，为促进建筑行业自身优化与完善，紧密结合我国可持续发展的政策方针和生态建筑的社会需求，应变我国寒地气候条件差、环境品质低、经济性落后等现实问题。通过研究以期实现以下几个目的：

（1）探讨全新的寒地问题研究思路：以应变设计的基本思想为指引，全面深刻地对寒地建筑进行系统研究，寻求全新的研究思路和方法。

（2）拓展可持续的寒地建筑设计理念：将可持续思想与应变设计相结合是将普适思想本土化的尝试，是对寒地地域特质的充分契合，为寒地建筑研究提供理论依据。

（3）建构寒地建筑应变设计策略体系：通过对国内外寒地建筑实例的归纳研究，从可持续思想角度进行概括，提炼出全面而系统的基于可持续思想的应变设计策略体系。

（4）提供寒地建筑应变设计手法集成：与策略体系互补，本书试图在技术层面也形成相应的系统架构，通过适宜寒地的技术，筛选出实现寒地建筑应变设计的具体手法集成与优化。

## 1.3.2　意义

本书以寒地建筑这一构建要素多元、关系错综复杂的大设计系统为研究对象，重点探讨人、建筑、环境之间的关系，以及建筑构成要素之间的关系，深入地诠释了应变的必要性。以可持续思想为理论主线，解答了气候可持续、环境可持续、经济可持续的需求和本质，其探讨的一系列可持续的应变方法正是对这些需求的回应，能较好地契合我国当前社会阶段的发展需求。本书在一定程度上开辟了寒地建筑地域化、本土化研究的崭新视角。具体而言有以下三层意义：

（1）方法层面：提出应变设计方法为寒地建筑设计提供设计思路与技术支持。本书旨在探讨一种适用于寒地建筑的系统设计方法和研究思路，从对建筑设计系统、全面的梳理中寻求思想关联，逻辑关系严密；从亲身带入的应变视角阐述和总结寒地建筑设计策略，案例生动、全面，推导过程和方法值得后续或类似的研究借鉴。

（2）理论层面：可持续思想与应变的结合是对寒地建筑设计理论的系统提升。本书针对寒地建筑设计的现实困惑，对既有理论研究进行重新概括和总结，采用新思路、新举措、新理念阐述寒地建筑的应变问题，提出可持续的阻御应变、调适应变、协同应变理论体系，作为系统的理论提升引导寒地建筑健康、可持续地发展。

（3）实践层面：推动寒地建筑设计走向适寒、适居、适技的可持续发展道路。本书基于大量寒地工程实践，通过整理分析形成全面的策略体系，其实践来源能够为寒地建筑设计提供明确而有力的支持，既能解决研究方面的资料需求，又能为设计行业提供新的设计依据，作为对国家规范与标准的重要补充，在当前大力推行资源节约的契机下成为推进寒地建筑可持续发展的重要依据，尤具指导意义。

## 1.3.3 框架

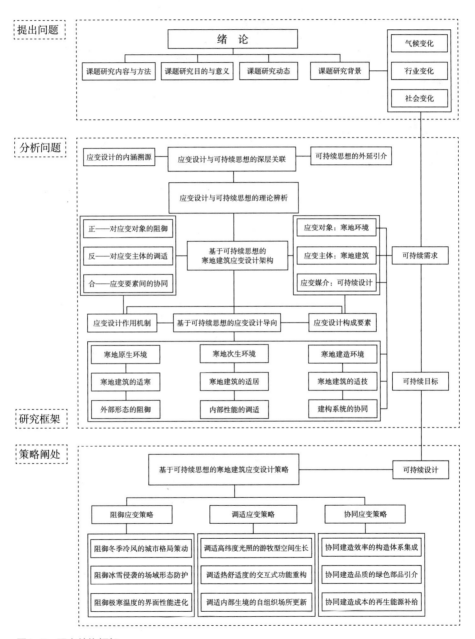

图1-7 研究结构框架

第 **2** 章

应变设计与可持续思想的理论辨析

# 2.1　应变设计的内涵溯源

　　应变设计是本书的核心方法和切入点，需要为其梳理出合理的理论基点从而与具体策略相匹配。对应变设计内涵和相关理念的解读，可以揭示其与寒地建筑与环境的关联，为后文形成包含一定广度和深度的寒地建筑设计问题研究框架作铺垫。

## 2.1.1　环境气候学与应变设计

### 2.1.1.1　环境气候学的发展

　　环境气候学是气候学和环境学的边缘学科，既包含了气候学对气候特征、形成、分布和演变规律的掌握，又包含了环境学对人类社会发展活动与环境演化关系的涉及，适用于探讨气候与环境、气候与人类社会发展的相互作用的过程、机制和程度。环境气候学研究气候与自然环境、气候与社会、气候与健康、气候环境改良等问题的作用原理以及对存在问题的解决方法，是以人为本、结合社会需求、利用各相关领域的综合成果[1]。环境气候学与设计的结合并非一个新课题，早在20世纪初即有一批建筑师在环境气候学的基础上研究现代建筑设计结合气候的问题。1963年，美国建筑师奥戈雅（Victor Olgyay）在其著作《设计结合气候：建筑地方主义的生物气候研究》中指出建筑设计应协调地域和气候，提出人工气候与自然气候和谐共生的设计思想。德国建筑师费雷·奥托（Frei Otto）提出"生物气候建筑"的概念并进行了长达半个多世纪的探索。19世纪80年代，吉沃尼对奥戈雅的生物气候设计方法的内容提出了改进方法。此外，马来西亚建筑师杨经文、埃及建筑师哈桑·法塞、印度建筑师查尔斯·柯里亚等均对基于本土环境气候特色的建筑研究作出了突出贡献。

　　随着环境危机的到来，对人类健康、建筑物以及生物圈的危害加剧，全球逐渐对环境的可持续发展达成共识，环境气候学也面临着两个制约矛盾：一

---

[1]　百度百科. 关于环境气候学的释义［EB/OL］. http://baike.baidu.com/view/202671.htm.

个是人类适应气候、提高舒适性与所造成的环境破坏和污染的矛盾；另一个是治理环境、调节气候与所造成的成本消耗的矛盾。这两个矛盾的存在实则是经济全球化发展需求与环境承载力之间的矛盾，迫切需要从全新的着眼点进行突破，寻求平衡。

### 2.1.1.2　气候分区与建筑风土的形成

气候是环境诸要素中最为活跃的因子，气候变化对于环境变迁、人类发展都有显著作用。人类如果能使气候处于更好和更有区别的控制之下，使环境的许多固有价值——自然价值、社会价值、经济和文化价值等被有效地保存、利用和开发，将对社会和人类的发展产生极大的促进。建筑与气候的关系研究可以从气候分区展开陈述，全球气候按照所处位置和特征可大概分为四大区域：热带地区、亚热带地区、温带地区和寒带地区，根据每个地区内部的复杂情况，又有以温湿度、植被、地域等为特征的进一步细分方式，例如热带地区按温湿度可分为赤道湿润性气候区和干燥气候区，按植被可分为热带草原、热带雨林、热带沙漠等。根据考古学观点，人类的发源地应该在热带地区，因为那里温度较高，在生理上最适合无衣着、无住屋的远古人类生存。大约10万年前，人类逐渐掌握足够的技术用以建造房屋，以此适应不同区域的气候环境，并开始向外迁移，由此产生了不同气候区的文化差异和地域产物，创造出灿烂的古代建筑文明[①]。

首先，人类以"穴居"和"火塘"应变寒带。北美西北高原地区的印第安人将地面下挖，形成防风避寒的居住形态，并设火塘取暖，借助土壤的低热传导与高蓄热将火塘散发的辐射热蓄积，御寒效果惊人，成为人类从亚热带到寒带拓展无往不利的武器。

进而，人类以"干阑"和"吊床"应变雨林。在蛊毒瘴疠的热带热湿地区，人类以高脚住家形式将生活层架起，可促进蒸发冷却，实现良好的通风防潮功能，保持干爽卫生的同时可以避免虫兽袭扰。类似原理的吊床同样可以对付湿热气候，亚马逊印第安人通常以家族为单位在一个大茅草屋中放置二三十张吊

---

① 林宪德. 绿色建筑——生态、节能、减废、健康［M］. 北京：中国建筑工业出版社，2011：31–33.

床，利用吊床自身的透气性使人得到通风冷却的效果。

接着，人类以"帐篷"和"泥土"应变沙漠。在干燥的荒漠中游牧民族以帐篷作为机动式临时住家，寒冷气候沙漠中采用完全封闭式帐篷，如北亚的蒙古包，酷热沙漠中采用紧贴地面的低矮型帐篷，如北非的黑天幕。帐篷以柔性材料编织而成，可以密封阻隔风沙，也可灵活开启连通自然，加上组装拆卸迅速，成为完美的沙漠绿色建筑。在有水源的沙漠地区，泥土因为取材加工便易且蓄热性能优良成为固定居所的素材，可以做成夯土或泥砖甚至窑洞。在干热沙漠地区，常出现帐篷和泥土并存的居住形态，人们选择性地居住以适应天气和季节的变化。

人类的发展伴随着对气候的适应与应变，造就了建筑的多样性，衍生出了建筑的发展史。当代建筑师应该重新回归这一原初，环境气候是对建筑形式最根本的引导，而非审美情趣、风格流派、经济成本等非物质层面因素，从地域的环境气候特性出发，寻找新的切入点缓和建筑地域性与全球化的矛盾，才是立足于本地区的、可持续的建筑设计思想。

## 2.1.2  生物进化论与应变设计

### 2.1.2.1  进化思想的发展

达尔文革命被认为是人类科学史上与哥白尼革命同样重要的两个事件之一，虽然一个发生在生物学领域，一个发生在天文学领域，但他们所带来的连锁效应冲垮了基督教世界延续1800年的特创论，解放了所波及的每一个学科。

18世纪末期，布丰和拉马克等一些学者率先对基督教的观点提出异议，几乎构建了现代理论的轮廓，被誉为进化论的先驱。在《动物学哲学》中，拉马克提出整个地质史上生物必须适应变化的环境，并提出以用进废退为核心的生物进步理论。19世纪初，另一位学者居维叶从解剖学角度提出了生存条件假说，描述了生物的有机形式对其特殊习性、行为及周边环境的普遍适应现象。1858年7月1日，达尔文与华莱士在伦敦林奈学会上宣读了关于进化论的论文。1859年，达尔文出版了《物种起源》一书，系统地阐述了他的进化学说。达尔文的学说论证了两个问题：第一，物种是可变的，生物是进化的。变异普遍存在于同一种群中的每个个体，具有适应环境的有利变异的个体将存活下来，并繁殖后代，相反，不具有有利变异的个体就被淘汰。第二，自然选择是生物进化的动力。如果自然条件的变化是有方向的，则在长期的自然选择过程中，微小的变异会积累成为显著的变异，由此产生出亚种和新种①。

20世纪以来，多位科学家继续研究并发展了达尔文学说，而今进化论已为当代生物学的核心思想之一，并衍生出现代综合进化论。除了作为生物学的重要分支得到关注和应用外，其理论和原理在其他学术领域也得到多维发展，形成许多新兴交叉学科，如人体工程学、遗传学、计算机科学等。

#### 2.1.2.2　建筑演进与生物进化的类比

同样依赖自然、师法自然，生物学领域内遗传学、解剖学、发展学等学科的全新研究一直影响着设计和建筑理论的发展，生物的很多规律与特征都可以类比地应用到建筑设计当中。英国学者菲利普·斯特德曼的著作《设计进化论：建筑与实用艺术中的生物学类比》明确将建筑与物种、有机体、形态学等概念相联系，用进化论的观点类比研究建筑的发展过程，用遗传、变异、应激等生物进化现象拓展了建筑理论研究的维度，其思路值得发掘与借鉴。

（1）进化的发生：同物种面临环境变化时的进化一样，每当产业革命、社会革命等重大变革的发生，社会就需要一批新型建筑来满足前所未有的功能，如伴随机械发明和工业发展涌现的厂房、仓库，伴随航运、火车出现的码头、车站等。建筑师需要掌握建筑发展的原理，与时俱进地更新建筑类型，应对新需求，适应新环境。

（2）进化的过程：生物进化同时发生的两种遗传过程：一种是基因型，是躯体内部的遗传；另一种是表现型，是躯体之外的遗传。建筑的基因型和表现型同样清晰，以我国的古典建筑风格为例，遍布全国各地的中式建筑都有明确的规格，表现为标准的布局和制式，这是与生俱来的基因型作用的结果。而不同的建筑之间由于地形、气候、建材的差异而略有不同，这是受表现型作用的结果。这一观点很好地解释了建筑的地域性，不像基因型鲜明、准确地遗传，

---

① （英）菲利普·斯特德曼. 设计进化论：建筑与实用艺术中的生物学类比 [M]. 北京：电子工业出版社，2013：31.

却因更为灵活、开放地适应环境而具有更多可能。

（3）进化的条件：达尔文的进化论强调了适应性和可变性的重要意义，适应只能生存，可变才能进化，这是物种进化的先决条件，无论对于有机的生物或是建筑都适用。生物的自我调节原理和现代自动机械或电子系统运作原理类似，都是物种或建筑适应环境和变化的行为方式。科学家罗斯·阿什比曾根据生物的这个特性发明了一台名叫"同态调节器"的自适应机器，并认为只有发挥确保个体继续生存的调节功能，才能维持外界变化下的自身平衡，而一旦外界变量超出个体的调节限度，个体要么继续变化以适应，要么灭亡。

（4）进化的规律：生物学中的很多规律与建筑设计异曲同工：原型理论承认生物的转化变形，但仍具有一定的连贯性，如同建筑的类型特征不会随地域和规模的变化而磨灭；器官的相关法则揭示了生物体各部分器官发育的相关性和联动联系，这一方法在说明哥特教堂拱顶与柱子的关系时令人叹服，构件的样式相互依托和决定，甚至可以反推出缺失部分；性状主次法则指生物的器官或系统根据重要性进行排列的规律，与建筑功能的构成方式和排布原理如出一辙；相似原理则表达了生物结构和建筑结构同样随着几何尺寸增加的比例变化效应，兰克·伯恩最早利用它探讨建筑的"异速生长"关系，后来被应用在城市规模和现象的研究上[①]。

建筑与生物有机体是一对非常贴切的类比，生物的进化依靠变异如同建筑的进化依靠应变，从进化的视角解析建筑的演进发展，从生物应对环境变化的方式中寻找建筑设计的依据与灵感，符合师法自然的设计理念。

## 2.1.3　动态建筑理论与应变设计

### 2.1.3.1　动态建筑理论的发展

20世纪六七十年代，伴随着人类科技水平的再次飞跃，建筑界也发生了技术和理论上的激烈变革。1970年，美国弗吉尼亚大学的威廉·朱克（William Zuk）出版了《动态建筑》一书，提出建筑可以根据各种各样不断变化的生活

---

① （英）菲利普·斯特德曼. 设计进化论：建筑与实用艺术中的生物学类比 [M]. 北京：电子工业出版社，2013：38，78.

方式而形成流动变化的空间特性，并将动态建筑形成的因果关系定义为"压力"与"反应"。因此，建筑可以被描述为一个反映各种压力而形成的立体形态，而时间作为重要的四维变量参与其中。此外，朱克从三个层面探讨了动态建筑的"动态"本质，分别是自然、技术和建筑：首先，将自然界中的动物与植物从行为的角度展开，分析生物以生存为目的的主要行为、形态和结构；在技术层面，指出技术引导建筑的重要性和相通性；在建筑层面，朱克将建筑看作"建筑机器（Architecture Machine）"，指出机器的最高层次是具有学习功能，能够预测未来的压力并对此作出反应。总的来说，朱克的动态建筑理论更多地从建筑现象和科技条件出发，由此引发了建筑美学和建筑形式的一个新趋势。随后，1973年麻省理工学院建筑学院媒体实验室创始人尼古拉斯·尼葛洛庞帝（Nicholas Negroponte）出版了《建筑机器》一书，阐述了空间环境的复杂性和互动性，强调借助数字媒体技术和计算机辅助设计，并通过建筑机器研究小组在20世纪70～80年代实践了大量媒体和界面互动的建筑设计研究作品[①]。

与此同时，经济发展较快的东亚和欧洲地区也出现了与之相呼应的理论倾向。日本的新陈代谢学派将建筑的增建可变性作为现代建筑的趋势，关注城市的自身变化并强调建筑在未来的生长能力。英国的阿基格拉姆学派通过对科学技术的研究，对建筑的"可变性"和"可动性"表现出极强的关注，并在其插入城市等作品中予以体现。英国的罗伯特·克罗恩伯格编著的《可适性：回应变化的建筑》中对动态建筑的这段发展历史进行了系统总结，并阐述了现代建筑的适应、变换、移动、交互等特性，解释了建筑在适应当今技术、社会以及经济变化下的创新趋势和应用前景。

### 2.1.3.2　动态建筑的应变表现

在动态建筑理论发展的同时，关于动态建筑的实践逐渐活跃，尽管出发点不尽相同，但最终都创造了全新的建筑观念和充满动态的建筑实体。

灵活便携：第二次世界大战后，各国的建筑业需求巨大，飞机、汽车制造

---

① 王嘉亮. 仿生·动态·可持续——基于生物气候适应性的动态建筑表皮研究［D］. 天津：天津大学博士学位论文，2007：42.

厂商纷纷借用其工业技术涉足房屋产品开发。一方面促进了房屋的工业化生产，能够快速生产和运送的预制住宅迅速推广，达到北美新建住宅的1/4以上；另一方面促进了房屋的移动性研究，不仅要便于送达，还要便于移动，代表性的实践如1964年由彼得·库克（Peter Cook）发布的"移动居所"，将预制住宅组装成高密度可变动的城市生活模式，同年沃伦·乔治（Warren Chalk）设计的胶囊住宅，以及1966年迈克·韦伯（Micheal Webb）受太空服启发设计的"可穿型房子"等①。

智能控制：随着计算机科学的发展，无线网络、便携式电脑和传感器等高新技术领域逐渐贴近大众生活，20世纪90年代涌现出了大量类似"智能房屋"和"智能工作室"的研究课题。迈克·莫泽（Michael Mozer）提出动态建筑的智能化，通过于房间内嵌入计算机系统的人机交互模型装置，使其能够与人相互交流，在互动中参与室内的各项活动，如调整和改变房间背景的音乐、灯光等内容。

仿生表现：将自然界中的几何构造原理与数学结合以拓展设计思维，或是借助计算机模拟生物的发展过程等设计倾向，最终借鉴动植物形式的组成和结构形成建筑仿生，表达建筑的多样性与和谐性。代表人物有德国建筑师汉斯·夏隆（Hans Scharoun）、西班牙建筑师圣地亚哥·卡拉特拉瓦（Santiago Calatrava）、美籍华人建筑师崔悦君等，作品如柏林爱乐音乐厅、密尔沃基美术馆、旧金山蝴蝶馆等，这类动态建筑具有如下特征：创作方法上延续了由内而外的思想，摒弃矩形和网格，改用非直角正交形状或曲线形状，选用自然材料或能形成自由形态的材料以及追求与自然的和谐共处。

狭义的动态建筑依托于高技术，是未来建筑发展的趋势之一，但缺乏普适精神。新世纪以来，自然环境的负面反馈促进了人们对于工业和技术的冷静审视，如今的动态建筑逐渐趋于广义，更多地表现为一味追求动态空间和形式的趋向，通过各设计要素之间的动态关系，创造出动感、不定和多样化特征的价值。而应变概念高于建筑的可动或可变，不仅不局限于行为层面的动态，更是一种基于意识层面的动态设计思想，具有根据环境变化发生调整的可能性。

---

① （英）罗伯特·克罗恩伯格. 可适性：回应变化的建筑［M］. 武汉：华中科技大学出版社，2013：33-43.

# 2.2 可持续思想的外延引介

可持续思想的核心是发展，代表了与时俱进的科学技术、环境意识以及思想观念，因而与众多相关学科具有理论上的关联或重合。在本书寒地建筑设计问题研究中，主要涉及以下三个理论。

## 2.2.1 系统理论的可持续外延

### 2.2.1.1 系统理论的基本论点

系统学是美国理论生物学家L·V·贝塔朗菲（L.Von.Bertalanffy）创立的，他于1932年提出"开放系统理论"，开创了系统论的思想，1937年提出了一般系统论原理，奠定了这门科学的理论基础。所谓系统是指由两个或两个以上的元素（要素）相互作用而形成的整体，因此系统的整体观是系统论的核心思想。系统论认为，任何系统都是一个有机的整体，而非各个部分的机械组合或简单相加，系统的整体功能是各要素在孤立状态下所没有的新质。贝塔朗菲反对要素性能好、整体性能一定好这种用局部现象证明整体的机械论观点，认为系统中各要素不是孤立地存在，而是相互关联，是整体中的要素，如果将要素从系统整体中割离出来，它将失去要素的作用。系统论还包含了环境观，将环境定义为与系统相关联、对系统的构成关系不再起作用的外部存在，系统的元素、结构和环境三方面共同决定了系统功能。对于环境而言，系统是开放和封闭的统一，系统与环境的相互作用使二者组成一个更大的、更高等级的系统，并使系统得以在与环境不停地进行物质、能量和信息交换中保持自身存在的连续性。总而言之，整体性、关联性、时序性、等级结构性、动态平衡性等特征是所有系统都需要遵循的。这些既是系统所具有的基本思想观点，也是系统方法的基本指导原则，证明系统论不仅是反映客观规律的科学理论，同时是具有科学依据的方法论，这也正是系统学科的特点所在[1]。

---

① 百度百科. 关于系统科学的释义［EB/OL］. http://baike.baidu.com/view/80024.htm.

如今，在系统学的发展驱使下，国内外许多学者致力于各种系统相关理论的研究，尝试探究系统科学体系的走向。系统学的哲学和方法论问题逐渐受到科学和人文领域的关注，系统论、控制论、信息论三者正朝着相互渗透、紧密结合的趋势发展，协同学、突变论、耗散论、模糊系统理论等新科学理论的产生，从多个方面丰富和发展了系统论的内涵。

### 2.2.1.2 系统理论与可持续

可持续的"3R"原则，包括减量化（reduce）、再使用（reuse）、再循环（recycle）原则三方面，对建筑的能源和成本投入、污染排放、材料应用、废弃物回收等方面作出了要求。追求3R，通过物料的减量、再使用和再循环，使尚未被充分利用的价值得到重新开发和使用，是实现生态循环、建筑可持续发展的重要途径。

从系统学角度来看，建筑及其附属环境构成一个建筑的复合系统，这个系统虽是一个复杂的人工系统，但具有一定的层次和结构，与环境发生着关联，并具有一般系统所具备的整体性、开放性、自组织性等属性，内部存在着能量、物质和信息这三种生态流的流动和传递。建筑的可持续即是实现系统内部生态流的动态平衡，使其在多变的复杂环境中建立与环境的反应关系，最终推动建筑系统的应变发展[①]。

（1）"Reduce"——能量流的双向控制：减量化原则要求从建设活动的各个方面减少物资投入和污染排放，以较少的物质和资源实现既定的生产或建设目标。减量化包含三方面内容：在策划阶段，减量化强调从源头上控制规模，通常表现为要求建筑产品的小型化和经济化；在设计阶段，减量化原则要求建筑的技术及设备配置简单朴实而不是复杂奢华，从而减少一次性成本及运营投入；在运营阶段，减少不可再生能源及高污染燃料的使用，以达到减少废物排放的目的。能量是一切生命生存发展所必不可少的物质基础，普遍地存在于生态系统当中，以能量流的形式动态流转于各子系统之间。能量不能凭空产生，只能通过能量流转移的方式实现，同时，能量流会随着转移的过程逐级递减。

---

① 蔡洪彬. 建筑设计的生态效益观研究［D］. 哈尔滨：哈尔滨工业大学博士论文，2010.

以我们日常使用最为便利的电能为例，将自然状态下存在于某个系统中的能量流称为初始能量，转移释放出的能量流称为输出能量，电能的输出能量只有约30%的能效，并非想象中的高效能源形式。因此，在建筑复合系统中，要想实现建筑材料和能源的可持续，在减量的基础上还需要注意两个方面的能量流控制：①能量流的输入，无论是对于建筑材料或是能源，控制加工环节，减少转换过程，能够有效减少能量流的损耗。在材料方面优先选用木材、石材、黏土等天然材料，在能源方面尽量使用太阳能等直接能源，或太阳能光电等较初级能源。②能量流的输出，在能源使用时应注意提高能源效率，采用节能设备或高效设备，如节能灯、地热供暖系统等。

（2）"Reuse"——物质流的再生利用：再使用原则所强调的物质指在自然界和生物圈中进行物理位移和化学转化的物质资料的总和。物质在生态系统中的流动反复出现并可循环进行，基本处于稳定的平衡状态。但建筑复合系统与周围环境之间的物质交换量大、频率高，在其系统内部的物质流动也快速而频繁，大量废弃物被排放到周围环境中，严重破坏了生态系统原有的平衡，当废弃物超过生态系统的自我调节能力时即产生不可逆转的危害。再使用原则要求建造建筑的材料和供给建筑运行的能源能够以初始的形式被反复使用或再生，弥补当今社会一次性制品泛滥和矿物能源消耗不可逆的困境。同时，建筑复合系统需要从周围环境输入大量物质原料，但限于人们相对薄弱的生态意识和落后的科技水平，以致物质的利用率很低，二次回收的更少，形成重大浪费。再使用原则即要求延长建筑产品的使用年限，反对频繁废弃和更换。

（3）"Recycle"——信息流的自身循环：再循环原则要求建筑或建筑构件在废弃后能重新提炼出可以利用的物质或精神资源，在再次建设时予以利用，而不是一无是处的垃圾。经过前两个环节对建筑系统的减量与再利用，循环的并非物质或能量本身，而是构成系统的信息。同物质、能量一样，信息是生态系统的基本组成要素之一，特别是在人工环境中，人类的生产和生活的活动不断产生、传播和接收着形形色色的信息。因为信息以非物质的形态传播，必须附着一定的物质媒介，在建筑系统中，信息既可以作为抽象的精神指代，也可以连同它所附着的物质一起指代，如建筑技术的应用方式、建筑风格的传承、建筑材料中的化学成分、建筑组件中的可用零件等。因此，为了使信息流可持续地传递下去，必须促进信息流的自身循环，这一点对于维持建筑系统的经济、高效运转、促进人类社会可持续发展有着至关重要的作用。

## 2.2.2　生命周期理论的可持续外延

### 2.2.2.1　生命周期理论的基本论点

1966年，美国经济学家雷蒙德·弗农在《产品生命周期中的国际投资与国际贸易》中提出了生命周期理论，从产品生产的技术更新角度引入产品的生命周期概念，并分析其对经营格局的影响[①]。生命周期有广义和狭义之分：狭义是指本义——生命科学术语，即生物体出生、成长、成熟、衰退直至死亡的自然过程；广义是本义基础上的扩展和延伸，泛指自然界和人类社会各种事物的阶段性发展、变化及其规律。弗农认为，产品和生物一样具有生命周期，依次包含创新期、成长期、成熟期、标准化期和衰亡期五个不同的阶段。以某个产品为例，可以直观解释为"从摇篮到坟墓"的整个过程：既包括产品原材料的采集、加工等生产过程，也包括产品存放、输送等流通过程，还包括产品装置、运行、维护等使用过程以及产品处置和回收等废弃过程，整个过程构成了一个完整的生命周期。

生命周期理论发展迅速，如今广泛应用在政治、经济、环境、社会等诸多领域。生命周期理论包括两种主要的生命周期方法：一种是行业生命周期——指企业通过判断行业所处的成长、成熟、衰退或其他状态，制定适当的发展和应对战略。另一种是需求生命周期——预先设定用户的某种特定需求（生产、运输、使用、维护等），在不同的时间阶段应用不同的产品可以满足这些需求。

### 2.2.2.2　建筑生命周期与可持续

生命周期理论的意义在于科学指导大至行业、小至项目的决策，使产品在最大限度上满足社会需求和经济效益的同时产生最小的环境影响。在建筑

---

① 百度百科. 关于生命周期理论的释义［EB/OL］. http://baike.baidu.com/view/982669.htm.

业中，生命周期包含了从材料与构件生产（含原材料的开采）、规划与设计、建造与运输、运行与维护直到拆除与处理（废弃、再循环和再利用等）的全循环过程，可大致分为实施、使用和回收三大阶段，其核心则在于各个阶段对于材料、能源、环境的影响程度的监控，这一点与可持续需求高度契合（图2-1）。只有各环节密切联系，相互配合，共同影响，才能有利于建筑业的可持续发展。

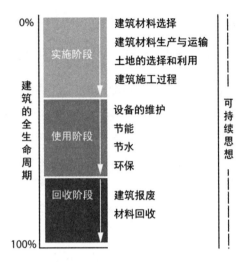

图2-1　建筑的生命周期示意

　　第一阶段是实施阶段，涉及建筑材料的选择、生产、运输，土地的选择和利用，以及建筑施工建造。这个阶段产生的能耗分为三个部分：建筑材料生产、建筑材料运输、建筑施工。这部分的另一个重点是节地，主要考察在相同建筑面积情况下不同结构体系提供的有效建筑使用面积的多少，并以此作为反映建筑对土地资源消耗的情况。

　　第二阶段是使用阶段，涉及设备的运行与维护，日常能源和资源消耗。这个阶段的能耗依赖于墙体材料、结构形式、设备种类等选择，典型的资源指标是运营节水效果，此外还有环保、降噪等生态要求。

　　第三阶段是回收阶段，涉及建筑报废和废料处理。从全生命周期的观点看，建筑材料在整个生命周期过程中是需要加以循环再生利用的，在建筑材料选择时，必须考虑其循环和再生能力。

　　可见，生命周期概念既具有阶段性，又具有整体性。在项目的整个生命周期中，节能、节水、节材、节地以及环保的需求贯穿始终，这就要求各阶段工作具有良好的持续性，以达到综合优化建筑综合性能的目的，从而使建筑更好地朝向可持续的方向迈进。

### 2.2.3　循环经济理论的可持续外延

#### 2.2.3.1　循环经济理论的基本论点

　　循环经济与线性经济相对，以物质资源的循环使用为特征。循环经济一词最早由美国经济学家K·波尔丁提出，20世纪90年代起逐渐被国际社会认可，我国也从那时起引入该理论：1999年从可持续生产的角度整合循环经济的发展模式；2002年从新兴工业化的角度推广循环经济的发展意义；2003年将循环经济纳入科学发展观，确立物质减量化的发展战略；2004年，提出从国家、区域、城市的多层级空间规模发展循环经济。

　　传统经济是"资源—产品—污染排放"单向流动的线性经济，其特征是高开发、高排放、低利用，因而形成对资源的粗放和一次性利用，通过对资源持续消耗并产出废物来实现经济的数量型增长。与传统经济相比，循环经济本质上是一种生态经济，指在人、自然资源和科学技术的大系统内，以及资源投入、企业生产、产品消费及废弃的全过程中，将依赖资源消耗的传统经济转变为依靠生态型资源的循环经济，要求运用生态学规律而不是机械论规律来指导人类社会的经济活动。循环经济倡导的是一种与环境和谐的经济发展模式，它要求把经济活动组织成一个"资源—产品—再生资源"的反馈式流程，其特征是低开发、低排放、高利用。所有的物质和能源要能在这个不断进行的经济循环中得到合理和持久的利用，以把经济活动对自然环境的影响降低到尽可能小的程度。

#### 2.2.3.2　循环经济理论与可持续

　　可持续发展常常面临这样的尴尬：理论上蕴含着巨大的经济利益，存在着一个对生态产品有足够需求的市场，却无法形成现实经济价值和市场良性循环。其根源在于当前社会和经济发展之间存在的两个基本矛盾：一是人类对经济发展的无限追求与自然环境向人类社会提供的有限的自然资源和环境承载力的矛盾；二是在人类社会内部，人类对社会财富公平分配的无限追求与当前经济基础构筑起来的有限的上层建筑公平分配社会财富能力的矛盾。从人类社会发展的角度看，人类必将会走上一条能妥善处理上述两大矛盾的道路，这就是可持续发展之路，而关键在于找到一个正确的经济发展模式。

经济系统的生态化和人性化即是基于这一认识所作出的判断和方向性的选择。以生态经济为基础的循环经济理论从法律制度、指标体系、技术方法、市场需求等多个层面提出了切实可行的生态经济实施策略，因而对生态经济学的现实化具有重要的示范意义，体现了今后经济与社会可持续发展的基本走向。循环经济中的可持续思想体现在物质流动、能源消耗、增长模式、经济生态一体化等方面：

（1）物质流动：直线型经济向循环型经济的转型需通过增加物质在人类社会中的环状流动，使在同样的经济收益下减少自然资源的消耗，和谐人与自然的关系。主要措施是发展旨在促进资源环境建设的"第零产业"与废弃物再利用的"第四产业"，通过增加"分解者"完成废弃物的资源化和物质的循环利用，通过增加再资源化的物质流减少对新鲜资源的使用。

（2）能源消耗：目前的经济系统中能源消费以化石能源为主，如何满足人类经济对能源的需求并且减少对生态环境的损害是经济系统面临的重大问题。利用可再生能源取代不可再生能源，使经济系统建立在可持续的能源供应基础上，完成经济系统能源利用的转型。

（3）增长模式：相对于经济系统对资源的无限需求来说，生态系统所能提供的数量是有限的。那种以能够生产多少产品来衡量经济成功与否的增长状态必将面临自然的局限和社会的局限。因此，经济系统必须转变扩张型的增长模式，转而走内涵式的增长道路，在动态平衡中稳定发展。

（4）生态、经济一体化：经济系统不可以忽略生态环境而发展，需将生态环境建设与经济增长纳入有机的运行机制之中。基于循环经济的"绿色竞争力"概念，应关注GDP增长的同时是否变轻、变绿，减少物资消耗和减轻污染负荷，即产业生态学所提倡的"减物质化"。

## 2.3　应变设计与可持续思想的深层关联

前文对于应变概念和可持续思想的深入解析，将问题导向一个清晰和肯定的倾向——两者的结合，引导着寒地建筑设计逐渐摆脱对机械主义的狂热和对虚无表象的追逐，开始探讨发生自建筑原初的变化的必然和应变的必要。外在环境如何蜕变？人的诉求如何满足？建筑应变如何进行？我们不仅要关注变化的发生和趋向，更要思考其缘由，以此寻求新的应变设计思维和应变设计意义之所在。可持续思想的注入是当代新科学技术、环境意识以及传统思想的综合体现，是对可持续的建筑设计理论与实践的借鉴与转化，同时也是根植于寒地的本土设计思维的直观体现。而应变设计正是基于演进着的自然观、人本观与社会观，结合寒地建筑现实提出的符合可持续发展的设计方法，是对建筑、人、环境的全面审视。两者的结合可以概括为：

可持续的寒地建筑应变设计 =主体的自发+客体的参与+要素的发展

=自然、人、社会的动态性+关联性

## 2.3.1　自然观下的自发式设计

### 2.3.1.1　自然观下的适寒

自然观是对自然界看法的总和，唯物主义认为自然界是独立存在的客观物质世界，不以人的意识为转移。德国生态哲学家汉斯萨克塞在《生态哲学》中写道：自然不能成为一种一成不变的事物去理解，而是应将它看成一个发展渐进的过程。建筑作为人工技术产物，实质就是为了改造原生自然而建造的人工自然，建筑理应协调自然与生态问题，融合人类伦理道德思想，并符合自然的规律和法则。以自然观来审视可持续目标，来商酌应变设计，则是站在自然生态的角度看待建筑与人的关系，以及自然—建筑—人这个宏观系统的内在关联。传统建筑发展模式给自然生态带来各种困境和危机，主要表现为资源枯竭；土地沙化、环境污染、物种灭绝和森林减少。在我国严寒和寒冷地区，除了上述问题外还表现为降水分布不均、沙尘和雾霾加剧、气候波动频繁、反常天气和气象灾害增加等。面对这种形势，除了全社会的共同努力之外，还需通过对寒地建筑进行应变设计实现其两方面的能力：其一是适应自然环境变化的能力，通过建筑的自我调节与主动应变紧跟自然的变化节奏；其二是控制对自然索取的能力，充分尊重自然，审慎控制人类建设活动所引起的自然环境变化。

自发是应变设计的重要特征，也是可持续建筑的发展趋势之一。自发对于寒地建筑而言是应变环境的高级阶段表现，是转被动为主动的基础。以可持续为目标的应变设计，往往以应变的具体对象为出发点，将建筑需求、造型艺术连同技术构造相整合，形成平衡、长效的动态表现形式。

### 2.3.1.2　从御寒到适寒的形式推导

寒地建筑形式源于寒地风土，风土源于特定纬度和气候作用下的生活方式和地区营建，这其中最易于呈现的因素即是气候条件。然而，如今很多建筑形式沦为造型的艺术，鲜有理论根据或实际效用，特别是对于寒地气候条件下的建筑形式处理，繁琐无用的装饰甚至会起到相反的作用。在可持续的思路之下，寒地建筑经过寒冷气候的雕琢，逐渐掌握了应变寒冷的原理，形成更为恰当的应变形式。MAD事务所设计的哈尔滨大剧院正是将当地气候特征作为设计依据和创作理念完美结合。项目坐落于松花江北岸的文化中心岛内，该区域开阔平坦，沿江常年多风，冬季凛冽的冷风使行人难以驻足。方案在考虑了一系列的适寒需求后自发形成，如布局将建筑的三部分围合布置以抵御冷风，剖面源于风吹雪堆的自然形状以适应积雪，立面结合气候特性采用各朝向截然不同的属性表现等。可持续的建筑形态往往源于自然，因此具有适应自然的先决条件，结合人工技术措施后，再次强化了形体应变寒冷的能力。

此外，对于形式的推敲和塑造还涉及建筑的体积大小、细部形态、界面属性、周边环境等因素，并且已有Fluent、Ecotect等环境分析软件应用于建筑应变环境能力的评估。但需要明确的是，建筑的适寒能力是各方面因素的综合作用反映，根据不同的外界条件和自身性质会表现出不同的侧重，并不存在关于形式的标准答案，应变设计不是一项万能技术，而是一种权衡轻重和遴选优劣的设计方法，一种着眼全局的可持续的设计思想。

### 2.3.1.3　从被动到智能的气候回应

如今的建筑已经能够实现通过自主控制构件调节其封闭或开放、密实或通透程度，这一控制过程得益于建筑的自动化和智能化。作为人脑功能的延续和发展，人工智能技术的兴起为摆脱建筑对人的占用，实现建筑控制的自动化、自调节拓展了广阔的空间。从可持续发展的趋势来看，寒地建筑若想高效地应对气候，一定的科技含量不可或缺，随着用户需求的逐渐增多和细化，技术措施的发展完善，智能化将在应变设计中占据越来越多的比重。1999年的德国国会大厦改造工程可以说是诺曼·福斯特的一项世界级杰作，将现代技术应变自然环境发挥到极致。在大厦新的玻璃穹顶设计中，中央的倒锥体上镶嵌的360片反光玻璃将大量自然光反射进穹顶下的议会大厅，穹顶内设有一块自动追踪日照方向的大型遮光板，阻隔直射阳光以消除眩光以及多余的热辐射。该项目将生态、科技、现代这些元素与建筑的完美融合可谓是一项创举，以全新高度为20世纪的现代建筑史画上了圆满的句号。到了21世纪，曾经的高技术已经越来越多地出现在寻常建筑中，以节能环保领域见长的博世集团的中国总部大楼将智能建筑的概念化为现实，除了应用水源热泵系统、转轮热回收、太阳能热水系统等绿色技术外，幕墙外立面应用了国际领先的智能百叶系统进行外遮阳，可以感应照度和计算太阳照射角度，从而自动控制百叶。百叶除上下伸缩控制外，还可精确控制角度，调节进入室内的漫反射光，对建筑而言也表现出早、晚、阴、晴不同的视觉形象。

对建筑外在形式的智能化控制只是智能建筑的一个方面，完整的智能建筑包含建筑的结构、系统、服务和管理四方面内容，结合用户的习惯和需求进行优化组合，旨在营造出一个便捷、高效、健康、舒适的人工建筑环境。因其与节能行业相整合，对于提升建筑适用性，降低使用成本，具有内生发展动力和巨大的潜在应变能力。目前，建筑智能化已经成为一个发展方向，由《2013–2017年中国智能建筑行业发展前景与投资战略规划分析报告》所示，我国智能建筑行业市场在2005年首次突破200亿元之后，以每年20%以上的增长态势发展，2012年市场规模达861亿元，但同年我国新建建筑中智能化应用比例仅26%左右，远低于同期美国的70%、日本的60%，可见行业上行空间之大。

## 2.3.2　人本观下的参与式设计

### 2.3.2.1　人本观下的适居

人本观并不是宣扬以人为中心的博弈论思想，而是主张人是发展的目的和动力，即以人为本的可持续发展。我国建筑大师张开济曾指出："设计要以人为本，任何建筑都是为人类服务的" [①]。当代建筑所秉持的重要特征和理念就是将"以人为本"提到一个历史上的全新高度，足见建筑设计对于人性的重视和回归。人本观以人的需求为最高价值取向，充分理解人、关心人。人在建筑与环境的关系中扮演着主导角色，是建筑设计的因由，是环境作用的主体，三者之间形成复杂的直接与间接交互需求。以寒地为例，人直接捕捉建筑的外在形象、规模尺度、物理性能等信息，间接地被建筑空间所引导形成行为方式、感知冷暖的生理或心理变化；人直接感知环境的不同属性、地理位置、气象条件，间接在所处的环境影响下形成体貌特征、生活习俗以及性格。寒地建筑应变设计的目标之一即是实现人在与建筑和环境的关系中的先导地位，在保证人的需求的基础上，使三者的交互平衡有序进行。

具有普遍特征的生活方式形成了建筑的可持续发展方向，生活与生产的关联标示了可持续目标在全球化视野下的实现途径与方式，建筑环境评价与生态技术产业的相互作用使得人们对居住品质重新审视，贴近有机体的平衡循环的建筑环境表现出更加宜人的舒适性，逐渐替代固定单调的人工环境在世界范围内成为趋势，成为社会转型、产业创新的重要一环。

### 2.3.2.2　从就居到适居的性能提升

寒地传统观念下人们追求建筑的冬暖夏凉，这只是对建筑性能的粗略认识和低标准要求，仅将建筑作为符合热工标准的居住场所。建筑的热舒适性是以人体的感知为标准，并不是表现在单一指标的绝对值上，其影响因素包括室内空气干球温度、湿度、风速和平均辐射四个客观环境因素以及人体的活动量和衣着两个人为因素，而且还与平面布置、视野景观、色彩搭配等主观因素相关。

当今的适居理念首先要求减少室内污染。寒地建筑因严酷气候与居民生活习惯的影响，室内环境相对封闭，通风普遍不足。而室内空气污染具有累积性、长期性和多样性的特点。同时，家居建材带来的有害物质难以及时排出。

---

① 祝勇. 提问者祝勇：知识分子访谈录［M］. 广州：花城出版社，2004：32.

因此，面对寒地建筑的室内污染需要对二氧化碳浓度、悬浮粉尘浓度、换气速率提出具体的指标要求，并提倡使用绿色建材进行简洁装修，减少二次装修带来的污染。第二，适居要求与环境的友好亲和。建筑应充分利用自然界清洁的阳光、空气和水，室内照度水平和隔声效果符合国家标准，并保有宜人的自然绿化和景观环境，同时对污染物进行分类处理和回收，避免对环境的恶性反馈。第三，适居要求设计的以人为本。建筑选址布局合理，周边服务配套设施齐全，环境资源优越，建筑面积分配恰当，功能适用便利，遵从用户使用需求和心理感受，并注重分区和动线的合理组织。第四，适居要求建筑的可持续发展。通过门窗、墙体等围护结构设计提高建筑的保温、隔热、降噪、防尘效果，优先采用清洁能源、可再生能源以及可循环材料以降低建筑负荷，体现节能、节地、节材的可持续原则。

### 2.3.2.3　从静态到平衡的用户体验

人们已经认识到恒温舒适的局限，因其没有考虑适应性、文化差异、气候、季节、年龄、性别的不同，没有考虑到人对环境的心理期望和生理变化引起的对热舒适度需求的影响。例如，人在饥饿状态和用餐过后对温度的耐受力不同，在工作状态和休息状态对空气流速的敏感程度不同，在冬季和夏季因衣着和室外温度不同对室内的温度要求也不同。同时，人体感知外界温度的范围有限，特别当人处在静坐、睡眠等静止状态时，只有周围有限范围内的空间舒适度发生作用，为了小范围的空间舒适，其他整个需要消耗能量维持舒适的大部分空间被浪费了。例如，冬季在临近外窗的位置就寝，必然会因为保温性和冷辐射与房间内部存在较大的温度差，为了提高人的舒适度就必须提高整个房间的温度，可能会使房间的平均温度高于舒适温度，造成浪费。此外，与外界自然相悖全天候地维持恒温对能量的消耗不言而喻，使得设备负荷越来越大，要解决的技术问题越来越多。当一座全空调系统的建筑出现设备故障时，如果没有自我调节和适应环境的能力，那结果将不是毁于外界自然条件，而是毁于内部。

动态的室内环境有利于营造平衡的用户体验，而将不变转化为可变也是可持续设计的趋势。英国剑桥大学马特尼研究中心的研究成果显示：室内环境变

化留有让人适应变化的机会，可减轻人当前的不适感，换言之，气候的动态变
化能增加人体的舒适感。建筑不应变成恒温箱，与外界气候同步波动的动态室
内气候能对人体产生恰当的冷热刺激，这是维持人体调节机能和生理健康的必
要条件，也是维持室内外能量交换相对平衡、交换量较少的关键。

## 2.3.3　社会观下的发展式设计

### 2.3.3.1　社会观下的适技

任何事物都存在于社会当中，因此建筑和人都不可避免地具有社会属性。
社会属性是连接自然、经济、科技、人文的纽带，因此，建筑设计的关键在于
通过建筑的社会属性将自然、人文等属性整合起来，使建筑具有时代性、经济
性、可行性等可持续属性。可持续的社会观要求建筑技术的切实可行，适合当
地的技术条件和经济基础；要求建筑经济在全寿命周期内的可持续，确保各个
环节的经济、合理，避免过度投入和高运营成本；要求建筑形象反映积极向上
的人文精神和结合时代的社会风貌，避免陈旧落后或与大众审美相违背；要求
建筑功能紧密结合大众使用需求并有前瞻意识，满足一定时期内的社会需求变
化。寒地建筑应变设计要求从社会的角度看待设计问题，处理人—建筑—环境
三者的关系，以实现寒地建筑社会层面的可持续发展。

从技术角度而言，今天的建筑师比以往拥有更为广泛的设计工具来实现对
建筑的想象和欲望，但技术的双刃效果也使得自然环境和社会经济饱受伤害。
可持续的技术发展方式使得人们从更加全面的视角重新定义技术的价值，使其
保持与社会发展现状与节奏的同步。

### 2.3.3.2　从高技到适技的经济导向

适技的趋向如今广泛地表现在城乡建设进程中，其最初始于经济相对制约
的民居。如南方民居擅长基于竹子和木材的建造技术，北方民居则多以砖石和
生土为原材料，因为对这些材料的加工源自当地居民最习以为常的素材。深化
材料的技术创新，以本土技术提升材料性能，产生经济价值，还可促进创造经
济、环保、健康并具有质感与美感的建筑环境，将地方性的技术措施拓展到社

会性的经济意识和建设行为。

社会需要并鼓励高技术建筑的发展，但并没有规定它们的使用条件，因此建筑界存在一种对技术的误读，将高科技等同于绿色或可持续。事实上，高科技普遍具有作用系统复杂、能源转换次数多的特点，通过多次辗转将其他渠道和性质的能量转化成节能、节水、减废之功能，往往是舍本逐末。根据"能量第二定律"观点，能量由一种形式转换成另一种形式时，只有部分高级能量完成做功任务，其他将转变为较低级的热能，而低级能量无法逆转为高级能量。这一定律源自生态系统和经济学中的"10%法则"：在生态系统中，食物链不同层级从低到高的能量转换中，每相邻层级之间的效率只有10%，其他90%的能量成为新陈代谢的热能散失于环境；而经济学认为，每一个环节的成本投入应保证不少于10%的盈余，才能使资金顺利进行到下一个环节。这两方面含义综合起来形象地描述了能量和经济在建筑中的运行情况，建筑总投入、技术成本投入、技术效能产出三者之间存在直接联系，恰当的比例是维持其合理性的关键，抛开其内在关联放大任何一方面都会导致建筑经济的失衡，难以达到理想的效果。同时，若能减少技术转化环节，在源头的建筑投入阶段考虑一部分设计措施或被动技术，效率虽不变，但其产出却是在10倍、100倍的基数上计算，大大降低经济消耗和主动技术部分的压力，事半功倍。

### 2.3.3.3 从单一到综合的社会效益

可持续的技术观已逐渐趋于理性，从20世纪末人们狂热于暖通空调系统的惊人表现，到如今新建建筑大量采用被动系统、混合系统和自然通风系统仅仅用了20年的时间，人们对于社会效益的重新认识可见一斑。技术系统开始关注减少资源使用、降低生态负荷、应用的普及性和规范性等方面，不再专注于系统的单一产能，而是以更加全面的视角去提升其综合性能。另一方面，建筑可持续性评价工具（BSRTS）的不断发展已囊括了对建筑技术的细致划分，开始从用户反馈、用户期望等社会角度考察技术的可持续能力，这将有效促进建筑技术的自我完善，推动其可持续进程。

在对技术的社会效益的关注下，高技术的思潮已然转向更加可持续的技术思想，设计过巴黎蓬皮杜中心的高技派代表人物伦佐·皮亚诺在其设计作品中也逐渐融合了生态和文化取向。在新喀里多尼亚岛的特吉巴欧文化中心设计中，他一反常态地选用一般技术和传统构造控制经济成本，以传统形式和当地建材提升了人文效益，以平民化的建造工艺和原生态的使用效果赢得了社会认可，可以说是一个将现代技术回归传统的杰出作品。另外，基于当前社会背景的全新技术更能反映当前的社会关注。如超越传统技术形式的3D打印技术，如今已经从建筑模型制作开始付诸工程应用。美国和中国已先后将此技术应用于小型住宅的"打印"，从围护结构到家具一应俱全。将3D打印用于建筑构件或单元模块的制作，即可拼装成大型建筑。打印"油墨"由砂石、水泥、废料等常见原料组成，取材便易。更重要的是，建设时间以小时计算，建设过程环保且高效。由于对生产流程的重大变革、产品构造的彻底颠覆以及加工过程的机械控制等因素，这一技术在材料应用、精度水平、建设速度、人力消耗等各方面必定会对可持续设计和建造产生重大影响。

## 2.4　本章小结

本章是本书的理论基础——应变设计相关理论以及可持续思想的深度解读。应变一词集成了我国传统文化的精髓，并可以广泛借鉴相关领域的研究成果，其特性决定其成为促进寒地建筑发展的有效途径和方法。可持续代表了与时俱进的科学技术、环境意识以及思想观念，是根植于寒地的本土设计思维的直观体现，作为应变设计的目标与原则不可或缺。两者的结合为我国当下寒地建筑行业的发展标示了一个方向，为突破现有的设计局限，寻求全新设计思维和方法提供了基础支撑。具体包括以下几个方面：

（1）对应变设计内涵的溯源：介绍了环境气候学、生物进化论、动态建筑理论三个建筑及周边学科理论的基本概念、观点，以及与应变设计的关联，揭示了应变概念的理论深度与广度。

（2）对可持续思想外延理论的引介：介绍了可持续思想的相关外延理论——系统理论、生命周期理论以及循环经济理论。通过对可持续思想原初内涵和更新发展的解读揭示其时代性和科学性。

（3）应变设计与可持续思想的深层关联：两者在自然观、人本观与社会观上的高度统一建立了两者的联系，两者的结合综合了各自的优质特性，形成对演进着的建筑、人、环境关系的全面审视。作为本书的理论创新为后文提出基于可持续思想的应变设计策略奠定理论基础。

第 **3** 章

基于可持续思想的寒地建筑应变设计架构

# 3.1 寒地建筑应变设计的构成要素

## 3.1.1 寒地的环境世界

环境，对于有些主体是"周围世界"（Umwelt）也是"生活世界"（Lebenswelt）[①]，没有主体的纯粹的环境是不存在的，或者说，也不存在没有环境的主体。环境是建筑存在的首要前提，克里斯托弗·亚历山大在《形式综合论》中说道：每个设计首先都要努力使形式和环境这两个实体相互适合，形式是解决问题的方法，环境则是界定问题[②]。本书中的寒地环境是广义概念，既包含横向宏观的自然环境、社会环境、技术环境，微观的场地条件、微气候，也包含纵向的各环境自身的变化。寒地环境是本书中的应变对象和重要因素，其特殊性的挖掘是研究的关键。从建筑视角选取对可持续性影响较大的因素进行应变策略诠释，对于常规问题的常规解决则简要叙述或略过。

### 3.1.1.1 寒地环境的特征解析

与以往对寒地环境特征简单概括选取共性问题研究不同的是，寒地作为应变对象和宏观背景被视为一个动态多元的系统，本书从应变角度着手的特色和优势在于解决寒地的个性问题。对于我国寒地而言，环境表现为特异性和变化性两个主要特征：特异性包括冬季室内空气二氧化碳浓度高、室外空气污染、极寒温度等非普遍问题；变化性包括自然气候的昼夜、季节波动剧烈，气象类型多样等周期性变化（图3-1）。

---

[①] 德国哲学家胡塞尔认为生活世界是"唯一实在的、通过知觉实际地被给予的、被体验到的世界，即我们的日常生活世界。"周围世界是"我们把那个在他的经验中、在相互理解中、在一致同意中形成的那个周围世界，称为交往的周围世界。"参见其著作《纯粹现象学和现象学哲学的观念》（1913年）和《欧洲危机的先验现象学》（1936年）。

[②] （日）日本建筑学会. 建筑论与大师思想［M］. 徐苏宁，冯瑶，吕飞译. 北京：中国建筑工业出版社，2012：66，94.

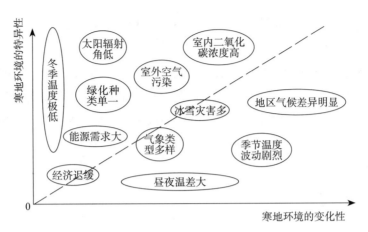

图3-1　寒地环境的特征

### 3.1.1.2　寒地环境的类型划分

从建筑与人的关系视角出发将寒地环境特征归类至原生环境、次生环境、建造环境三方面展开针对性的应变研究，应变即是对变化的这三类环境的设计回应。

原生环境即建筑外环境，由寒地的先天自然条件所定且人力不可控，但却是形成城市环境的基本因素，通过气候、地理特性广泛地影响人的生活品质、动植物的品种习性、建筑的表现形式乃至城市的发展规划等，很大程度上决定了人与建筑的相互关系。在建设部2007年颁布的《宜居城市科学评价标准》中将气候环境作为一项关键指标，包含气温、湿度、风、日照、特殊天气共五项影响因子，总体来说，我国东北和西北地区的寒地城市宜居性评价相对较低，其余部分寒地城市仍具有较好的宜居性，可见温度并不是主要影响因素，各影响因子间的配置更加重要，这也是突破寒地建筑设计问题的关键点。

次生环境即人工干预下的建筑环境，是经过加工的原生环境。为什么要设计空间和场所，而不是居住在大自然当中，因为人类需要一个能操作的、可理解的环境，这就是我们对原生环境进行干预和加工的原因。建筑从本质上看也是环境，是人工环境的一部分。在建筑中，环境作为一种综合的空间环境来对待，包括风环境、光环境、热环境、声环境等物理环境，也包括生态环境和心理环境。人们对环境的感知就是客观存在的物理环境和生态环境，与经过人脑加工差异于客观存在的心理环境的总和。

建造环境指在寒地的自然条件、经济条件、技术条件下的营建法则与水平，包括从设计到施工的建设要求，以及能源、材料、设备等建设条件。换言之，寒地的建造环境就是在自然环境允许的负荷范围内，结合区域内的环境、资源、经济和社会发展状况的营建系统。

## 3.1.2    寒地的建筑立场

寒地建筑是本书的应变对象。寒地建筑应变设计逻辑关系的确定，体现了对应变对象的恰当设定和充分解析，对分项对象的合理调整和适当引申，有利于控制应变的代价强度和实现程度。

### 3.1.2.1    寒地建筑的蜕变演进

如果说，建筑的发展受自然气候、社会文化、技术水平、经济因素以及人类自身需求等多方条件制约，那么与寒地建筑发展关联最为密切的就是自然气候，以自然气候为代表的外界因素则是主要驱动力，而处于目的层面的人的需求属于导向作用。冰雪、寒风等自然气候催生了寒地建筑的雏形，我国东北地区的少数民族自古就有"常为穴居，以深为贵"、"冬则入山，居土穴中"[1]的记载，都是人们本能地通过实践回应自然环境的表现。寒地因其特殊的地缘条件在建筑发展中保持了朴素的环境意识和实用的适技思想，这一点在我国北方各地的传统民居中得以鲜活地体现。自古至今，大体呈现出以下演进规律：

（1）从无序的围合院落到集中的建筑群落：寒地民居在长期的自然气候下形成院落的布局方式，是对无序的建筑单体的集中，进而院落之间的布局也从原先的无序向集中发展，再后来院落逐渐减少或消失，形成建筑直接组合的群体。这是从适应宏观气候转向调节微气候的进步，也是建筑密度增长之下的必

---

[1]    《后汉书·卷85·东夷列传》载："常为穴居，以深为贵，大家至接九梯"。《晋书·卷97·四夷列传》载："夏则巢居，冬则穴处"。《旧唐书》载："……掘地为穴，夏则出随草，冬则入处穴中"。

然形式。

（2）从小型的功能模块到大型化综合建筑：建筑体量的发展与人对建筑的控制能力是一致的。当寒地居民能够为建筑供给更多的热量、照明和通风时，建筑开始朝着大型化发展，这样可以在建筑内部产生更多远离外环境、不被其直接影响的空间。同时，寒地的特殊环境造就了人们的衣、食、住、行需要在同一栋或连通的建筑中整合，形成了较大的建筑体量，这对于提高寒地建筑使用效率是非常重要的。

（3）从单一简洁的基本形态到丰富细致的空间呈现：这是建筑功能逐渐趋向综合和细致的表现，虽然受到多元的地域文化影响，但自然环境仍是对形态最大的制约。在寒地环境之下，考虑体形系数的关系，寒地建筑形态的演进是处于相对完形内的形态细化，是侧重经济性的形态演进。

（4）从封闭的实体化界面到灵活自由的界面表现：早期的寒地建筑表现为厚重的围护界面和较小的门窗洞口，这是在建筑技术尚不完善的条件下减少热工负荷的主要措施。随着界面气密性的增强、材料热工性能的提高，使原先依靠厚重木材、石材、黏土等地域材料的建造方式得以改进，并在一定程度上释放了建筑空间和界面形式。

### 3.1.2.2　寒地建筑的地缘困惑

所谓地缘，是指人类共同体在一定的地理空间内，因共同居住、生活、生产等社会活动而形成的社会依存关系。任何一个建筑都需要切合实际环境的设计，任何一个区域的发展都离不开其实际所处的地缘空间，像我国寒地这样复杂的地缘环境造就了其自身典型的发展特点和取向。

（1）宏观地缘——外部交融困难：寒地位于中国北部，身处内陆，较为闭塞，接壤的邻国相对落后，与欧美地区的发达国家难以建立便捷的交通联系，无价值的"边界"和远离"心脏"使寒地无论从政治和经济角度都缺乏国家地缘发展战略的支撑。这一宏观地缘条件对寒地建筑业的自身发展产生客观制约，表现为外部的设计思潮与理念难以及时引进，外部的物资条件无法便利输送等，长期以来，相较发达地区的建筑发展显著滞后。

（2）中观地缘——区域条件受限：在寒地经济条件和自然环境的双重制约

下，建筑行业现状不容乐观。寒地建筑自动化程度低、建筑设计精细程度不足、建筑耐久性差、设备系统能效低、对可持续考虑不足等问题普遍存在，因此难以形成地区之间的相互指导和借鉴，中观地缘的内部带动作用无从发挥。

（3）微观地缘——民众意识迟滞：寒地居民长久以来在适应自然环境的过程中形成了对建筑固有的认知和需求，依靠世代沿袭的朴素生态思想和低技术措施应对环境变化，例如火炕、火墙等取暖措施在我国东北农村一直沿用至今，从另一方面也表现出对创新和改变精神的缺乏。建筑的发展需要人们不断提出的新需求的刺激，需要人与人之间的交流与协作，而非禁锢于传统思想之下。

### 3.1.2.3　寒地建筑的应变失衡

无论是我国的东北、西北或是其他寒地区域，长久以来在各自的自然环境下都形成了自己的应变方式。但是，随着近年来我国寒地发展呈现出的落后现实，并遭遇全球化带来的现代科学技术的涌入，通用的现代理念、人工设备、高新技术冲破了原先依靠设计手段和低技术勉强维持的建筑与环境的平衡，这些全球化的硕果在贫瘠的寒地难以快速消化，助力寒地建筑发展的同时带来诸多负面效应，造成建筑应变的失衡。

（1）功能失衡：寒地居民在长期严寒气候作用下形成了典型的生活习惯，如冬季需要室内体育锻炼、住宅需要封闭阳台空间、建筑入口需要门斗、不喜欢北向房间等，设计时除了满足建筑的物理性能外，更重要的是迎合这些大众生活方式。一些建筑师好大喜奢，缺乏对内部细节的追求，人性关怀缺失，导致使用的蹩脚；或是将南方功能格局照搬过来，单薄的进深和多变的形体造成御寒性能的降低，小尺度的室外院落空间往往成为冬季藏污纳垢的场所。

（2）形象失衡：现代建筑是一个集合了多种流派和风格的复杂概念，如果不能深刻理解，容易产生误读。因为文化层次使然，处于流行末端的寒地建筑创作总是在现代风格的两极摇摆，或者难以与传统脱离，或者表现得过度和不合时宜。以哈尔滨为例，21世纪初期的"欧陆风"体现了决策者对于文化传统保护的急切，显然阻碍了这座国际化城市的发展。近年来，开放的建设思路吸引了诸多大腕和先锋设计师，如矶崎新、马岩松、AS等，但这种典型的标志性建筑只能作为城市中的点缀，真正能够代表哈尔滨的普遍形象还需要在发展中寻找恰当的定位。

（3）技术失衡：诚然，落后的技术难以满足寒地居民日益提高的对建筑品质的要求，但技术的筛选需要考虑实施能力、实施成本和地域条件。一些开发商利用高技术的噱头，盲目引进不合本地域的新技术，实际效果暂且不说，直接造成巨大的成本投入和高额的能源消耗，并且长时间的低温作用会导致一些技术和材料的失效或损坏，这些负面影响最终都转嫁给使用者和环境。适宜性技术对寒地建筑而言是需要长期秉持和追求的，迫切需要深入研究以提升寒地建筑的应变能力。

### 3.1.3　设计媒介

建筑为了实现对环境的高效应变，需要借助一定的媒介加强效力。不同的媒介需要不同的能耗并产生不同的效果，为了客观衡量每种应变的可持续效益，这里有必要对不同媒介的作用原理进行界定和剖析。"京都金字塔"最早是由奈森（Lysen）提出的衡量建筑能耗的一种方法，下面将这一方法应用于建筑应变，对其媒介进行归类。金字塔从下到上分别代表三种典型的应变媒介以及相应的设计策略，每一个部分同时也反映了不同媒介所占的比重（图3-2）。

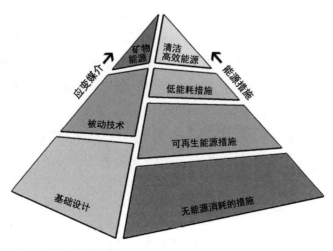

图3-2　设计金字塔图解

### 3.1.3.1　基础设计

位于金字塔最底层的是无能源消耗的基础设计媒介。将建筑本身作为调节器来应变环境，通过改变建筑及其围护结构的某些设计参数，如朝向、规模、形状、材质等，来改善建筑性能，使其更易于应变外界变化和内在需求，从而减少环境对建筑的影响，降低建筑对辅助措施的依赖。例如，处在寒冷地区的东北民居对保温要求较高，在设计上往往考虑厚重的墙体和较小的门窗，因为冬季漫长加上雪量较大，屋顶设置闷顶作为缓冲空间，同时起到排雪的作用。

基础设计是最原始的应变媒介，同时也是最根本的应变方式。罗杰埃在《论建筑》中说："……他选择了四根结实的枝干，向上举起并安置在方形的四个角上，在其上放四根水平树枝，再在两边搭四根棍并使它们在顶端相交，他在这样形成的顶上铺上树叶挡风遮雨，于是人类有了房子。"[①]我国古籍《墨子》中写道："为宫室之法曰：高，足以避润湿；边，足以圉风寒；上，足以待雪、霜、雨、露。"可见，以设计应变最初并不是有意发生的，在形成规章典籍之后或是通过师徒之间传授示范，才演变为标准的设计过程。正如克里斯托弗·亚历山大对设计的"不自觉"和"自觉"两种过程的划分一样，在原始社会或是某一种全新的设计方式初次发生的时候，这种应变通常不自觉发生却具有开创意义。而现代的，特别是教育背景下的专业建筑师所进行的设计过程大多是自觉的应变。不自觉的应变往往创造出新的形式，而自觉的应变则是墨守成规，以基础设计应变的方式汇集了无数不自觉的创造与巧合，我们在吸收领悟的同时还要留意各种不自觉的应变行为，借助不自觉的应变来拓展设计思路和维度。

基础设计应变的特点是不增加额外投入，措施自身无能源消耗，无环境负担。同时可以看到，这种应变媒介作为应变的基础占有最大的权重，换言之，拥有最高的投入产出比。

---

① 罗杰埃，1713年出生于法国，18世纪重要的建筑理论家。1752年，发表了他著名的论文《论建筑》。

### 3.1.3.2　被动技术

金字塔的中间是基于可再生能源的被动技术媒介，也包含各种零能耗和低能耗技术措施。以再生能源为基础的技术包括水力发电、风力发电、潮汐能、地热能、太阳能、生物质能和废物能等，低能耗技术包括复合墙体、预制构件、被动集热系统、被动通风系统、被动照明系统等。例如，北方建筑中常见的被动式阳光间，只需在建筑功能设计的基础上增加必要的措施，增设部分围护结构措施，但这些措施本身不需要消耗能源，只增加部分投资。赫尔曼希尔在《太阳能经济》中说道："我们只有尽一切努力立即转向使用再生能源资源以及具有环境可持续的资源，并由此终结对矿物燃料的依赖，人类文明才能逃脱致命的矿物燃料的陷阱。"技术应变可以弥补设计应变的不足，同时避免能源应变的危害，由于不依靠矿物能源，几乎不受宏观经济变化影响，资本投入和回报相对固定，风险较低。

技术应变的特点是能耗和污染小，以较少的运行成本换来快速、显著的作用反馈，但一次性资本投入较高，是介于依靠基础设计和依靠能源消耗之间的应变媒介。

### 3.1.3.3　矿物能源

金字塔的顶部是基于矿物能源的高消耗媒介，也包含高成本投入的高技术媒介。当金字塔的底部、中部完成之后仍不能满足需求，需对过剩或欠缺的冷、热、采光等负荷进一步处理时采用。这一阶段需考虑前两步的设计应变和技术应变的综合作用效果，进行优化整合，在此基础上对应用能源进行必要的补充。在选用能源时，应优先选用低污染、低成本能源，如在寒冷地区的公共建筑中选用高效燃气锅炉、节能照明系统、热泵系统，在炎热地区的公共建筑中选用热回收系统、通风照明自动控制系统。

然而现状与金字塔所期望的理想状态恰恰相反，目前全球各国的产业构成几乎都以能源密集型为主，以高消耗、高投入换来行业经济的高速发展。由此暴露出能源应变的弊端——成本投入的持续性和消耗的不可逆性。欧盟在2004年发布的《展望世界能源、科技和气候变化》中指出，如果继续以矿物能源为主导，在未来的30年里，美国的能源消耗量将增长50%，欧盟增长18%，发展中国家，尤其是中国和印度，$CO_2$排放全球份额将从1990年的30%上升到2030年的58%。中国是世界上最大的煤炭消耗国，第二大石油消耗国，并且近年来上升速率不断攀升，由此产生的环境污染难以遏制。

由此可见，建筑设计需有发展眼光，应变需考虑社会环境的发展变化，以能源为主要应变媒介的建筑面临能源危机的步步紧逼时，将逐步产生难以计算的运营费用和不可挽回的环境消耗。正确的方式应按照金字塔从低向高的顺序和由大到小的比重选用媒介，通过对基础设计和可再生能源技术的不断开发来延缓环境危机、能源危机的到来，降低人类健康、建筑物以及生物圈的负担。

## 3.2 寒地建筑应变设计的作用机制

西方哲学史可以说是一场"分割世界"的历史。长久以来，主要由二分法占据统治地位，但同时也出现了康德、黑格尔等不少思想家、哲学家运用"三分法"去认识、分析和说明世界，至今仍深刻影响着世界哲学的发展。一分为三是人类认识世界和改造世界的基本规律，也是黑格尔哲学分析问题的基本方法和研究事物发展的基本模式。黑格尔哲学中"正—反—合"的三分法认为事物的发展可归纳为三个阶段：第一阶段是正题，发展的肯定阶段；第二阶段是反题，发展的中间环节即否定阶段，第三阶段是对反题的否定，即否定的否定阶段，亦即合题，发展的终结和正题反题的综合。所谓"正题"、"反题"、"合题"，其实是绝对精神在不同阶段的表现形式。正题必然地派生出它的对立面——反题，并且和反题构成对立，最终二者都被扬弃而达到统一的合题[1]。所以，黑格尔的三分法是一个动态循环、依次展开的客观现象和过程，任何事物都是在"正—反—合"的辩证发展的过程中存在。

---

① （德）黑格尔. 逻辑学［M］. 杨一之译. 北京：商务印书馆，1981：2，95.

将黑格尔的"正—反—合"逻辑与应变思想相结合，可以这样解释：一个寒地建筑处于环境中，必然与环境发生联系，开始只是在保持自身不变的情况下去阻御外界环境，即为正；但同时还需调适自身与外界环境相适应，成为最初建筑主观不变的对立面，即为反；

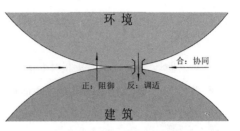

图3-3　基于黑格尔哲学三分法的应变作用机制

在这个过程中，前两个情况一直交替发生，协同作用，建筑最终也区别于原来的建筑，成为两者综合的产物，即为合（图3-3）。本书的主要章节将以这三种应变形式来划分，将应变分为正——对应变对象的阻御、反——对应变主体的调适、合——应变要素间的协同三方面，提出针对性的应变策略。

### 3.2.1　正——对应变对象的阻御

第一阶段是正题，发展的肯定阶段。寒地建筑作为应变的主体，环境作为应变的对象，主体对于对象的阻御，是对于应变对象的直接回应。这个阶段的关键在于从主观出发，主体内部不变，将外界不利环境阻隔在建筑之外，这也是应变的首选，以主体付出最小的代价适应环境，达到平衡。

在黑格尔的辩证法要素中，正题代表了主观精神，探讨主体意识成长的内在规律，关于这一点黑格尔在其早期著作《精神现象学》中进行了系统的论述。黑格尔认为，人类思维不能仅仅停留在第一个阶段，这个阶段具有分离性、抽象性和固定性的特点，会导致对事物认识的片面和主观。要达到对具体事物的充分认识，人的认识能力还须由肯定上升到否定，因为肯定并非没有终极，如果到了顶点，必然转化到它的反面[①]。

---

① 王桂山，徐庆阳. 论黑格尔逻辑思维三阶段的辩证法思想［J］. 辽宁教育学院学报，1992，
　 2：19-21.

### 3.2.2　反——对应变主体的调适

第二阶段是反题，发展的中间环节即否定阶段。建筑在仅靠阻御不能满足应变需要时，需要去认知环境，调适自身去适应环境。这个阶段的关键是站在客观角度，建筑在变而环境不变，将环境放入建筑内部来消化吸收，与第一阶段相互对立，却又相辅相成。

反题代表了客观精神，探讨法、道德、国家以及世界的历史进程与发展，《法哲学原理》和《历史哲学》两部著作记录了黑格尔对这方面思想的细致论述。黑格尔认为，辩证法是一种内在的超越，在事物对自身内在超越的过程中，主观认识先天携带的片面性和局限性就表现出来了，即自身否定。"正"中有"反"，正与反相互对立，相互矛盾。这个阶段，有限的认识扬弃它们自身，并且过渡到它们的反面，"凡有限之物莫不扬弃其自身。"但是，哲学不能像怀疑主义那样，仅仅停留在辩证的否定结果方面。

### 3.2.3　合——应变要素间的协同

第三阶段是对反题的否定，即否定之否定阶段。合题具有综合的意义，它不仅否定了前一个阶段，而且把前两个阶段的某些特点按照新的方式有机整合到自身当中。将第一阶段的阻御与第二阶段的调适整合，应变的主体——建筑与对象——环境两个要素整合，共同变化，在动态中实现建筑与环境的最终平衡。

合题代表绝对精神，研究的对象是美学、哲学与宗教，该领域黑格尔的相关著作有《美学》《宗教哲学》《哲学史讲演录》。三分法的关键在于对事物本性自身的回复。黑格尔认为，在真正的三位一体中，不仅有统一，而且有协调，即结束促进了协调内容和现实的统一，从而形成有机整体。在否定之否定阶段，不仅认识到"正"中有"反"，"正"与"反"相互对立，还需明确两者的统一概念已经包含相互转化的对立双方是彼此关联、不可分离、共处于一个共同体当中的①。

---

① 王桂山，徐庆阳. 论黑格尔逻辑思维三阶段的辩证法思想［J］. 辽宁教育学院学报，1992，2：19–21.

对于应变而言，不论事物自身变或未变，其实质就是从一种质到另一种质的演进或改变，换言之，是从一个阶段到另一个阶段的抽象转化。事物的发展包含对这三个阶段的界定，同时涵盖它们的内在关联，所以它们是同一的，这种同一性即被视为它们的相互关系。

## 3.3    基于可持续思想的寒地建筑应变设计导向

在可持续的目标之下，寒地建筑应变设计发生了全方位的转变，其策略体系的建立需基于与时俱进的设计思路，并跟随不断变化的寒地环境，从而形成可持续为目标的科学、合理、严密的研究体系。可持续作为一个宏观概念，包含以物质基础划分、以表现形式划分、以学科领域划分等多种界定方式（图3-4）。但对寒地建筑的应变设计而言，可持续思想时刻隐含在策略的选取和建构中，最恰当的界定即是与寒地建筑外部、内部以及自身特点相结合。因此，本书将可持续思想下的应变设计导向寒地建筑外部形式的适寒、内部性能的适居、建构系统的适技这三个最为典型和迫切的应变需求。

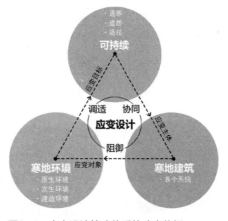

图3-4    应变设计策略体系的建立依据

### 3.3.1    外部形态阻御是应变设计的基本保障

外部形态是建筑在环境中的直接呈现，最先与寒地原生环境接触，因此是承载应变设计的首要环节，并决定建筑的综合应变能力及其他应变的发展方向。寒地以原生环境为主导的严酷外部环境，建筑无法直接加以利用，需采取可持续措施以实现长效的应变效果。

阻御意指建筑在变化的外界环境下保持内部不变，由内向外阻止和抵御外界环境对建筑内部的侵害，符合黑格尔哲学原理中的正题观点。面对原生环境对寒地建筑的诸多影响，可提炼出冬季冷风、冰雪侵害、极寒温度三个难点问题。寒地建筑外部形态可以分解为规划设计、形态布局、界面性能三个主要构成要素，在建筑设计中分别回应并进行阻御，建立对应的变化与应变关系，从宏观到微观、从整体到局部系统解析寒地建筑的外部空间和外部形态设计，以实现可持续的设计目标：

（1）阻御冷风是城市层面的可持续目标：寒地城市冬季风环境的形成与城市空间格局直接相关，狭窄通畅的街道空间以及宽阔高耸的建筑群体容易形成不利的冷风效应，恶化寒地城市冬季风环境品质。因此，对于冬季冷风的应变应首先从城市的宏观规划角度入手，形成规划层面的第一阻御系统。

（2）阻御冰雪是场域层面的可持续目标：寒地建筑的冰雪侵害主要体现在对建筑自身形态以及场地关系上，易造成建筑使用的不便和建筑结构的损坏，从而产生安全隐患，与宏观的城市规划和微观的表皮性能关联不大。因此，对于冰雪侵袭的应变应从建筑的场域形态入手，形成中观层面的第二阻御系统。

（3）阻御极寒是界面层面的可持续目标：冬季极寒温度具有均质性和渗透性的特征，对其阻御无法从更为宏观的层面进行，其侵害直接作用于建筑界面，取决于建筑各个外界面的综合保温性能。因此，对于极寒温度的应变应从界面性能角度入手，形成微观层面上的第三阻御系统。

## 3.3.2　内部性能调适是应变设计的核心需求

内部性能包括建筑的空间品质、场所氛围、环境质量等因素，反映人对建筑使用效果的直接需求，因而是应变设计的核心所在。寒地原生环境衍生下的次生环境直接参与到建筑的内环境构成，决定了人在建筑中的舒适程度，需通过可持续的应变措施自主地甄别利弊，以趋利避害。

调适即为建筑在变化的次生环境下主动自我调节，汲取有利资源以改进建筑自身性能并适应环境，迎合了黑格尔哲学原理中的反题观点。调适应变对象锁定为寒地建筑次生环境，提炼出光环境、热环境以及生态环境三个典型问题。调适应变的主体则选取承载寒地建筑次生环境问题的建筑空间、功能和场所。空间是建筑的本质，是构成建筑的物质实体；功能介于物质和精神之间，是建筑的载体并决定空间；场所因比单纯的空间和功能增加环境而具有精神含义，因而场所是空间和功能被赋予环境之后的呈现。三者从本质到现象，从物质到精神，全面地反映了建筑内环境的含义，构成调适应变的主体，以实现可持续的设计目标：

（1）调适光照是空间的可持续目标：寒地建筑空间的形成与寒地高纬度的光照特点直接相关，冬季较短的日照时间和较低的太阳高度角与建筑强烈的自然采光需求形成反差，由此引发建筑内部自然采光与人工照明交织的复杂光环境问题。因此，对于高纬度光照的应变应首先从建筑的空间实体入手，形成调适应变的先决条件。

（2）调适热舒适度是功能的可持续目标：寒地建筑的功能组织依赖于建筑内的热环境分布和舒适程度，需要根据功能的人员构成、使用方式、主次程度等因素考量相应的温度、湿度、气流等指标，面对功能复杂且热舒适度较差的建筑则无法合理安排使用需求。因此，对于热舒适度的应变应从建筑的功能组织入手，形成比空间更进一步的调适。

（3）调适生境是场所的可持续目标：寒地建筑的场所品质提升的关键在于内部生态环境，污染滞留、活力下降、绿色缺乏等室内环境问题直接导致场所使用价值的丧失。因此，对于内部生境的应变应从建筑的场所更新入手，形成精神与物质同步的调适。

### 3.3.3　建构系统协同是应变设计的关键支撑

建构系统反映建筑的建造方式和组成部分，并整合了应变设计所必须的设计手法、主、被动技术等媒介，为应变效果提供支持，因而是应变设计发生的关键所在。面对寒地特殊的建造环境，首要问题是突破地域气候、地理、经济等条件的诸多制约，而可持续的应变可整合全行业、多学科的技术力量，以最大限度地优化建造的时效、经济与品质。

协同即为在变化的建造环境下建筑系统以及环境多方共同改变，以寻求新的平衡，符合黑格尔哲学原理中的合题观点。协同应变对象锁定为寒地建筑建造环境，提炼出建造效率、建造成本和建造品质三个典型问题。协同应变的主体则选取建筑系统中与应变对象直接作用的构造系统、部品系统和能源系统。通过建立应变主体与相应对象的协同关系，实现可持续的设计目标：

（1）协同构造是建造效率的可持续目标：寒地建筑建造效率的低下与严酷自然条件下形成的复杂构造要求和短促施工季节直接相关。因此，对于建造效率的应变应从建筑的构造系统入手，通过改进构造方式和构造性能减少建造环节，形成与建造效率的协同设计。

（2）协同部品是建造品质的可持续目标：寒地建筑的建造品质主要由构成建筑的物料品质决定，物料本身的绿色程度、资源消耗、材料性能决定了建筑从建造、使用到回收的全生命周期的综合评价。因此，对于建造成本的应变应从建筑的部品系统入手，通过提升其绿色化程度形成与建造品质的协同设计。

（3）协同能源是建造成本的可持续目标：寒地建筑的建造成本与能源绩效，即建筑的能源消耗和效果反馈相关，低能源品级的建造会导致后续阶段的高额能源消耗，并且会衍生出经济性、环境效益等一系列负面问题。因此，对其应变应从建筑的能源系统入手，通过改进其构成方式和比重形成与建造成本的协同设计。

综上所述，应变设计研究体系的建构除了以横向的哲学三分法作为依据，同时包含了合乎认知逻辑的纵向层级关系。图3-5对寒地建筑常见的应变设计进行了纵向的梳理和归纳，概述了在建筑设计中的能源消耗以及通过可持续策略所可能带来的消耗减少。左侧显示了寒地建筑可持续能力的大致构成，右侧为具体策略的应用效果，以策略的难易程度和应用的时序排列。通常来说，建筑能耗的初步控制可以通过单一的简单策略实现，如传统经验或工法的传承，或通用公式的简单计算，这些策略可以为建筑带来约30%的能源节约。若想进一步提升可持续能力，则需借助更具专业性的计算机辅助模拟或计算，通过数据交换和反馈寻找精确的措施加以实现。然而，要想实现完整的可持续设计，必须突破专业和人员的界限，通过各学科、各系统、各工种之间的协同来完成最后的40%，如对材料科学的借鉴和对建筑全生命周期的预判和跟踪等。应变设计的层级划分反映了实际应变过程中的递进次序，与寒地建筑的能源消耗结构相一致，并与阻御、调适、协同三种应变形式的特征和范畴相吻合，以此为基础建立的应变设计体系无论从理论或实践角度均具有现实依据。

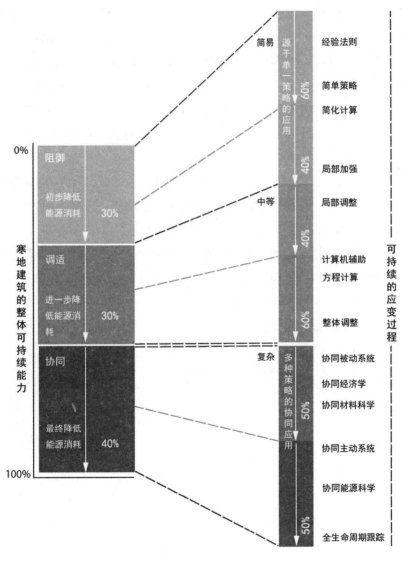

图3-5　可持续的寒地建筑应变设计层级关系解析

# 3.4  本章小结

　　本章是全书的承上启下部分，应变设计的特性决定了其成为实现寒地建筑可持续发展的有效途径和方法，而应变设计在作用中也应当时刻遵从可持续的目标与原则。通过对寒地建筑应变设计的进一步解析，揭示了应变相关要素的内涵和作用机制，为研究可持续思想下的应变设计策略体系提供建构方式。进而提出了基于可持续思想的应变设计导向，基本形成包含一定广度和深度的寒地建筑设计问题研究框架。围绕上述内容分别从如下三方面进行阐述。

　　（1）对寒地建筑应变设计构成要素的划分：介绍了构成寒地应变设计的三个要素：应变对象——寒地环境、应变主体——寒地建筑、应变媒介——设计，为后文具体应变策略的展开提供依据。

　　（2）对寒地建筑应变设计的作用机制的阐述：从哲学层面将应变归纳为正题——对应变对象的阻御、反题——对应变主体的调适、合题——应变要素间的协同三种基本形式，为后文的策略建构提供支撑。

　　（3）提出了基于可持续思想的寒地建筑应变设计的导向与初步框架：解析本书研究体系的建立方式与层级关系，明确提出三个层面的研究内容——寒地建筑外部形态的阻御应变、寒地建筑内部性能的调适应变、寒地建筑建构系统的协同应变，以此展开后文的设计策略介绍。

第 **4** 章
寒地建筑阻御应变

# 4.1　阻御应变原理

　　自然界所赋予的极端原生环境是寒地建筑设计最大的制约因素，换言之，原生环境促进了寒地建筑的形成与发展。阻御应变旨在将原生环境中的不利因素排除在建筑之外，从被动承受转而主动回应气候变化。

## 4.1.1　外部形态的选择隔离

　　雅马萨奇曾说过："建筑必须保护人不受一般气候因素——风、日光、雨、雪、寒、暑以及特殊的灾害如地震、火灾、飓风等的伤害。"阻御从字面来看为阻隔、抵御之意，指面对外部不利因素作用时应将其阻隔在外，抵御其侵入。在寒地建筑设计中，面对严酷的外界环境，阻御是必不可少的应变形式，是对原生环境的直接回应，也是所有应变形式的先导（图4-1）。自人类诞生以来，阻御成为劳动人民最易掌握和接受的应变思想，并在世代传承中逐渐丰富和改进，借此来实现与原生自然最原初的抗争。原始的阻御应变是面对

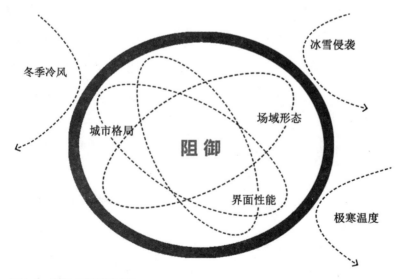

图4-1　阻御应变原理示意

不利原生环境时坚壁紧缩的被动防御，如古人类以穴居抵御严寒，演变至借助地形修建地下、半地下居所，再到后来拥有厚重外墙的独立建筑，这是阻御应变演变和进化的一个典型过程。

在寒地建筑设计中所倡导的阻御应是带有主动性、选择性和动态性特点的防御和隔离。首先，寒地原生环境是一个周期变化的过程，季节变换、昼夜更替交织气象变化，主动、预判的阻御可以使建筑更加及时地应变环境，如寒地建筑四个朝向各不相同的界面属性以及专为冬季冷风布置的西侧挡风墙等措施，都为环境变化时预设了应变的条件，而在环境作用之后发生的被动阻御会使应变效率大打折扣；其次，寒地原生环境中仍有一些对建筑有利的因素，满足建筑采光、通风等基本需求，在阻御时需加强甄别能力，对不利因素进行选择隔离与适度开放，可以显著减少寒地建筑因过度封闭带来的副作用；最后，阻御是针对局部时段与特殊情况的影响，无需形成全年、全天候的固定形式，而阻御的程度根据建筑不同时期的需求也会有所区别，例如寒地建筑即使在冬季最寒冷日也需要定时的自然通风，而对于遮阳的需求，则表现在夏季较短的时间周期内，因此，动态的阻御更能适应变化的外界环境和变化的建筑需求。

应变行为方式是应变原理的具体体现，也是构成应变策略的基本元素。阻御应变行为在不同外界条件和对象部位下可以有不同的描述，应变冬季冷风、冰雪、低温等不同环境问题，不同的建筑会产生各自不同的适用方式。例如，后文将介绍的大型项目案例哈尔滨索菲特酒店、哈尔滨工业大学二校区教学主楼，小型项目案例伊春市书画中心、金牛山人类遗址博物馆，以及代表特殊类型的乌鲁木齐十三届全运会冰上运动中心等，体现了不同建筑规模和类型下的应变策略的区分。同时，阻御应变的行为方式与阻御应变策略体系享有同一的层级关系，不同尺度的行为方式对应不同等级的建筑对象部位，交叉使用则会造成应变的不适或失调。通过分析总结，在此将阻御应变归纳为以下三个基本行为（图4-2）：

（1）疏导：在宏观空间规划层面，需要预先阻挡或削弱大部分不利因素。疏导是一种先导的行为方式，旨在以最优的形式融入不利环境，如从城市规划层面对建筑群体关系的设定，在建筑周边借用或设置过滤冷风的自然屏障，以及设置排除冷风的通道和路径等。典型应变对象为冬季冷风。

（2）防护：在中观布局形态层面，需根据场地条件统筹安排合理区域，将建筑主体或主要功能设置于条件较好的区域。如避免过于高大、突出的建筑体量与环境的直接冲突，将建筑分散、消隐以利于防风适雪，或将建筑埋于地下或将高层建筑转化为围合的多层建筑，以及避免过多的建筑外表面积或过于复杂的建筑形体，将建筑简化、整合以减小体形系数等措施。典型应变对象为冰雪侵袭。

（3）隔离：在微观建筑界面层面，通过提高界面的保温、密闭等性能将外环境的不利因素隔绝在建筑之外。高级阶段的隔离应具有选择性，隔离的同时能够保证有利因素的吸纳。隔离行为基于高性能和恰当的界面材料搭配，也是阻御应变的最后一道防线，通过其他阻御行为的充分发挥降低该行为的应变压力，有助于保证建筑的应变能力和经济平衡。典型应变对象为极寒温度。

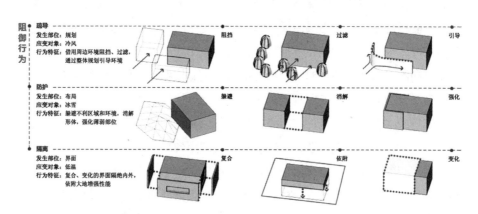

图4-2    阻御应变行为解析

## 4.1.2    寒地原生环境问题与阻御应变

寒地原生环境对寒地城市以及寒地建筑的影响包含两个层面，一是寒地有别于其他地区的特异性，如气象、水文、地理等数据，其作用于建筑产生相对稳定和持续的要求；另一层面是寒地原生环境自身的变化性，其包含极端情况的变化幅度之大往往超出一般建筑的设计标准，如果将这种变化也作为固定环境要素纳入正常设计范畴考虑会大大增加设计难度和建筑成本。因此，原生环境的特异性是寒地建筑应变的基础，变化性则是应变设计的重点和难点所在。

### 4.1.2.1　对原生环境特异性的阻御

总体而言，我国寒地大陆性季风气候特征十分显著，其中冬季是区别于其他地区的关键，主要包含以下方面：

（1）冬季漫长且温湿度较低，1月份平均温度低于0℃，年日平均气温低于或等于5℃的天数大于90天；

（2）极端最低气温较低，普遍低于-12℃，低温天气主要出现在黑龙江北部、新疆北部，以及西部局部高原地区，每年12月至次年1月达到极值，漠河曾有全国最低气温纪录-52℃；

（3）气温年差较大，可达11～50℃；

（4）气温日差较大，可达7～30℃；

（5）太阳辐射量较大，日照较丰富，年太阳总辐射照度为140～200W/m²，年日照时数为2000～3100h；

（6）冬季东部和北部地区多偏北风和偏西风，西部地区冬季多偏北风，每年9～10月至次年3～4月，冷风从西伯利亚和蒙古高原吹到中国，造成这些地区冬季干燥寒冷；

（7）冬季降水多以雪的形式，降雪分布不均匀；

（8）冬季冻土深，最大冻土深度在1m以上，个别地区可达4m[①]。

原生环境给寒地带来比其他气候区更多的不利影响，由于自然气候的不可控性，应采取逐级分解、层层过滤的应变思路。在具体的应变行为上，提倡疏导为主、防护为辅的方式，避免与不利气候环境的直接冲突。同时，还需加强对原生环境的甄别，提取建筑所需的日照、适量的通风等有利条件，使之得以进入建筑，而非绝对的隔绝。

### 4.1.2.2　对原生环境变化性的阻御

寒地建筑所要应变的原生环境变化性可分为两类：

---

① 杨维菊，齐康. 绿色建筑设计与技术［M］. 南京：东南大学出版社，2011：60.

（1）稳定的周期性变化：即气候规律性的季节变化和昼夜交替，呈现出较大的波幅，以冬季最冷月和夏季最热月的各项数据表现为峰值，这一点在四季分明、温差较大的严寒和寒冷地区尤为明显。这一点要求阻御体系应具有一定的灵活性，能够跟随外环境时间维度上的变化或具有类似的功效，以应变不同时段的环境特质。

（2）随机性的气象变化：由各种非常规气象引起的气候无规律变化，表现为随机性、偶然性、短期性等特点。相比较南方2016年逐渐增多的高温、洪涝等气候灾害，我国东北地区频繁出现雪灾、极寒天气，西北地区多大风和沙尘暴。对寒地建筑设计制约最大的即是这些周期性出现的极端气候，在极端情况下的应变能力是检验寒地建筑可持续能力的关键。在应变时需收集其特征并掌握其变化规律，并兼顾其随机性的变化范围。同时须考虑极端情况发生的频率和概率，以固定的阻御方式涵盖常规气候范围，以弹性部分应变极端特殊情况。

现代建筑发展至今，机械和自动化技术替代了人力来进行数据收集和分析工作，工程技术、工业设备、材料科学等领域的发展提升了建筑的阻御能力和阻御手段，特别集中地体现在建筑性能的技术进步上，使得阻御应变从原先定性的设计手法具体到可以精确量化衡量的技术措施，完成了从宏观规划设计到中观形态布局再到微观界面性能三个应变层面的阻御策略体系。最理想的地方在于，我们全面、系统地了解阻御应变原理之后，可以更好地思考并将其应用于建筑设计之中，并不断地发掘和充实其内涵。在综合了原生环境的特异性和变化性之后，本书将针对冬季冷风、冰雪侵害、极寒温度三个典型问题提出相应的阻御应变策略。

## 4.2　阻御冬季冷风的城市格局策动

建筑所在城市和区域层面是阻御应变的第一个层面，将建筑设计放入整个城市规划当中，从宏观角度控制城市内的冷风问题，能够最大限度地改善城市微气候，创造舒适的人居环境，并且对于节约能源、保护生态的可持续目标效益显著（图4-3）。通常情况下，寒地冬季室外温度较低，环境蓄热不足，冷风引起的对流热量交换使环境迅速降温，使人产生不适。加上冬季城市绿化的凋敝使得冷风更加肆虐，人难以开展室外活动或驻足停留。作为协调城市公共空间与建筑外环境关系的先导，以下从城市水平维度的开放空间、竖向维度的剖面设计以及局部范围的自然屏障三方面进行阻御冬季冷风的应变策略阐述（图4-4）。

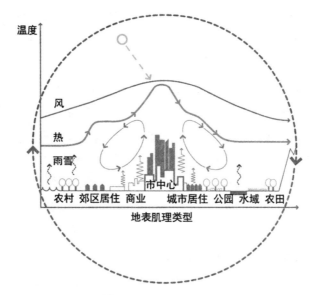

**图4-3　城市与原生环境作用关系**
（资料来源：《建筑设计要点指南：建筑表皮设计要点指南（引进版）》，第13页）

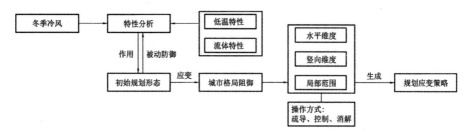

**图4-4　阻御冬季冷风的应变策略生成过程示意**

## 4.2.1　开放空间的引流疏导

开放空间作为城市结构特征的重要组成部分，对于阻御冬季冷风意义重大。开放空间的走向决定了建筑的规划，由此也决定了建筑群体的风环境。根据开放空间与建筑群体组织关系的不同，开放空间内的风环境会形成以下几种情况：

（1）建筑群体与冬季主导风向平行：风可以从建筑群体间的开放空间通过，如果开放空间较宽，气流较少受到两侧建筑的限定，有利于提高区域的通风能力，但如果开放空间较窄或高宽比很大，两侧建筑形成峡谷，风受到挤压加速，形成"狭管效应"（Gap Effect），风速会增加15%～30%，形成城市急流，加上冷风温度较低使人难以忍受。

（2）建筑群体与冬季主导风向垂直：建筑之间形成"风影区"（Wind Shade），公共空间内的风环境主要为经建筑反弹形成的二次气流，风速很小，公共空间的宽度对疏导冷风影响较小。冷风沿建筑迎风面行进会产生逐渐加强的"转角效应"（Corner Effect），这种影响随建筑尺度的增加而加强，并会在建筑背风面的一定区域形成螺旋上升的"伴流效应"（Wake Effect）[1]。因此，建筑在迎风面及转角处应少设开口，并避免围合的多个开口沿主导风方向贯通。同时，建筑在迎风面受冷风冲击较严重，且会导致建筑群体内部形成近似无风环境，不能及时排出污染空气，对于采暖季污染严重的寒地城市特别不利。

（3）建筑群体与冬季主导风向有一定夹角：冷风被分为沿建筑群体顺风面高压区的风和建筑群体逆风面低压区的风，从而带动整个区域形成较好的通风效果，并有效削弱了冬季冷风平行或垂直吹向街道时引起的风场分布不均或瞬间局部强风的危害。当建筑群体与主导风向成30°～60°夹角时，既有利于院落采光，同时使后排建筑仍处于风影区中。此时适当调整公共空间的层次和宽度，能够显著提高城市规划对冬季冷风的导风能力，维护建筑群体内部的风环境。

---

[1]　杨维菊，齐康. 绿色建筑设计与技术［M］. 南京：东南大学出版社，2011：63.

### 4.2.1.1　利于导风的辐射状组织

相对而言，前文描述的第三种规划形式具有多方面的优势，如较为均好的日照条件、较少的纯北向房间以及较为丰富的城市肌理，对于寒地城市而言，其意义还包括城市开放空间的舒适性。

在近现代的城市规划中，这种形式演变成一种具有气候依据的城市格局：宽阔的辐射状林荫大道指向多个中心，绿化、水体等城市开放空间交错相连。这种规划的关键在于城市开放空间体系的组织和控制，多中心的辐射体系避免了直接贯穿城市的宽直通道，产生较多的T形或转折街口多次削弱和分解冷风，使其在城市中行进难以加速。同时，借助有机的开放空间划分而成的城市地块具有自由的几何形态，也具有几何形态的优点与特性。每个地块都有合理的边长和规模，并有一定的角度朝南，从而有利于提升寒冷季节的风环境和日照条件，改善不利于城市居民的污浊空气和寒冷温度。我国东北重要城市哈尔滨的雏形是由沙皇俄国于1898年规划并兴建的，代表当时先进思潮的东欧文化与中国传统地缘格局的二元碰撞产生了这座中西融合的"东方小巴黎"，最初的规划即是依托火车站、公共绿地、河流等开放空间辐射而成。规划网格整体与南向呈45°夹角，有效化解冬季西风，与网格自由斜交的辐射状开放空间为密集的城市肌理适度疏通，开放空间两侧界面严整，阻挡冷风在疏导过程中进入地块内部。城市中心贯穿东西与马家沟整合的大尺度景观带除了冬季导风外，还为夏季的南风提供了清洁的冷空气源。即使百年之后，在当前城市的过度开发和高强使用下仍能感受到当初规划遗留下的诸多生态设想（图4-5）。

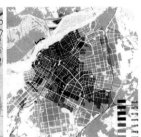

图4-5　哈尔滨的城市格局演进（资料来源：网络）

这种多中心加辐射状规划构成的自由网络状开放空间组织还有许多著名的城市案例，如法国的巴黎、美国的华盛顿以及澳大利亚的堪培拉等。

对中观尺度的区域规划而言，通过对整个城市格局的顺应和完善予以应变，可使其利于对冬季冷风的策动和疏导。一方面应借助景观和公共场地塑造顺应风向的开放空间，从而使冷风快速排出，减少冷气流带动的建筑能耗散失；同时加强自身布局上的内敛、紧缩，形成对冷风的有效阻挡，保证内部的微气候。长春工程大学新校区位于吉林省公主岭市范家屯镇新区，周边地势开阔且规划尚不明确，由此，设计通过强化校园自身的规划形态，形成了对冷风的梯度应变体系：在用地西北侧的香樟路设置了线性的体育区迎向冬季主导风向，形成第一道阻御；建筑布局紧凑形成严整的带状界面，限定出多级公共空间，形成对进入校园的冷风的快速疏导；组团形态采用三面围合的院落形式，选择内向型的建筑组团形式，开口背向迎风面或调度其他功能进行防护，形成对冷风的第三道阻御（图4-6）[1]。

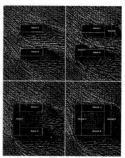

图4-6　长春工程大学的冷风阻御体系（资料来源：作者参与项目）

### 4.2.1.2　利于调温的均质化布局

城市中气流产生有两种因素，其一是外部自然环境中的季风作用，其二则是城市自身形成的"热岛效应"（Heat Island Effect）。高密度的城市区域代表了人在其与自然环境关系中的强势植入，物质流的高度集中会形成一系列

---

① 梁斌，梅洪元. 基于应变思想的寒地大学校园适寒规划策略与实践［J］. 城市建筑，2015，2：112-114.

负面问题：高碳浓度、高能耗、高污染，由此引发城市的热岛效应，形成中心区与周边区域的温差，使周边温度较低的气流向中心流动。无论哪一种因素，作为设计师都希望气流处于控制之下并产生对城市环境积极的作用，如调控城市温度、迅速排出污染空气、避免令人不悦的紊乱气流等。因此，需要满足两个规划条件：均质分布、适宜面积的开放空间节点提供高品质空气源，以及均质分布、适宜尺度的通道连接各独立开放空间。

这种作为空气置换源的节点开放空间和作为气流通道的线性开放空间均质化交织的规划形式具有较好的微气候调控效果。对于外来的自然风能够快速疏导，使其均匀、柔和地作用于城市界面，减少对建筑群体内部的影响；对于城市自身的气流运动，则能促进开放空间与建筑密集区的空气置换，进而由自然风快速带走，在城市中形成冬季有效防风保温、夏季促进通风降温的生态效应。根据经验值，每个开放空间节点尺度不宜小于400m×400m，且当其面积达到所对应建筑区域面积的20%以上时开始起到显著的调节效果，达到40%以上为佳；作为主要通道的线性开放空间尺度不宜小于100m，可以林荫道或线性公园的形式出现。如图4-7中，德国gmp事务所在上海临港新城的规划中将这一原理巧妙转化为向心的圆形，整个规划布局呈环装向心展开，中心为直径2.6km的中心水体滴水湖，由内向外第一环为办公及服务建筑环，第二环为500m进深的景观环，公共建筑点缀其中，第三环及外环为居住建筑，每组建筑群由2~4个500m×500m的模块组成，内部贯穿小尺度景观带，建筑群内模块间距100m，建筑群之间为大尺度开放空间。规划中建筑与景观带层层相间，形成均质分布而层级分明的开放空间体系，作为滨海新区，规划除了恰如其分的密度和尺度外，对临海环境及内部微气候的应变更是体现低碳新城理念的关键。

### 4.2.1.3　利于防风的周边式体系

一般而言，沿用地周边致密布局的建筑形式更能适应寒地城市冬季冷风的侵袭，保护群体内部的微气候环境。从城市规划的图底关系角度而言，周边式体系需要恰当的尺度，并需街道、广场等开放空间进行辅助。从寒地城市的气候角度而言，过大的建筑组团以及高层效应所造成的恶劣冬季风环境直接影响到居民室外活动的舒适度，与不断提高的建筑品质需求相悖，需要引入内街等开放

图4-7　上海临港新城规划的均质化控制（资料来源：http://www.gmp-architekten.de）

空间加以调节。作为居住区结构的组成部分，尺度适宜、位置恰当的内街体系不仅关系到街道自身的风环境，同时在很大程度上决定了居住区内部的微气候。

　　以哈尔滨龙凤祥城回迁保障住房项目为例，我们针对规划中的内街组织和组团尺度进行了基于Fluent-CFD模拟的多方案比较。模拟采用精度改进的RNG $k$-$\varepsilon$方程，对方案进行简化以建立理想研究模型，并进行了如下设定：①居住区流场模拟的来流方向为居住区用地宽度的5倍，出流方向为居住区用地范围的10倍，高度为居住区内最高建筑物高度的3倍；②风向设定为西偏北风，从X、Y两个方向流入，来流风速取3m/s，出流面气体的流动假设恢复为正常流动状态，设置出口压力为标准大气压；③测量高度选取对人体舒适度影响较大的1.5m作为基准面。表4-1所示是各方案的具体工况，具体模拟过程如图4-8所示。

各方案工况的信息设定　　　　　　　　　　　　　　表4-1

| 工况名称 | 横街 | 纵街位置 | 纵街开口 | 纵街宽度 | 纵街形状 |
|---|---|---|---|---|---|
| Case1 | 东西贯通 | 无 | 无 | 无 | 无 |
| Case2 | 东西贯通 | 居中 | 25m | 25m | 直线 |
| Case3 | 东侧遮挡 | 偏东 | 15m | 25m | 直线 |
| Case4 | 西侧遮挡 | 偏西 | 25m | 25m | 直线 |
| Case5 | 西侧遮挡 | 偏西 | 25m | 25m | 折线 |
| Case6 | 西侧遮挡 | 偏西 | 20m | 20m | 折线 |
| Case7 | 西侧遮挡 | 偏西 | 15m | 15m | 折线 |
| Case8 | 西侧遮挡 | 偏西 | 10m | 15m | 折线+广场 |

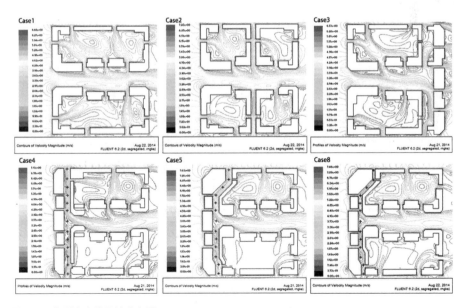

图4-8　典型方案的风速分布图

（1）关于内街设置：由图4-8所示，Case1在规划中设置与主导风向一致的横向内街，内街风速局部达6m/s以上，高于我国《绿色建筑评价标准》GB/T50378规定的5m/s的舒适风速。Case2在其基础上增加纵向内街对于横向内街的风环境没有改善。而Case4在西侧设置相对连续的商业界面可以起到较好的防风效果，形成"T"字形的内街空间，实现了商业界面与地块划分的多重目标。同时，小区内部的风环境有所改善，南部组团内部的风速显著降低。

（2）关于开口位置：图4-8中Case2、Case3、Case4三种不同纵街位置，当纵街分别偏于左侧、右侧和位于中间时，风速范围均为1~4m/s，内街开口部位的风环境与小区的出入口相似。同理，横街在东西贯通的情况下风速均较大，不再赘述。可见同一朝向的不同位置对风速的影响不大，不同朝向在更大程度上决定了内街的风环境。

（3）关于内街形状：横街与主导风向不直接连通，其风环境主要为纵街的间接影响，因此选取相同宽度不同形状的Case4、Case5的纵街进行比较。如图4-9所示，分别在内街中轴线上选取$y$坐标相同的13个点，Case5由于两次45°转折与风向接近垂直，在北半段风速明显减小，并引起横街的风速降低。而Case4不仅内部风速较大，且内街东侧商服承受的风压较高。

（4）关于内街尺度：图4-10中Case5、Case6、Case7三种情况分别表示内街宽度为25m、20m、15m时的风速。根据测点对比可知，各内街的风速区别不大，可见内街的宽度小幅变化对风速影响较弱。图4-11中Case8在15m宽度的基础上进行了两个调整：将纵街北侧入口缩减至10m，并在南段局部放大出一个小广场。与Case7对比可见，入口附近的风速有所降低，小广场内沿冷风行进路径的最大风速没变，但形成了一个相对无风的区域。

以上所有被动措施中，对主导风向的遮挡最为显著；形状的调整对风环境也有大幅提升；内街在同一朝向的位置变化几乎无影响，可不作为主要考虑；内街宽度变化影响较弱，但可对内街进行局部的收放调整以趋利避害。可见，对于冷风应采取阻御为主、疏导为辅的设计思想（表4-2）。最终，综合住宅间距以及商服业态等因素，Case8作为风环境相对较优的方案被采用，内街纵街平均风速1.28m/s，横街平均风速2.1m/s。

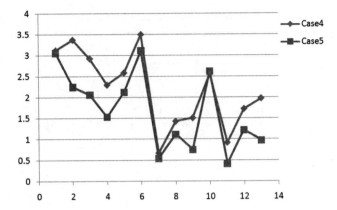

图4-9　Case4、Case5纵街风速对比

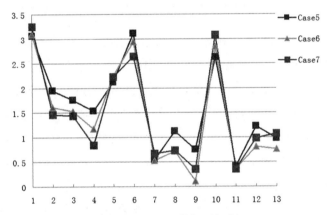

图4-10　Case5、Case6、Case7纵街风速对比

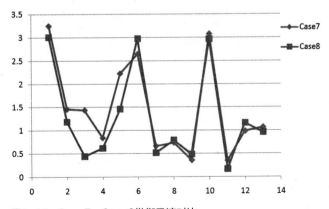

图4-11　Case7、Case8纵街风速对比

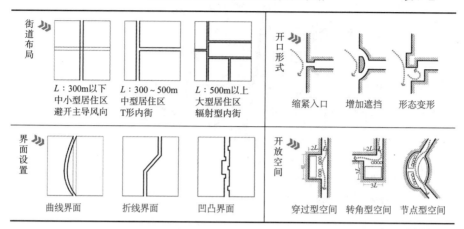

应变冬季冷风的街道空间优化策略　表4-2

在城市开放空间的有效疏导结合周边式的建筑布局下，建筑群体内部风速可减小40%~60%。界面是与冷风直接作用的建筑实体，尽管《建筑设计防火规范》GB 50016规定了沿街建筑长度大于150m或总长大于220m需要开设消防通道，会在沿街面形成较多开口。但在冬季主导风向应连续完整，减少主要入口的设置，并缩小内街开口宽度，以增加冬季挡风率。对于内街两侧界面，既要加强自身界面的内敛、紧缩，防止冷风进入组团内部，同时还需调整界面形式，采用折线、曲线等内街形式，通过界面的凹凸变化多次削弱冷风，使其在内街的行进过程中难以加速。此外，为兼顾夏季通风，可在保证西北向封闭的条件下将组团主要入口开向南向和东向，形成半封闭的群体形式。对于更加细致的形态确定，可根据计算机风环境模拟结果，选择合理的开口尺度、开口方向、室外活动场地以及建筑出入口位置，避免这些人流集中区域形成局部疾风。

## 4.2.2　竖向律动的气流控制

在寒地城市规划中，仅仅强调建筑群体布局是远远不够的。对于建筑天际线丰富的城市建筑群体以及高细比较大的高层建筑而言，风在竖向维度上的变化复杂，对室外风环境影响较大。

### 4.2.2.1　天际线梯度调节

在城市中，建筑高度的突然变化意味着风效应的产生。在寒地城市，冬季冷风意味着较低的室外环境舒适度和较多的建筑热量消耗，如果能通过建筑群体形成的天际线将冷风向上引导远离近地空间，则能从宏观层面大幅减少其对市民生活的影响（图4-12）。因此，城市的天际线的梯度应从以下四点实现：

（1）天际线应连续而紧密，符合空气动力学的抛物线轮廓，并在沿主导风向方向避免连续出现大尺度开放空间使风向下转回到街道；

（2）避免建筑高度突然升高，为形成连续上升的天际线，沿主导风向方向前后两个建筑或两个群体之间的高度渐变不应超过一倍；

（3）城市的高度中心宜均衡分布，避免临近的多中心变化出现破坏城市天际线，扰乱冷风的既定路径；

（4）大规模重复排列的建筑群体，可在保持面积不变的前提下调节建筑高度，增加主导风向建筑高度并紧密布置，减少反方向建筑高度并松散布置，以利于冬季的防风和夏季的通风。

此外，城市外环境中除了建筑组合方式直接左右风速外，气流的来向和角度、气流与地面的接触方式、地面的构成性质、地面温度及太阳辐射强度等因素都会对建筑周边的风场和风速造成影响。

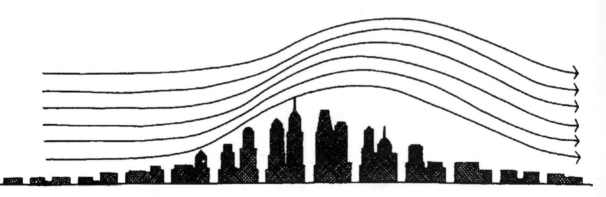

图4-12　适风的城市天际线示意（资料来源：《太阳辐射·风·自然光：建筑设计策略》，第109页）

### 4.2.2.2 迎风面尺度控制

建筑由于对气流的阻挡，会形成沿迎风面向下的下冲涡流效应（Down-wash Vortex）以及建筑两侧的转角效应，建筑越高大宽阔则该效应越强，在近地空间形成高速螺旋，密集的高层建筑群体之间还会相互干扰形成紊流，严重影响寒地高层建筑周边环境的舒适度。研究迎风面的建筑尺度有两层意义：一是了解建筑周边不利风环境的成因，通过对建筑尺度加以调整减少不利影响；二是扩大建筑对冷风的阻御作用，提升建筑界面的阻御效果将冷风阻挡在外。

以第一层意义为目的来看，要提升建筑周边风环境的舒适度，需要调节建筑迎风面的尺度。从图4-13可知，建筑周边风环境与建筑高度$H$和建筑宽度$W$直接相关，$H$增大会在建筑背面形成更远的风影区，$W$增大会在建筑转角形成更大的转角效应。因此，若要减小对周边风环境的影响，建筑形式应选择多层，并在迎风面上适当位置断开或开洞，以减少连续的迎风面积。

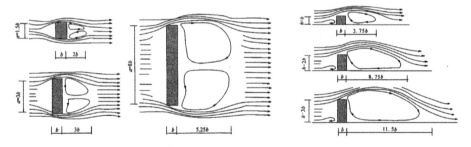

图4-13 建筑物的长度和高度对风的影响（资料来源：《绿色建筑设计与技术》，第72页）

以第二层意义为目的来看，紧密连续的建筑界面可以对冷风产生比较好的屏蔽作用，G·Z·布朗和马克·德凯在《太阳辐射·风·自然光：建筑设计策略》中提出了与高宽比相关的建筑群体挡风率$R$的计算方法：

$$R = \frac{(W \times H)}{(W \times L)^2} \tag{4-1}$$

$R$通过以下几个参数控制：单体建筑宽度$W$、单体建筑高度$H$、建筑间距$L$。通过图4-14可知，在建筑群体规则的情况下，$H$的增加对挡风率提升较多，*L* 减小也可以有效提升挡风率，而 *W* 增大则因转角效应使挡风率降低[①]。由此可知，狭窄街道上的高瘦建筑群体拥有最好的防风效果，同样迎风面积的建筑在宽阔街道上以低矮的形式出现则防风效果最弱。

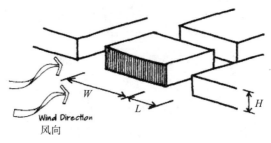

**图4-14　迎风面挡风率的控制参数**
（资料来源：《太阳辐射·风·自然光：建筑设计策略》，第108页）

### 4.2.2.3　剖面形态选取

根据气流的特性及冬季冷风的特征对建筑的剖面形态进行优化，结合建筑功能及周边场地条件塑造建筑形体，除了优化自身免受冷风侵害外，还可以减少对周边风环境的影响，回馈于城市。

（1）标准层形式的优选：高层建筑特别是寒地板式高层，如长边朝向迎风面，会加强冷风的渗透，并在冬季难以开窗通风。可将建筑旋转一定角度，或将山墙朝向冬季主导风向，减少迎风面积。边界光滑的形体可以进一步减小风压和风影区，许多追求可持续与生态效益最大化的建筑师早已认识到这一点，如诺曼·福斯特设计的瑞士再保险公司总部、让·努维尔设计的巴塞罗那阿格巴大厦，以及新落成的人民日报社大楼等都体现了殊途同归的设计理念。随着基于计算机技术的非线性设计的普及，完全契合气流作用规律的流体形态更能适应多变的风环境，伦敦ZED大厦的外形设计基于多维度的曲率变化，不仅能借助中间的开口和向上的收分化解下冲涡流效应，两侧山墙的内凹与平滑过渡还可弱化转角效应[②]。同时，风在通过建筑中间的开口时带动巨大的风涡轮发电机还可以

---

① （美）布朗，德凯. 太阳辐射·风·自然光：建筑设计策略 [M]. 常志刚，刘毅军，朱宏涛
　　译. 北京：中国建筑工业出版社，2008：21.
② 王班. 复杂性适应——当代建筑生态化的非线性形态策略 [M]. 北京：中国建筑工业出版
　　社，2013：89.

为建筑提供清洁能源，使得庞大的建筑体量对周边风环境的影响未减反增。

（2）竖向维度的变化：对于高层建筑沿竖向产生的下冲涡流效应可以有化解和阻挡两种思路。高层建筑形体沿主导风向向上的收分可以将气流沿建筑立面导向上部，如伦敦兰特荷大厦、北京嘉茂中心、深圳京基100大厦等；或是形体上的开洞处理，也可以将冷风及时排出，如SOM设计的广东珠江城大厦，通过曲线外形将风导向第24层和50层设置的风洞，有效减轻了风力对建筑的横向冲击。对于规则的建筑形体，在高层底部设置裙房或者挑棚等都可以对下行的气流进行阻挡，如雷姆·库哈斯在深圳证券交易所大楼的设计中，将裙房底层架空还原给使用者一个遮风避雨的近人空间；在寒冷地区，高层建筑底层的入口往往设置面积较大的突出封闭前厅，也是出于建筑周边风环境舒适性的考虑。

（3）体量的分解变异：在规划之初，如果能对建筑高度加以控制，分散建筑体量，以恰当的建筑密度增加获得相对密集的下垫面和迎风面，可有效减少进入建筑群体内部的冷风。而高度降低的同时，遏制了下冲涡流，进一步削弱了高层效应。剖面形态的优化是对风环境的量变提升，而规划上的理念调整则是以更简便的方式，从根本上改变冬季风环境，同时也是对城市形象与人居环境的亲和（表4-3）。

| 建筑物形态变化对风的影响 | | | 表4-3 |
|---|---|---|---|

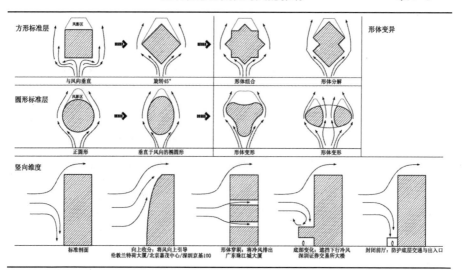

### 4.2.3　自然屏障的过滤消解

　　自然界中任何建筑形式的发生，都离不开所处的自然环境条件。自然环境作为建筑形体的第一作用力，包含了场地地形、地址与地貌、土地资源与植物景观等诸多影响因素，建筑无论以何种策略应对冬季冷风，自然环境因素都是无以复加的外界条件。自然屏障可以保护建筑和室外空间免受冷风侵袭，从而减少因对流和渗透造成的热损失，在理想的完全遮挡状态下，建筑的热损失可减少60%甚至更多，因此，借助一劳永逸且廉价的自然屏障消解冷风在建筑的全生命周期各阶段均具有意义。

#### 4.2.3.1　地势屏障

　　建筑布置在坡地上时，由于坡地对气流的加速作用，避免建筑位于场地的最高处，直接暴露于冬季冷风当中；当坡地尺度较大时，由于高低区不同的空气密度和温度会产生沿坡面下泄的冷气流并在坡底形成沉积，因此建筑不宜置于坡底（图4-15）。在北半球的寒地，建筑宜布置在南坡的中段以增加太阳辐射，并抵御从北向和坡下来的冷风，当坡度为20%～30%时可以获得最大的太阳辐射量。沈阳药科大学本溪校区选址位于本溪市石桥镇的一处丘陵地带，地貌起伏不平，其中坡度25%以下的用地仅占总面积的三分之一。《民用建筑设计通则》GB 50352规定地面坡度大于8%时宜分成台地，严寒地区道路坡度不

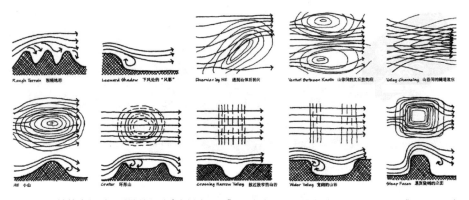

图4-15　地势变化对风环境的影响（资料来源：《太阳辐射·风·自然光：建筑设计策略》，第18页）

应大于5%。因此，设计着重考虑了对复杂地形地貌的保留和利用。结合对气候的适应以及土方计算，方案选取山腰部位的等高线作为建设用地，通过平整使坡度保持在10%以下。单体建筑形态对山地环境积极回应，教学区、生活区沿等高线自由展开，连贯而成大气恢弘的校园形象，将错落有致、轮廓丰富的建筑界面展现给城市空间。同时，借助山势有效回避了冬季寒冷的气流冲击（图4-16）。

建筑布置在平地上时，应当利用地表结构，借助西向和北向的高起地势或现状建筑物抵御冷风。同时尽量避免南向的阻挡，以利于夏季通风。在有条件的情况下，可在建筑南侧设置水面，使夏季风经过建筑前加湿降温。金牛山人类遗址博物馆规划于遗址公园内，选址具有一定的灵活性，在固定的环境中嵌入的设计更应该主动寻找环境依据。出于促进建筑与环境融合的设计目标，我们将方案置于遗址所在山体东南侧的湖心小岛上。一方面，山体形成对建筑的掩护，为其阻挡寒风；另一方面，建筑的厚重体量并朝向金牛山方向倾斜，再次呼应了山体，平衡了用地内的空间关系（图4-17）。

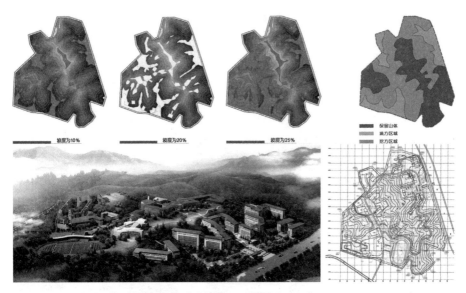

图4-16　沈阳药科大学对地势的利用（资料来源：作者参与项目）

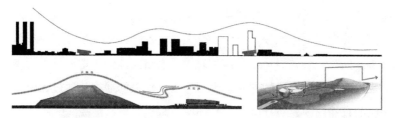

图4-17　金牛山博物馆对周边环境的顺应（资料来源：作者参与项目）

### 4.2.3.2　植物屏障

植物屏障相比地形更有操作的简易性和普遍性，可以结合现有的城市或建筑需要进行设置。

我国北方城市大多地势平坦，周边宜采用防风林阻御冬季冷风，同时还可以起到过滤污染、涵养水土、防止雪崩等作用。国家规范《城市绿地分类标准》CJJ/T 85中规定，防风林带属于城市绿地系统中的防护绿地，规划建设总宽度100～200m，一般在城市外围主导风向上多排平行设置，林带之间宽度为5～10倍树高，每排可使风速减小50%左右，林带长度应为树高的12倍以上（图4-18）。树种应乔木与灌木多种搭配，在上风侧种植较低树种，下风侧种植较高树种，使所有树木共同承担风压，从而控制风速。在华北和东北地区宜选用杨树、柳树、榆树、桑树、白蜡、紫穗槐、柽柳等树种。城市内部经常由于建筑高度参差或密度变化造成风环境紊乱，也应结合公共空间设置防风林。选用高大、密集的乔木能有效减弱风势，使之分流。利用高大的林带将较大的城市区域分解成块，便于治理局部区域内的风环境问题。

建筑群体内部结合地形引入植物也可以对外环境的微气候起到积极的调节作用，既有助于发挥植物天生的生态价值，又可以从观感上缓解建筑密度，同时有助于形成相对稳定、柔和的风环境（图4-19）。哈尔滨辰能·溪树庭院作

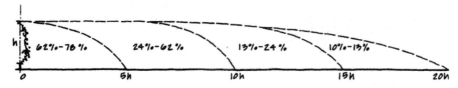

图4-18　树木对风速的减小效果（资料来源：《太阳辐射·风·自然光：建筑设计策略》，第130页）

为北方唯一的中德合作"被动式低能耗建筑"示范项目结合了多项绿色技术。在室外环境方面，规划保留了原场地上大部分大型树木，使建筑的介入对环境的影响降到最小。同时，公共绿地结合树木设置了大量立体的微地形，对行走其中的居民形成遮挡，阻御冷风的同时减少了与底层住宅的通视。通过保留植物所获得的相应的自然回馈，对社区的自然环境与微气候均有裨益。

　　建筑单体的植物屏障一般采用L形以增加挡风面，对于风环境变化较多的区域，可适当增加围合面。树木可以相对自由地种植，无需过密，否则会造成通风不畅，树种选择注重基调树种与辅调树种的搭配，基调树种应为四季常绿乔木。非冬季主导风向的树木宜选用落叶树种，以利于夏季遮阳、冬季透光，并可强化树木的导风作用增强夏季通风。所有树种都应考虑微气候调节作用以及季相、色相的变化特征（图4-20）。

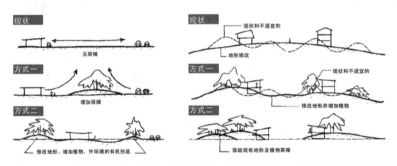

图4-19　植物与地势的结合应用（资料来源：《景观设计学：场地规划与设计手册》，第30页）

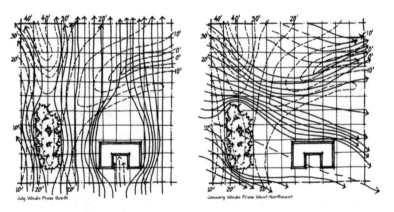

图4-20　植物对夏季与冬季风环境的影响
（资料来源：《太阳辐射·风·自然光：建筑设计策略》，第21页）

### 4.2.3.3　人工自然屏障

植物在自然生长和季节变迁中表现出不可逆的形态变化，难以精确控制。人类通过"嫁接"使自然与人工结合，可以得到相辅相成、取长补短的效果，并进一步加强人对于自然的控制，使其服务于建筑需求。

"人工自然"最常见的就是应用自然元素构筑立体景观，形成建筑的保护界面。西藏阿里苹果小学位于阿里腹地塔尔钦，首当其冲的设计制约是年均149天的大风天气，而周边唯一可以利用的自然资源只有遍地的鹅卵石。设计用鹅卵石顺着地势砌筑起一组间距不等、高低起伏的墙体，用以阻挡山谷中的西风。墙体与散布的建筑相交，将整个学校切分成一个个院落。即使在零下二三十度的冬天，师生们仍可在无风的院子里享受温暖的阳光（图4-21）。

"人工自然"也可以将植物与建筑结构或构件结合，形成遮蔽建筑与人的屏障。抗美援朝志愿军广场位于丹东市东北部鸭绿江畔，与朝鲜隔江相望。周边地势平坦，江面开阔，广场如缺少屏障防寒避风则难以使人驻足停留，纪念性也便无从展开。在设计中除核心的纪念区、集会区外，在外围增设了一片灵活多变的游览区域，以立体的三角锥形为母题构成，在行进中两侧斜坡高度从0～3m渐变，此起彼伏却绵延不断，对人的游览形成较为柔和的引导和防护，使参观者从压抑的心情中逐渐放松。坡面下方整合服务与设备用房，坡面上方天然草坪与人工景观结合，有效避免了江边冷风的肆虐，为参观者带来有别于他的舒适室外空间体验（图4-22）。

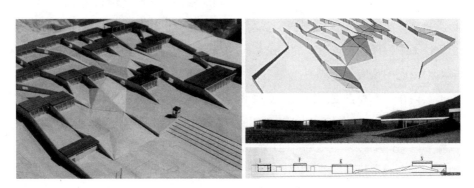

图4-21　西藏阿里苹果小学人工屏障设计（资料来源：《时代建筑》，2006年第4期）

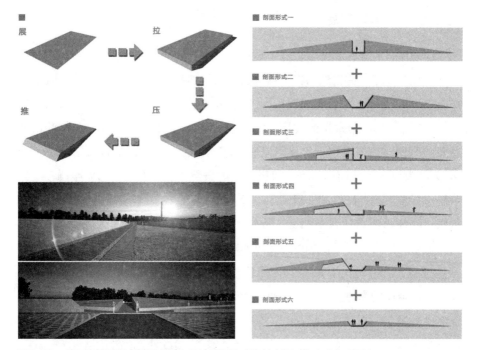

图4-22　丹东抗美援朝志愿军广场人工地形设计（资料来源：作者参与项目）

## 4.3　阻御冰雪侵袭的场域形态防护

　　建筑布局和形态组织是阻御应变的第二个层面。建筑伴随物质形态而存在是自然之理，建筑首先以形态成为人的感知对象，为人所使用和接受，反之，形态是支撑建筑存在的基本方面。罗伯特·文丘里在其著作《建筑的复杂性与矛盾性》中为现代建筑形态的理论和研究开辟了新的视角，进而各国建筑师与学者对形态的研究逐渐超越功能主义、实用主义，进入其"深层结构"，主张探求其内在逻辑和自发规律。对于寒地建筑而言，其形态塑造的深层根源在于特殊的原生环境，而对其中观形态层面影响最为直接的无疑是冰雪问题，其直接影响以及持续的破坏力是寒地建筑应变的难点，换言之，冰雪问题促进了寒地建筑形态的完善与发展。以下从布局形态、单体形态、细部形态三个递进层次进行阻御冰雪侵袭的应变策略阐述（图4-23）。

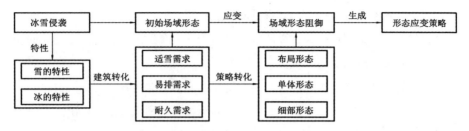

图4-23　阻御冰雪侵袭的应变策略生成过程示意

## 4.3.1　布局形态的防风适雪

应变冰雪对寒地建筑外部空间的侵害首先在于建筑布局与形体组织。冰雪作为冬季的主要降水形式，直接作用于城市空间改变建筑的外环境。城市降雪如处理不当，会对环境形成极大的污染，影响城市形象。雪水结冰会形成光滑的冰雪路面，限制交通效率和运营能力，引发交通事故和人员滞留，同时会增加人的步行困难，降低生活效率与舒适品质。另外，较大的降雪甚至会掩盖地面特征，导致各类交通混行，造成极大的安全隐患。因此，提升建筑布局形态的应变能力，保证建筑场地的正常使用，是维持城市生产与生活有序进行的前提。

### 4.3.1.1　形体组织围合内聚

降雪在无风情况下是均匀的，但实际情况下往往借助风势形成复杂的堆积情况，降雪规律从某种意义上讲与建筑形体影响下的风环境是一致的。结合前文对建筑风环境的研究可以将冷风作用下的降雪规律总结为以下几点：

（1）降雪在风大处堆积较少，在风小处堆积较多；

（2）降雪因建筑迎风面对风的阻挡而堆积，因背面风影区无风而较少；

（3）建筑迎风面尺度越大，降雪堆积越多；

（4）降雪在建筑端部因涡流而堆积。

哈尔滨工业大学留学生及外国专家宿舍设计着重考虑了布局形式与周边环境及微气候的融合。项目位于1920年规划的老校区内，原规划街区尺度较小，需要在不足1万m²的可建设用地上实现5.6万m²的建筑，同时还需保证高密度宿舍单元的居住品质。如图4-24所示，设定地理位置为哈尔滨，冬季主要风向为西北风，风速3m/s，采用Ecotect对可能的三种布局方式——集中式、分散式和围合式的风环境进行模拟，并以此推导风致积雪分布情况，通过综合建筑的场地使用、功能需求以及清雪难度选取最恰当的布局形式。

（1）集中式布局迎风面较大，会在南北方向形成对比鲜明的落雪情况，北向容易积雪且缺乏阳光，导致冰雪滞留时间延长，不利于开设主要出入口或组织场地功能。因此，集中式布局的缺陷在于北向场地的活力不足。

（2）平行于主导风向的分散式布局虽然迎风面小，但东西两侧形成近似的落雪情况，不利于场地的利用；垂直于主导风向布局下迎风面可以有效阻挡风雪，但由于缺乏围合，前方建筑对后方建筑的遮挡效果不明显，每栋建筑均会受到风雪影响。分散式布局的缺陷在于建筑不能对自身及场地起到充分的防护作用。

（3）围合式布局同集中式布局有类似的建筑外围落雪规律，优点是内部围合形成一个有遮蔽的院落空间，只要恰当调整院落尺度，如抬高北侧建筑、降低南侧建筑、缩小院落进深等，即可获得更多免受冰雪侵袭的优质场地和建筑外部交通组织机会。

在着重考虑冷风、冰雪、采光等因素后，我们选择了近似围合的形体组织阻挡冷风与冰雪侵袭：降低北侧高度以接近北侧住宅形成防护，将开口尺度缩

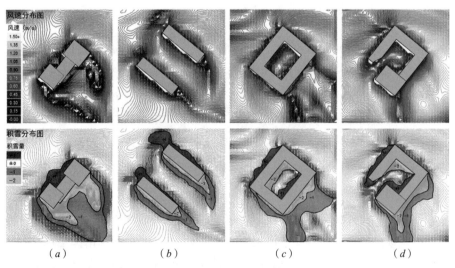

图4-24　哈尔滨工业大学留学生宿舍基于防风适雪的布局推导
（a）集中式；（b）分散式；（c）围合式；（d）最终方案

减至15m并开向风力较弱的西南向，同时结合两个分散的高层实现容积率的提升与采光的争取。此布局有效阻御了由西北风带入的降雪，利于冬季内庭院的活力保持，少量的积雪则可通过就近的底层消防通道与开口快速清除。

乌鲁木齐第十三届全运会冰上项目中心的设计则考虑了对极端自然气候的适应。选址位于山谷当中，为了阻御冬季冷风以及沿东西方向山坡下泄的冷气流的影响，将所有建筑向心布置，并将体量较大的大道速滑馆、短道速滑馆和冰壶馆布置在西北向进行阻挡，各建筑之间以室内外连廊相连成环，中心围合而成的空间成为一个防风向阳的景观广场，获得充分的光照的同时消除了冷风作用下的积雪分布不均，提升了体育中心内部的环境品质和使用效果（图4-25）。综上所述，一般建议面积较大、高度较高的建筑采用集中式，面积小、高度低时采用围合式，以院落空间的防风、适雪、采光效果为依据。但围合式布局的院落深度不宜过大，可以当地日照系数为依据，否则阳光无法射入。

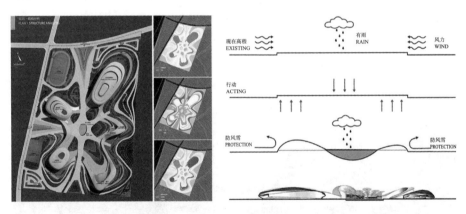

图4-25　乌鲁木齐第十三届全运会冰上项目中心的围合式布局（资料来源：作者参与项目）

### 4.3.1.2　场地布局防风向阳

在冰雪环境的制约之下，路径和距离是保障冬季舒适度的基础，交通条件则直接引导了居民对于建筑的使用方式。建筑在场地中布局应以使用舒适为前提，并遵从对风雪的防护和对太阳辐射的接收两个主要原则。

按照北方人的生活习惯，南向应是组织场地和交通的首选。建筑以集中式或围合式坐北朝南布置在场地北侧，在南侧空出大面积无阴影覆盖的场地，场地内由于建筑的阻挡落雪较少，在无风且向阳的情况下清雪相对容易。大量降雪被建筑挡在北侧，因北侧没有使用要求，可以无需清理。伊春市书画中心位于黑龙江中部的伊春市，选址于伊春河南岸，周边缺乏遮蔽，冬季除北风外，还会受到沿河的西风影响。针对这一问题，规划结合建筑的两部分功能将形体分为左右两块，以小尺度院落组合功能，外围采用以灰砖为保护层的400mm厚外保温复合墙体，将建筑的北、西、东三面紧紧包裹，并在形态上呼应书画主题构成"一撇一捺"生动的两笔。大部分开窗设置在外墙与建筑之间的庭院内，减少外墙的直接开窗以提高风雪抗性。两个体块之间呈30°夹角朝向水面，将夏季来自水面的凉风吸纳进来并加速，促进建筑内部庭院的气流运动。该设计通过建筑布局将大部分风雪阻隔在外，保证了中心场地免受侵袭，对内部空间积极调整以利用有利环境，适应季节性差异（图4-26）。

北向开口的用地在城市中不可避免，该情况下场地进深越大越易突显冬季场地的冰雪问题，因此北向场地满足基本交通需求即可，主要场地仍建议留在南向以利于使用。可借助影壁、景观等置于建筑北入口前，或将入口开设在突出的门斗两侧，形成对北向风雪的阻御[1]。哈尔滨万达索菲特酒店在设计时面

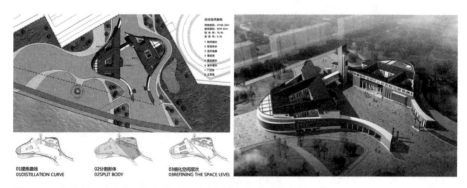

图4-26 伊春书画中心的开阔场地布局（资料来源：作者参与项目）

① Liang B，Mei H. Y. Tentatively Research on Responsive Design of Architectural Spaces in Cold Region of Northeastern China［M］//2013 International Conference on Structures and Building Materials（ICSBM 2013）：Part 3 Construction and Urban Planning. Zurich：Trans tech publications Ltd.，2013：671-674.

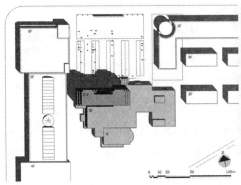

图4-27　索菲特酒店的北向入口布局（资料来源：自绘结合网络图片）

临类似问题，一个坐南朝北且仅。150m面宽的用地如何去针对性地应变，这就需要平衡好主楼、裙房和入口三个主要部分的关系。首先，高层主楼会在北广场产生巨大的落影，如果按照常规做法，裙房放在主楼之前则终年处于阴冷之中；同时，相对于恶劣的西北向，东南向阳光最充裕，作为裙房位置的最佳选择；接下来，入口自然打破对称，放在主楼一侧，在内部和裙房就近共用一套交通系统，在外部形成最简洁的交通组织，其余北向场地全部作为停车场使用，尽可能降低冰雪带来的影响，建筑主要功能用房面南布置，窗外总是一片温暖明媚之景，丝毫感觉不到寒意（图4-27）。

还有一种在开敞环境中借助建筑自身对场地防护的布局形式。MVRDV设计的日本松代町文化中心采用了底部架空的做法，在建筑下方形成遮蔽冰雪的开阔场地，可兼作集散空间，在冬天无需清扫积雪亦可使用。用于架空建筑的支脚阻挡了大部分冷风，而支脚本身也是通向建筑内部的通道，通过对不同流线的独立设置和单程流线来化解交通压力，向外则选取优良场地和朝向组织出入口，在场地上引导出路径，并辅以融雪和排水措施利于通行。从应变冰雪的角度来讲，这座建筑实现了人在所有活动范围内免受冰雪影响。

### 4.3.1.3　场地分区利于清雪

除暴雪天气外，正常的降雪并不直接影响人的行为，但如果大面积的降雪没有遮蔽或没有及时清除，导致对地面状况的覆盖，会对人造成潜在的威胁。

如光面的花岗石或玻化砖在有雪覆盖时异常光滑，较低的路牙石、台阶、坡道被雪覆盖难以识别等，都会威胁人的安全。因此，良好的场地分区与清雪措施是应变设计的关键。

（1）场地分区：交通体系的通畅是关键，应安排在建筑阴影区外并避免选择易积雪的风环境变化区域，做到人车分行并有显著标识界定。对于主要人行系统最好有树木或柱廊等遮蔽，减少地面落雪并便于清理，且能对行进方向进行引导。场地除入口外应减少坡道和台阶，避免过多竖向变化。大面积广场需更为明确的分区避免设计过于平面化和简单化，并减少不透水的硬质铺装，使绿地面积充足而均匀，以利于放置积雪。

（2）清雪措施：目前我国寒地城市冰雪的清除主要由清雪机械、撒融雪剂以及人工劳动三种方式完成。多数城市因为年降雪次数少没有充足的清雪机械，面对偶发的较大降雪清雪能力不足；符合环保要求的融雪剂价格较高，廉价融雪剂会对土壤、水体、植物造成污染，对地面造成破坏；人工清雪难度更大，组织困难且效率低，但却成为目前我国北方城市的主要清雪方式。日本和一些北欧国家的先进清雪设备和融雪技术值得借鉴，主要靠电热、水热及蒸汽热等加热融雪系统实现，其中应用较为普遍的是电热丝或电热带融雪系统。该系统原理简单，铺设方便灵活，适用于沥青、混凝土、砖石等多种地面，寿命可达10年以上。在人行道、广场、消火栓下安装，可作为雪天人车交通便利、公共场所安全、市政设施正常运转的保证[①]。也可应用于建筑的屋面、天沟以及室外景观、水体的加热保护。此外，规划或利用排污管线使其经过建筑入口和主要场地下方，利用建筑废水余热融雪也是一项有效的可持续思路，同样可以避免融雪剂的使用，降低清雪成本。

## 4.3.2　屋面形态的防冻易排

寒地原生环境作用下形成的防风、保温等要求表现在寒地建筑上是趋同的，从应变冰雪的角度来讲，建筑屋面形态也应简洁规整、防冻易排，以提升

---

① 冷红. 寒地城市环境的宜居性研究［M］. 北京：中国建筑工业出版社，2009：26.

寒地建筑自发性阻御冰雪侵袭的能力，这也是寒地建筑可持续设计的重要一环。寒地建筑屋面排雪的关键在于屋面结构选型，在恰当的屋面形态基础上，才能依次展开重力引导、风力作用和辅助措施三个层次的排雪策略。

### 4.3.2.1　重力引导下的排雪

重力排雪是最为原始的被动式排雪策略，无论在北欧地区或是我国北方的建筑发展史中都可以找到尖耸的坡顶建筑，这是在当时的结构技术和材料条件之下对冰雪作出的应变回应。我们可以这样认为，屋面的坡度和曲率是重力排雪的条件，对荷载的承载力是重力排雪的基础。

根据《建筑结构荷载规范》GB 50009中屋面雪荷载标准值计算公式：

$$S_k = \mu_r S_0 \tag{4-2}$$

式中$S_k$为雪荷载标准值（kN/m²）；$\mu_r$为屋面积雪分布系数；$S_0$为基本雪压（kN/m²）。此公式虽为近似算法，但可知在同一区域内$S_0$为固定值的情况下，直接决定雪荷载标准值$S_k$的是屋面积雪分布系数$\mu_r$，由表4-4可知$\mu_r$与建筑的屋面形态直接相关。

屋面为坡屋面时，随着坡度的增加其排雪性能显著增强，建议坡度不小于30°，以起到显著的自排雪作用，如屋面采用电热融雪、热风吹雪等排雪措施时坡度可适当减小。BIG设计的位于加拿大魁北克的国立美术学院将坡面屋顶发挥到极致，在阳光、自然景观、风雪作用等条件引导下，设计彻底取消了屋顶，以两个倾斜45°放置的矩形与大地相交，形成类似三角形的建筑形体。理论上坡度大于60°时重力作用产生的积雪可以忽略，该设计从根本上解决了雪荷载问题。COBE事务所设计的同样位于寒冷地区的挪威新海事博物馆，尽管每个体量都有一个陡峭的不同斜度的屋顶结构，但组合后呈现出一个逐级叠落的屋顶轮廓，以多个折面连续拼接，将积雪和雨水顺势排除，同时在形态上产生与周边湖光山景、建筑群落相呼应的动态效果。

屋面为曲面时，包括单曲面、双曲面、复杂曲面以及多折面屋面，$\mu_r$最高可达0.4，前提是其屋面边缘切线的水平夹角不小于60°，为椭圆曲面时顶部弧度不宜过小，否则仍需辅助清雪措施。

屋面选择平板的网架或桁架结构时必须斜放以利于排雪，因此其形态应协

不同屋面形式下的积雪分布系数　　　　　　　　表4-4

| 项次 | 类别 | 屋面形式及积雪分布系数 $\mu_r$ | | | | | | | |
|---|---|---|---|---|---|---|---|---|---|
| 1 | 单跨单坡屋面 | | | | | | | | |
| | | $\alpha$ | ≤25° | 30° | 35° | 40° | 45° | 50° | 55° | ≥60° |
| | | $\mu_r$ | 1.0 | 0.85 | 0.7 | 0.55 | 0.4 | 0.25 | 0.1 | 0 |
| 2 | 单跨双坡屋面 | | | | | | | | |
| 3 | 拱形屋面 | | | | | | | | |

均匀分布的情况　$\mu_r$
不均匀分布的情况　$0.75\mu_r$　$1.25\mu_r$
$\mu_r$按第一项规定采用

不均匀分布的情况　$0.5\mu_{r,m}$　$\mu_{r,m}$　$l/4$　$l/4$　$l/4$　$l/4$　$l_e$
均匀分布的情况　$\mu_r$
$\mu_r = \dfrac{l}{8f}$
$(0.4 \leq \mu_r \leq 1.0)$　60°　$f$　$l$
$\mu_{r,m} = 0.2 + 10f/l$　$(\mu_{r,m} \leq 0.2)$

调内部功能需求在梯形空间中使用。如哈尔滨梦幻乐园结合了对室内净高要求不同的多种戏水空间、哈尔滨工业大学二校区主楼的阳光大厅考虑了对空间容积的缩减以利于节能、北京侨福芳草地购物中心整合了四栋功能有别且高度不同的单体建筑，这些都是应变外部环境的同时解决内部功能需求并契合结构选型的优秀范例。

## 4.3.2.2　风力引导下的排雪

风是促动降雪分布变化的重要原因，从某种意义上讲，降雪规律与风环境中建筑周边的气流运动规律是一致的。因此，根据寒地冬季冷风作用规律寻找最优的屋面形态，能有效减少雪的堆积，是为适应冰雪环境的先决条件。寒地大空间建筑屋面形式多采用空间网架，一方面因其对平面形式具有较好的兼容性，更重要的是曲面形态在风力的流体力学原理作用下更适合自行排雪。

首先应使屋面形体融入风场。我国寒地冬季主导风向多西风和北风，从迎风面尺度判断，将建筑顺应主导风向布置可以减少风雪对建筑形体的冲击以及雪的堆聚，顺应风势的屋面形态可以减少其迎风面上的积雪，而太阳辐射可以很好地解决背风面的积雪问题，形成全面的应变效果。乌鲁木齐第十三届全运会冰上项目中心的设计为适应开阔谷地的风雪影响，除规划布局向心围合外，西北侧三个场馆均采用北低南高、迎风面缓而背风面陡的屋面形态，以降低冬季主导风向的风压并适应降雪，增加迎风面的吹雪效果，减少背风面的积雪。

其次应使屋面形态顺应气流。图4-28所示在既定风环境中屋面积雪分布

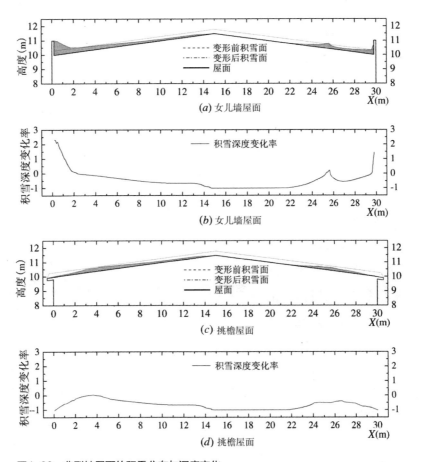

图4-28　典型坡屋面的积雪分布与深度变化

的CFD模拟,同时也反映了不同檐口形式对积雪的影响。结合风的气流特性,考虑建筑跨度、坡度、女儿墙和挑檐的竖向参数变化,可推导出气流影响积雪分布的大体规律:降雪在屋面迎风面风大处堆积较少,在背风面风小处堆积较多,坡度增大,迎风面积雪减少,背风面积雪变化不明显;降雪在形体迎风面形成堆积,在背风面因气流涡流形成局部增加的堆积,形体尺度越大,效应越明显。迎风面的悬挑屋盖也会影响气流的变化,在后方产生一个较小的涡流形成局部积雪,该效应的消除可以通过将形态接地,或借助植物、地形等自然屏障弱化悬挑,将风雪向上导离建筑,减少湍流的产生,且能对迎风的立面形成较好的遮蔽效果(图4-29)。MAD设计的哈尔滨文化中心的核心创意源于风吹形成的自然形态的雪堆,因而具有最优的风雪适应形态。建筑剖面呈不对称三角形,外侧迎风面形态缓和,与地面相接,可加速气流形成较好的吹雪效果,并附着一层致密而封闭的金属表皮以抵御寒冷,形成一件保护外衣将晶莹剔透的观演空间包裹在内。背风面的形态和坡度对风致积雪影响不大,因而尺度细腻宜人,作为入口方向进入时完全不被松花江畔的严酷自然环境所影响。

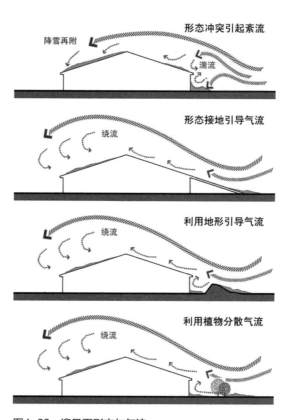

图4-29 迎风面形态与气流

### 4.3.2.3　辅助措施下的排雪

随着全社会对建筑排雪的关注和研究，越来越多的被动式辅助措施可供选用，这些措施具有较小的能量消耗或物质损耗，应在设计时结合屋面形态考虑。

（1）材料特性与屋面形态结合：蓄热材料、自融雪复合材料、电热导热材料等，各自具有不同的适用条件和融雪效果，都可以与屋面的形态需求产生较好的匹配。伊东丰雄设计的扎寺公共剧院位于东京中杉市，黑色建筑体块如巨石切削般棱角分明，建筑屋面与立面浑然一体，水波般连续的屋面形态、简洁平整的立面形态加上蓄热作用的黑色材料可以适应一般性冰雪环境。尽管这种形态表现的应变冰雪只是目的之一，但形态与界面一体化的设计思路是对建筑存在的本源回归，值得推崇和借鉴。

（2）建筑废热与屋面形态结合：控制建筑通风产生的带有温度的废气进行融雪也是个一举多得的措施。位于北京的诺基亚中国总部在中庭上部采用鱼腹式桁架结构的多榀连续坡屋面进行采光，每榀坡屋面都由金属和玻璃搭配，利用金属面高于玻璃面的错位处设置排风口，通过中庭形成的热压通风效应带出的热气流可以融化屋面上的积雪，而玻璃天窗本身由于室内的热传递与光辐射也利于积雪融化，屋面交界处沿鱼腹的上弦结构起拱及时排除雪水，由此巧妙解决了天窗的积雪问题（图4-30）。

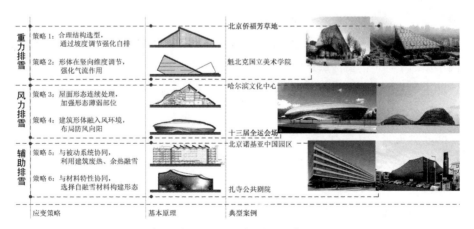

图4-30　屋面形态排雪策略（资料来源：自绘结合网络图片）

被动措施的辅助可以有效减少降雪在屋面的堆聚附着，但仍无法完全避免积雪。对于已在建筑上形成的积雪还需考虑主动的清雪措施，特别是针对天沟、檐口等易积雪的重点部位和薄弱部位，可根据屋面特性适当应用电伴热融雪系统、热风融雪系统、融雪剂融雪等主动方式，并预留上人出口，大型屋面还应设置可通达天窗、檐口等部位的上人马道，以便特殊情况下的人工清雪，以及屋面损坏时的检修与维护。

## 4.3.3　细部形态的防护耐久

千里之堤，溃于蚁穴，建筑的综合应变能力往往取决于最弱的一环。经过从布局到形态的冰雪应变策略之后，还需在细部构造上加以完善，避免从局部问题引发的整体性能破坏。

### 4.3.3.1　形态转换部位

建筑形态应连续完整，应减少形态上的内凹和高低变化，并注意天沟等部位的雪荷载以及清除问题。这些部位往往是被动排雪方式作用的薄弱部位，容易形成积雪。当大量积雪不能及时排除时，雪荷载给建筑结构增加的负担会直接导致结构的失稳，而冰雪的长期滞留会对屋面构造产生慢性破坏。

高差部位如高低跨厂房的屋面交接处以及组合结构屋面的形态转折处，容易因局部气流影响以及物理作用形成雪的堆积，引起荷载不均或渗漏问题。檐口部位设有内天沟或女儿墙时，会形成冰雪堆积，此时檐口局部需要承担远高于屋面平均值的雪荷载；对于坡度或曲率较大的屋面，冰雪初融瞬间下滑形成冲击，天沟或女儿墙将承受远超过设计值的实际荷载。这两种情况都会导致屋面天沟板及檩条被压垮变形，产生渗水甚至裂缝。因此，这些部位除了做好防水处理外，还需保持排雪系统的通畅，可采取相应的被动或主动措施。如增加天沟盖板、改变天沟断面等，大块冰雪冲击破坏问题在金属屋面单坡向超过36m时较为明显，可沿与坡向垂直方向设置挡雪板将积雪分块固定，底部与屋面面层之间留有空隙，挡雪不挡水。具体布置根据屋面的基本雪压和坡度确定，但天沟及檐口上方必须设置。前文介绍的电伴热融雪系统和热风融雪系统设置在天沟及排水管道周边，可以通过加热防止冰雪冻结，促进雪水及时排走，同时也避免了雪水在建筑天沟、排水管等狭小空间内结冰冻胀形成破坏（图4-31）。

　　屋面形态应避免向建筑内侧倾斜。图4-32中的大庆奥林匹克公园主体育馆采用了三层重叠的负高斯曲面网架，下两层网架与建筑立面相交处形成积雪死角，且在人视角度不易察觉，最终长时间的积雪导致屋顶渗漏，这种情况应在屋面选型之初就予以避免。

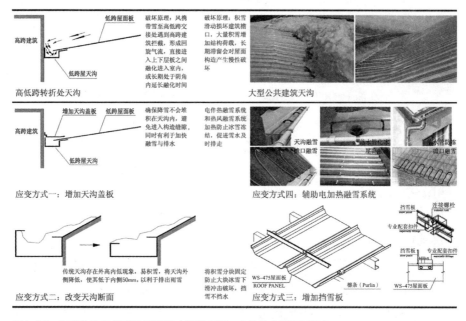

图4-31　各部位的电伴热融雪措施（资料来源：自绘结合网络图片）

图4-32　大庆奥林匹克公园主体育馆屋面选型

此外，对于细部构造的定期维护与及时清理是保障建筑安全及使用寿命的关键因素。国家现行规范中已对钢结构施工提出了除锈和涂装要求，对后期使用也提出了维护方法，需业主和使用单位认真执行。在雨雪发生时，需及时发动建筑的应变措施应对，过后进行检查和维护。这是从生命周期角度对建筑的可持续能力提出的应变要求。

### 4.3.3.2　形态突出部位

雪有较强的附着性，无风情况下在25°以内的坡面上都可以停留，由此如果建筑立面形态变化较多，积雪会对建筑产生一系列的影响：覆盖建筑形象，难以辨识；门窗洞口部位如处理不当，容易因积雪结冻影响开启；雪荷载分布不均时，易造成建筑结构局部失稳；当雪在建筑上成为连续积雪时，会对建筑产生慢性破坏。因此，突出部位的积雪问题应从以下几方面考虑：

（1）控制立面上的凹凸：寒地建筑设计讲求对气候制约的应变而非冲突，不能全搬南方的设计理念。开敞的孔洞容易形成风口，积雪不易融化。主要开窗立面应避免采用退台式或斜面形式。类似"立体花园"的复杂形式在寒地的实际效果会大相径庭，绿化生长季节较短，更多的是室外空间被积雪覆盖，以及更多需要保温和防水处理的外界面。因此，寒地阳台应封闭，否则积雪后无法使用。倾斜的建筑立面会在融雪时沿墙面流水，进一步结成冰溜，这一现象在寒地玻璃幕墙上最为常见。

（2）减少突出构件的积雪：立面上突出尺度过大的悬挑形态会产生难以预测的积雪量，经常会给结构带来30%以上的附加荷载。东北地区的大型公建上经常应用的预制GRC古典建筑线脚，悬挑有时近1m，在建筑周圈形成较大的落雪面积，其顶面应向外找坡，并在下沿做滴水。北方建筑厚重的墙体往往形成较深的洞口，也易形成积雪，窗洞底面应向外找坡或做成斜面。雨篷面积较大时应按当地基本雪压计算雪荷载，并采用倾斜或弧度形态以利于排雪。

（3）积雪融水及时排除：当积雪融化时，会在建筑的檐口、线脚、窗台、阳台板、雨篷等突出部位形成冰溜，随着昼夜温差作用，冰溜会越积越大，直至脱落。积雪大量融化时，雪与屋面脱离，大块的冰雪混合物从屋面滑下时同样会造成安全隐患。在哈尔滨，每年都会有多起市民被高空坠落的冰雪砸伤的事故发生，对车辆等财物的损坏更不胜枚举。为此，城市中经常出现在建筑周围圈起临时围栏并设置警示标语，影响建筑和室外空间的正常使用，且有碍市容市貌。因此，屋面应采用有组织排水，避免积雪融化后在建筑檐口散排。对天沟及排水管道采用辅助融雪设施，通畅运行的排水系统可以避免积雪没过天沟后产生的冰溜或雪块滑落，防止屋面、天沟及排水管道的冻胀损坏。

### 4.3.3.3　形态薄弱部位

对于冰雪防护能力较弱的建筑或其局部形态，如立面琐碎、开窗较多、幕墙较多的建筑立面，以及人行密集的出入口等，如果将所有界面形态等同对待，或与功能和审美需求不符，或产生较高的经济代价，得不偿失。在这种情况下，可采取分而治之的应变策略，对主要接收冰雪侵袭的界面形态进行整合和加固。

独立的居住建筑置于寒地环境中往往显得脆弱和拘谨，难以企及无拘无束的居住理想。位于美国纽约郊外山脚下一处茂密丛林中的林中小屋也面临冬季严酷多变的微气候，在研究了周边物理环境后，沿建筑的西北向设置了一堵折线形厚重墙体抵御冰雪。墙体就地取材，以耐候风化钢材为骨架，填充当地随处可见的石材，形成一道坚实的屏障将起居和居住空间挡在身后，促使南向立面得到解放，产生自由丰富的变化。大胆的选材使住宅融入自然世界中，实现了构造与观感的平衡；简单的角度变化，从气流作用原理上将风雪导离建筑，使其无法在建筑两侧形成旋流。这一针对冰雪环境的气候应变措施有效提高了项目的可持续能力（图4-33）。

建筑入口是连通内外的关键部位，不仅使用密集，且经常开启，有防积雪、防滑、防风的要求。入口的位置选择应考虑气流作用，选择在西侧、北侧或转角时容易受到冷风及其带来的积雪影响，在入口迎风的一侧设置墙体或与雨棚结合形成围合的界面能保护入口免受风雪侵袭。入口周边地面应适当抬高并找坡，在地面下铺设融雪系统以保证入口的干净，坡道和台阶上设置防滑条，门前设置刮雪条，可减少人带入室内的雪水污染。

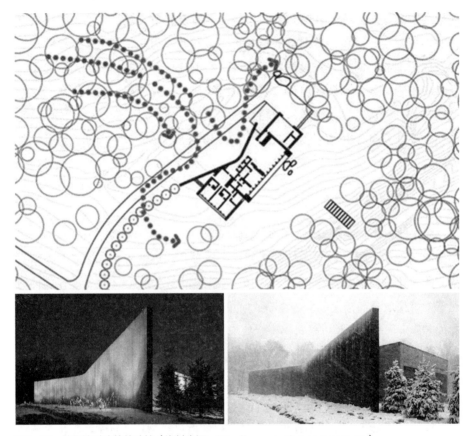

图4-33  挡雪墙对建筑的防护（资料来源：http://www.archreport.com.cn）

## 4.4  阻御极寒温度的界面性能进化

建筑界面的性能调控是阻御应变的第三个层面。界面的概念源于物理和生物学等其他学科，指两种物质之间的划分。在过去的一百年间，建筑外围护系统积累了长足的进化，人们从原先将其作为一个独立的没有附加作用的层次转而开始发掘其潜在的丰富意义，而围护系统也开始借用这个含义更为丰富的谓称——界面。对一元性和固定性的超越成为界面发展的转折，也为建筑应变原生环境提供了素材：界面的异质性开辟了多种物质集合创新的局面；同质性是异质的高级呈现，代表了界面普适能力的增强；可变性则使界面从固定转向动态，暗藏了无限的集约和灵活的可能。以下从异质界面、同质界面、可变界面三个方面进行阻御极寒温度的应变策略阐述（图4-34）。

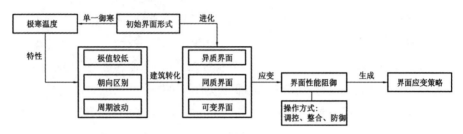

图4-34　阻御极寒温度的应变策略生成过程示意

## 4.4.1　异质界面的温差调控

异质性（Heterogeneity）在这里是指生态学过程和属性在界面表现上的不均匀性及其复杂性。具体地讲，异质性一般表现为缀块（Patchness）和梯度（Gradient），以及由前两者所带来的耦合（Coupling），在概念上和实际应用中相互联系又有所区别，共同点在于它们都强调非均质性以及对属性的依赖。界面介入原生环境与建筑空间之间，应具有调控光、热和空气的交换和界面自身的透过率的能力，从而对变化的气候条件作出及时回应。阻御极寒温度，首先需实现对直接热量传递的调控。

### 4.4.1.1　复合界面的高级保温

在与极寒温度的长期斗争中，人们认识到加厚建筑外界面可以减少热损失。随着人们对需求的提高，墙体越来越厚，如东北地区常见的"四九墙"，对于夏热冬冷气候有较好的调节作用，我们称这种做法为"超级保温"。柯布西耶在《走向新建筑》中写道："在过去是必要的厚墙，至今还在固执地使用，而玻璃和砖的轻薄的幕墙却已经能围护负荷着50层楼的底层。"[1]诚然，建筑界

---

① （法）勒·柯布西耶. 走向新建筑［M］. 陈志华译. 西安：陕西师范大学出版社，2004：13.

面的巨变一方面从庞大的整体变为了一系列层次，且每一层次都有一个明确、实际的作用和目标，如保温、称重、封闭、排水、隔汽；另一方面，每一种层次都有超越以往的性能表现，更加轻薄、致密、坚固或是通透。这一切都证明了界面从"超级保温"向"高级保温"发展的进化过程。

"高级保温"正是基于热能从热区域向冷区域传递的三种基本途径的进化：传导、对流和辐射。

（1）传导：长久以来人们专注于寻找低导热系数（K值）材料作为寒地建筑保温材料，最终发现最好的保温方式即为取消传导介质的绝缘保温。对于界面上的采光部分，透明材料的选择透过性、不透明区域的良好热学性能以及气密层的连续性是实现最优化保温性能的关键。尽管玻璃的K值是0.77W/（m·K），但如果与K值0.028W/（m·K）的空气复合，在2～3层玻璃中间加入6～12mm厚的密封空气层，加上阻断冷桥的铝合金型材边框，即可实现对热量传导的有效隔绝。对于界面上的围护部分，可在墙体的内部、外部或中间加入K值小于0.14W/（m·K）的绝热材料形成复合保温墙体，常用的保温材料有有机材料、无机材料、金属材料三类。需要指出的是，EPS、XPS及聚氨酯等有机保温材料的保温和防水性能俱佳，但燃烧性能一般为B2级，在中、高层建筑保温系统应用中受限，对此，江苏省建科院推出了燃烧性能为A级的发泡陶瓷保温板，是作为保温替代材料或作为防火隔离带配合有机保温材料使用的理想选择[①]。无机材料如石棉、岩棉、玻璃棉等目前应用较广，但易吸湿失效，须做好防水处理。此外，混凝土砌块内含夹芯保温层构成的自保温外墙同样基于绝缘保温原理，但受砌块强度限制，自保温墙体一般应用于低、多层的承重外墙或高层、框架结构的填充外墙。

（2）对流：对流是最快的传热方式，热量从高的一方直接流向低的一方。但在寒地建筑冬季保温问题中，外界极寒温度代表低温一方，因此直接的对流应减少和避免。双层玻璃幕墙也叫通风式幕墙和呼吸式幕墙，通过内外两层幕墙和中间的空气间层很好地实现了对有利对流的控制。如图4-35所示是利用自然通风的"敞开式外循环体系"和利用机械通风的"封闭式内循环体系"两种

---

① 杨维菊，齐康. 绿色建筑设计与技术［M］. 南京：东南大学出版社，2011：237.

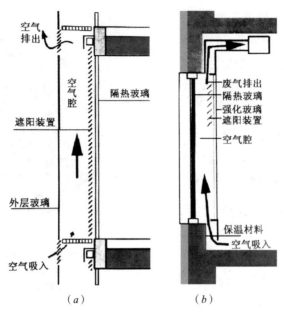

**图4-35　双层玻璃幕墙的对流循环**（资料来源：《绿色建筑设计与技术》，第239页）
（*a*）敞开式外循环体系；（*b*）封闭式内循环体系

类型，基本原理是夏季利用空气间层的烟囱效应，加速与室外自然空气的对流以换气降温；在冬季将通道上下关闭形成阳光间，室内与被加热的阳光间对流以实现升温换气的作用。

（3）辐射：太阳辐射是最好的热辐射来源，对辐射热的吸收是寒地建筑界面在进化中具有的应变极寒温度的关键能力。结合玻璃透光不透热的物理性能，在室内设置捕获层——蓄热墙体用以吸收太阳辐射，蓄热墙体可设置在紧邻窗户的南向或西向，也可设置为与窗相对的内墙或地面，进而可以在适当的时间和空间将这些热量分配使用，如著名的特朗勃墙原理。这个系统中有几个关键因素：玻璃的足够的透光率和面积以透入太阳辐射；空气间层高效地阻拦热量再次流失；捕获层足够的体积和蓄热性能以吸收和存储太阳辐射（图4-36）。蓄热材料的选择主要分为两类：水、砂石、混凝土等热容量随温度变化而变化的显热蓄热，以及芒硝、石蜡、氟化物等相变材料在发生相变前后进行热量储存和释放的潜热蓄热。尽管潜热材料具有蓄热量大、温度波动小

的优点，但在可持续建筑中应
用更多的是原理简单、材料丰
富且成本低廉的显热蓄热方式。

### 4.4.1.2　不同界面的梯度呈现

不同朝向的界面更具个性
的发展得益于对建筑所处环境
的细化研究。我国寒地日照相
对丰富，较高的纬度形成南向
充裕而北向欠缺的日照条件，
且在不同地区之间表现为从东
部的50%向西部的20%递减的
冬季日照率。大陆性气候下的

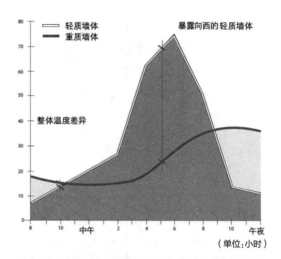

图4-36　ASHRAE数据所示西向轻质界面与重质界面的热曲线图（资料来源：《建筑设计要点指南：建筑表皮设计要点指南（引进版）》，第68页）

风环境较为规律，冬季主导风向多偏西风和北风。这些外环境是影响建筑温度
的主要因素，对于每个朝向日照、冷风的作用不等导致了建筑需求的差别。

建设部颁布的《夏热冬冷地区居住建筑节能设计标准》JGJ 134明确规定
了不同朝向的界面传热系数。由表4-5和表4-6可知不同界面的保温需求和采
光效果。屋面作为受光最多的界面应采用浅色并考虑防热，西侧由于低角度的
西晒不宜采用轻质墙体，考虑冬季冷风的影响，西侧和北侧还需格外加强气密
性，减少门窗洞口等交接部位。外窗作为保温的薄弱部位，东西向窗墙比不宜
大于0.3，北向窗墙比不宜大于0.45，南向窗墙比相对其他朝向较为自由，随窗
墙比增大需降低外墙材料的传热系数以保持热工性能的平衡。因此，建筑宜南
北向或接近南北向布置，并根据不同的朝向呈现对光环境、风环境、热环境的
针对性措施。

哈尔滨的哈西发展大厦作为一个引领城市新区建设的标志建筑，在设计中
融入了灵活的现代办公理念和生物气候思想，外界面充分体现了趋向气候特
征的梯度设计。东界面采用内凹的柱廊形式将外部环境嵌入建筑中心，以通透
的玻璃幕墙吸纳阳光和景观；南界面在通透的基础之上增设遮阳构件与外窗结
合，作为主要的办公用房；西界面作为入口和部分办公相对密实；北界面除一

围护结构各部分的传热系数　　　　　表4-5

（$K$［W/（m²·K）］）和热惰性指标（$D$）

| 屋顶* | 外墙* | 外窗（含阳台门透明部分） | 分户墙和楼板 | 底部自然通风的架空楼板 | 户门 |
|---|---|---|---|---|---|
| $K \leqslant 1.0$<br>$D \geqslant 3.0$ | $K \leqslant 1.5$<br>$D \geqslant 3.0$ | 按表4.0.4的规定 | $K \leqslant 2.0$ | $K \leqslant 1.5$ | $K \leqslant 3.0$ |
| $K \leqslant 0.8$<br>$D \geqslant 2.5$ | $K \leqslant 1.0$<br>$D \geqslant 2.5$ | | | | |

\* 注：当屋顶和外墙的$K$值满足要求，但$D$值不满足要求时，应按照《民用建筑热工设计规范》GB 50176第5.1.1条来验算隔热设计要求。

不同朝向、不同窗墙比的外窗传热系数　　　　　表4-6

| 朝向 | 窗外环境条件 | 外窗的传热系数 $K$［W/（m²·K）］ | | | | |
|---|---|---|---|---|---|---|
| | | 窗墙面积比 ≤ 0.25 | 窗墙面积比 > 0.25 且 ≤ 0.30 | 窗墙面积比 > 0.30 且 ≤ 0.35 | 窗墙面积比 > 0.35 且 ≤ 0.45 | 窗墙面积比 > 0.45 且 ≤ 0.50 |
| 北（偏东60°到偏西60°范围） | 冬季最冷月室外平均气温 >5℃ | 4.7 | 4.7 | 3.2 | 2.5 | — |
| | 冬季最冷月室外平均气温 ≤5℃ | 4.7 | 3.2 | 3.2 | 2.5 | — |
| 东、西（东或西偏北30°到偏南60°范围） | 无外遮阳措施 | 4.7 | 3.2 | — | — | — |
| | 有外遮阳（其太阳辐射透过率 ≤20%） | 4.7 | 3.2 | 3.2 | 2.5 | 2.5 |
| 南（偏东30°到偏西30°范围） | — | 4.7 | 4.7 | 3.2 | 2.5 | 2.5 |

层外全部由封闭的外墙覆盖以利于保温；屋顶界面也在设计之内，在中庭上空考虑了局部天窗，对采光和通风进行调节（图4-37）。

### 4.4.1.3　建筑类型的界面区分

不同建筑类型的热环境差别对界面性能也提出了不同的需求。

居住建筑中的使用者较少，电气、照明设备等发热体的产热不需要特别考

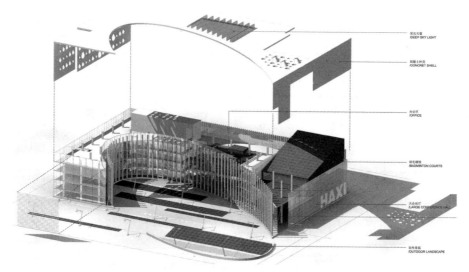

图4-37　哈西发展大厦不同朝向的界面设计（资料来源：作者参与项目）

虑，其空间也往往比公共建筑小，且需要保持稳定的热环境以满足人的吃饭、睡觉、洗涤、做饭和休闲等需求。相对而言对界面的保温和蓄热性能要求高于换气需求，外界面采用蓄热系统对室内热环境的延迟调控较为必要，按规范严格控制窗墙比是界面设计的基础。

　　办公建筑拥有更多的人员和电气，内部散热量较多，且昼夜需求截然相反，因此对界面需求更多的是通风换气的被动调节能力，对保温性能要求较高，对蓄热性能要求较低。外界面设计相对灵活，传热系数达标的情况下在寒地也可在光照充裕的朝向使用玻璃幕墙，需同时考虑遮阳（图4-38）。

　　大型公共建筑如体育馆、剧院等瞬时性使用的建筑，冬季多数时段保持低温运行以节约成本，使用时需要以最低的能耗代价实现最快的室内温度提升，因此不需要界面过高的蓄热性能，应采用大量的电辅助加热系统并选用内保温的界面形式（图4-39）。对于机场、车站、展览馆等高频率使用的大型公共建筑，外界面经常采用非混凝土的轻、重钢结构，冬季需要大量的热量保持室内温度，因此在界面选择时需加强保温、防火、防结露、吸声等性能。但需注意，大型公共建筑的界面保温性能并不是越高越好，在夏季的商场、车站等人员特别密集场所往往内部产热高于供暖设备，如界面过于封闭则会导致建筑的

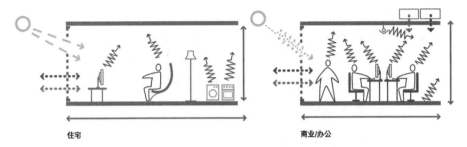

图4-38　住宅与办公建筑对界面需求的区别（资料来源：《建筑设计要点指南：建筑表皮设计要点指南（引进版）》，第67页）

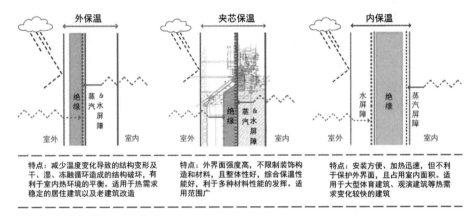

图4-39　三种保温形式的不同建筑类型适用
（资料来源：《建筑设计要点指南：建筑表皮设计要点指南（引进版）》，第70页）

夏季冷负荷飙升，导致全年综合负荷升高，因此大型公共建筑外界面的应变关键在于保有较大的灵活性和适应性。

## 4.4.2　同质界面的地景整合

同质性（Homogeneity）与异质性在概念上相对，按字面意思指界面表现上的均匀性和单一性。毫无疑问，建筑的每个界面生产形式不分朝向地相同在设计角度是不被看好和接受的，是设计职能和可持续意义的缺失。但是，这里所强调的同质界面并不是建筑界面自身的相同，而是超越异质，按需求去与优者寻求同质的能力。大地是最大的蓄热体，其能量取之不尽且没有太阳辐射的时效性限制，在寒地极端原生环境作用下尤为珍贵。建筑界面与大地相整合，寻求对有利资源的融通与共享，同时也是对极寒温度最好的阻御，同时兼具对景观的提升作用。根据建筑与场地的关系可以分为三种基本形式：将建筑局部或全部嵌入地下的下沉策略、将建筑紧靠或插入原有地形的依附策略以及将建筑周边界面用土覆盖的覆土策略。

### 4.4.2.1　下沉策略消隐界面面积

将建筑下沉来抵御严寒的措施在我国北方地区由来已久，如豫西黄土高原嵌入地下的地坑窑洞、东北地区的建筑下卧处理等，都是对于寒冷气候应变的原型，揭示了地面的热工作用：一方面可以直接减少建筑失热，体量的下沉消隐了暴露在室外的界面面积，从而减少与冬季外环境的冲突，起到防风御寒的作用；另一方面可以稳定建筑温度，地下温度波动较地上缓和得多，地下深度0.6m的地方日温度波动即可不计，平均温度可比地上滞后近一个月，随深度加深趋近恒温，建筑下沉通过土壤的强大热阻推后和缓和了地上温度波动的影响。

扎哈·哈迪德建筑事务所设计的梅斯纳尔山岳博物馆是由著名登山家梅斯纳尔发起建设的第六个小型博物馆，选址位于意大利的登山、旅游胜地南蒂罗尔。用地位于视野开阔且寒风刺骨的山顶。鉴于对周边环境保持以及对博物馆自身的防护，建筑呈卷起的筒状斜插过山体。筒的一端作为入口，锋利的顶棚与岩石一体，使人感受到大自然的力量；另一端从山体穿出形成观景窗口，为游客提供240°的视野欣赏广阔的山地美景。界面除必要的两端外全部被山体包裹，整个内置空间沉浸在厚重温暖的山体中，充分体现出与自然、地理文脉一脉相承的和谐之感（图4-40）。塞万提斯剧场位于墨西哥的首都墨西哥城中心，距离标志性建筑索玛雅博物馆仅不到10m。在这样的拥挤城市环境下建筑师选择将四层建筑空间全部下沉至地下，将正空间反转为负空间，地上仅留向下的天井式入口以及遮蔽入口的雨棚。除地面上完全开敞的雨棚之外建筑没有任何界面和形象，却能够依靠大地的调温作用为建筑主体带来冬暖夏凉的生态效应（图4-41）。

图4-40　梅斯纳尔山岳博物馆消隐于山峰（资料来源：意大利梅斯纳尔山岳博物馆，《现代装饰》，2012年第5期）

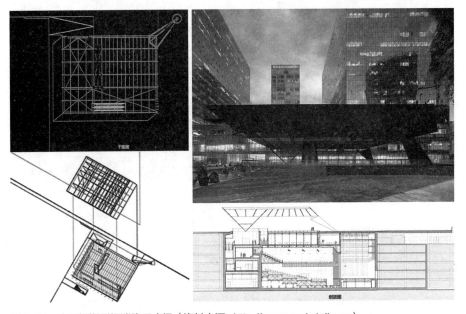

图4-41　塞万提斯剧场消隐于广场（资料来源：http://www.archdaily.cn）

### 4.4.2.2　依附策略寻求界面庇护

原始的场地所具有的复杂几何特征，往往是经过自然环境锤炼雕琢的最优呈现，也是建筑应变的重要契机和语汇来源。从场地形态特征中寻求依附和庇护，忽略建筑界面获得全新形象，以实现建筑空间的最优性能，反而是对界面意义的延伸。应变极寒温度的界面设计不仅仅是单方面地将建筑埋入地下，更为重要的是借助地形条件和场地调整寻求界面屏障的应变理念。图4-42中，崔恺设计的中信金陵酒店选址于京郊的一处幽静山谷中，背山而面湖。为了最大限度地保留环境的恬静之美，建筑选择建设在三面围合的山坡上，依山为界以

图4-42　中信金陵酒店依附山谷而建（资料来源：《再造自然——对崔恺中信金陵酒店设计的访谈》，建筑学报，2014第8期）

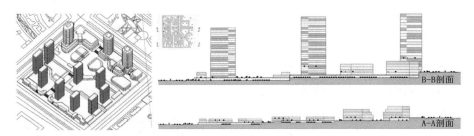

**图4-43　汇智地块商业依附坡地而建（资料来源：作者参与项目）**

塑造等高线的方法将庞大的客房楼嵌入山体。山谷的三面围合屏蔽了外界冷风，在建筑前方形成稳定的小气候，建筑依附于山谷自由舒展，仅将唯一的采光界面暴露在外，加上厚重的山石形态营造出喧而不嚣、生机盎然的原生态氛围。

　　然而，当今更多的建筑建造沦为标准化的工业生产，无论面对何种场地条件首先进行场地的平整和改造，忽略了场地先天所具有的生态价值。作为应变设计的原则，应发掘场地的积极特征，通过对其尽可能少地改造而为建筑所用，借助其抵御极寒温度。场地不同的利用方式带来建筑与场地的不同关系，经过设计改进的场地显然比简单的平整拥有更少的工程量和更多的价值，部分界面消隐于地面之下、部分界面被地形所遮蔽，提升了建筑应变寒冷的能力，积极的朝向则拥有更好的景观视野和光照资源。如图4-43所示，汇智地产哈尔滨西客站地块位于北高南低的坡地之上，350m见方的地块内高差达10m，功能上包括北部的商业金融区和南部的住宅区，按照常规思路将场地在两个功能区内各平整为一个标高或将整个场地整合为同一个标高，会导致过多的地下低品质空间，对地产开发无益。权衡多方面因素后，设计以现状地形为基础规划为4层台地，每层台地向内延伸部分空间，外侧可直接采光作为商业服务，内侧通过间接采光作为停车库；台地在居住区中心结合景观设置，形成一条南北贯穿商业区和居住区的景观道路，增加了商业街面；东西两侧的临街商服也得以跟随外部道路始终保持相同标高。

### 4.4.2.3　覆土策略重塑界面信息

　　建筑的下沉弱化了建筑与场地的冲突，而与场地的进一步融合还需要通过建筑界面与场地景观的整合同一来实现。这种界面向地景的模仿方式突破了传统的建筑与景观的二元对立关系，而是以一种边界与形体模糊的、动感的、自然景观化的形体特征与地形融为一个整体。一方面自身呈现的是与自然景观接近的形体特征、视觉观感以及最重要的界面性能；另一方面作为建筑与场地的相互延伸和渗透，扩大了建筑的领域感和生态性，与当今建筑景观的发展趋势相同。其意义已不局限于能源和经济的可持续利用，更表现为对人性化环境以及自然精神的回归。

　　常见的覆土界面多采用人工种植的方式与景观整合，因此需要对土壤环境和构造层次进行优化。构造上需包含植被层、生长介质、过滤层、排水层、保护层和结构层，目的是在有限的界面尺寸之内还原出最基本的生态系统。种植屋面可以减轻材料的胀缩开裂，有效保护构造层和结构层的完整。屋面结构均布活荷载标准值在3.0kN/m²以上时可作地被式绿化，均布活荷载标准值在5.0kN/m²以上时可作复层绿化，对大灌木、乔木绿化应根据具体情况采用相应的取值或特殊加强措施（图4-44）。洛杉矶大屠杀博物馆坐落在澳大利亚的布鲁克林，设计将博物馆建在地下，此举不仅保留了公园的土地和景观，还创造

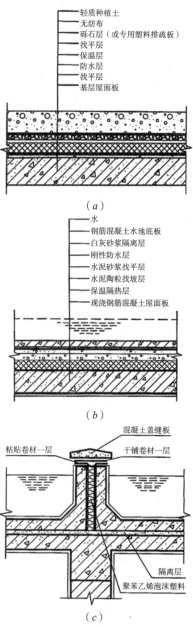

图4-44　整合地景的屋面构造形式（资料来源：《绿色建筑设计与技术》，第242-243页）
（a）种植屋面构造做法；（b）蓄水屋面构造做法；（c）屋面分仓缝构造做法

了一条充满活力的交通流线引领人们去缅怀大屠杀中的遇难者。将建筑空间紧紧包裹的厚重种植屋面，平面图解式的混凝土分隔线将屋顶表面划分为一系列锯齿形的人行步道。中间被切削的部分作为进入博物馆的下行坡道，两侧是倾斜的顶棚和立体装换的地面。整个建筑强调景观性多过建筑本身，除了与环境的契合之外更多的是为建筑空间增添了纪念的氛围（图4-45）。

蓄水屋面也是与地景整合的方式之一，但地处严寒地区时应考虑蓄水池冬季的冻胀问题，构造需进行特殊处理。水因其较高的比热是优良的蓄热材料，尤其对夏季室内温度具有显著的调节作用。刚性防水屋面之上做深度0.3～0.5cm的蓄水，利用蒸发吸热使屋面降温，从而降低整个界面温度。经实测蓄水屋面室内可比同条件下的普通屋面的室内温度低2～5℃。安藤忠雄设计的本福寺水御堂即采用了蓄水的手法，在地面上以椭圆形的水面与步道结合完成了对场所感的凝聚和参观者内心的静寂，水面之下圆形大厅嵌入山体，回绝了多余的界面信息表达，烘托出纯净、肃穆的建筑体验。

此外，有些建筑虽未采用覆土的外界面，但其材质与场地的铺装相一致，形态与景观的肌理相整合，仍以地景建筑的姿态表达界面信息，同样表现出优良的环境应变能力。位于韩国首尔的东大门设计广场以及位于墨西哥的索玛雅博物馆在这方面有着近似的出发点，两者均以坚毅、冰冷的金属界面融入以硬质铺装为主的景观广场，形态平滑、流畅，立面几乎无开窗，以界面和大地亲密相接，构成了景观的一部分（图4-46）。

## 4.4.3　可变界面的动态防御

马丁·海德格曾说过："边界不是某种东西的停止，而是某种新东西在此出现。建筑的界面并不是一成不变的，面对波幅过大、频率过高的环境温度变化，往往需要同样可变的界面表现才能跟随变化并产生应变。界面的可变依赖于构成界面的材质、结构、组件的物质形态变化，并具有人工控制的可操作性，从而改变建筑的外观、形态或性能，实现与环境的互动。"

图4-45　洛杉矶大屠杀博物馆的地景式界面整合（资料来源：http://archgo.com）

本福寺水御堂：附着水面

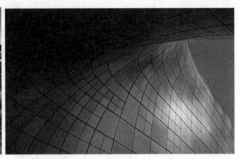

东大门设计广场：附着地面肌理

索玛雅博物馆：附着地面质感

图4-46　其他表征界面信息的覆土策略（资料来源：自绘结合网络图片）

### 4.4.3.1　开合界面控制内外交换

界面的动态性始于百叶窗、窗帘等可以开合的界面组件，然而这种微小的变化并不足以满足建筑应变环境的所有需求，更大程度的开合取决于三个关键问题：目标需求、运动机制以及构造工艺。

开合界面的直接目标是通过开合组件实现使用者对建筑的控制，调节与环境之间的关系。在寒地环境中，人们最迫切需要控制的往往是界面的采光或遮阳、保温或通透、隔离或连通这些矛盾问题。例如，可以根据不同时段的光线角度变化控制开启情况，调节室内自然光量的博世集团中国总部大楼的智能百叶系统；在寒冷天气为建筑增加一道保温界面，在温度允许的情况下可打开的蔡国强四合院的双层外墙；正常情况关闭，在室外景观较好时打开与外部连通的哈尔滨文化中心的小剧场。此外，开合建筑需要比常规建筑考虑更为广泛的环境应变能力，除了能够应对环境自身的变化范围外，还需面对因开合带来的室内环境的二次影响，如为通风换气将屋面开启时进入室内的雨、雪、噪声等问题，这些都需要作为应变的附加量一并考虑。

　　开合界面按开合的运动机制分为四种类型（图4-47），需考虑所处的气候条件以及建筑的结构形式、开合部分的尺度等因素并结合恰当的材料选用。

　　（1）移动式：建筑的可开启部分沿轨道发生位移完成开合，包括水平移动

移动式
伦敦滑动房屋
蔡国强四合院

伸缩式
Wyckoff交易所改造
纽约金属百叶窗宅

旋转式
瓦伦西亚艺术科学城
旗忠网球中心

翻转式
甘建筑工作室
魔力盒球场

图4-47　开合界面的开合类型（资料来源：结合网络图片自绘）

和上下移动等。这种开合方式较为简单，早期的开合结构多采用这种形式，如英国伦敦的滑动房屋、朱培设计的蔡国强四合院。

（2）伸缩式：通过开启部分的伸展或折叠形成开合，多采用膜材或轻质材料，结构轻巧，造价较低，根据材料性质可产生水平伸缩、上下伸缩、向心伸缩等方式。如AKA设计的纽约Wyckoff交易所改造、坂茂设计的纽约金属百叶窗宅。

（3）旋转式：建筑的可开启部分划分为若干活动单元，各单元按各自的设定轨道移动，通过向心旋转完成开合。这种非线性的开启路径具有相对美观的开启效果，如卡拉特拉瓦设计的瓦伦西亚艺术科学城以此寓意"知识之眼"，旗忠网球中心采用这种方式表达白玉兰绽放。

（4）翻转式：建筑的可开启部分沿某一固定轴向翻转完成开合。这种开合方式需要较大的外力驱动，对结构要求较高，因此不适用于开合部分尺度过大的情况，如马德里的魔力盒球场、甘建筑工作室。

构造工艺应坚固耐用、易于操作和控制。小型开合构件的驱动方式应保证简单的人力操作即可完成；较大的开合需借助动力驱动，电动屋面、墙面是目前常用的方式。一般来说，驱动原理越简单，滑轨设置越直接，使用效果越好。细部处理和材料选择也是开合界面耐久性的关键，在寒冷地区除了防风雨外，还需防冬季的冰雪侵袭和极寒温度。要求开合部分具有较高的密闭性和热工性能，防止在开合缝处形成冷风渗透或冷凝结露等问题，因此在寒冷地区开合界面宜作为辅助调节界面出现，还需一层性质互补的界面满足基本围护需求（图4-48）。当开合部分为屋面时，需格外考虑排雪和积水问题，防止因冻融产生破坏，耐候性较差或伸缩较大的材料，如普通膜材、木材等不适合应用在寒地建筑的开合界面上。

### 4.4.3.2　可变界面跟随环境变化

建筑的外观、形态或性能跟随环境变化可以增强与环境之间的信息匹配，使建筑面对常规设计难以应对的极寒温度时主动应变，通过选取恰当的变化方式和原理，还可以起到一举多得的附加环境效益。从设计角度而言，通过低成本、小幅度的界面变化产生丰富的建筑艺术表现，无论对城市形象和使用者心理都具有积极意义。

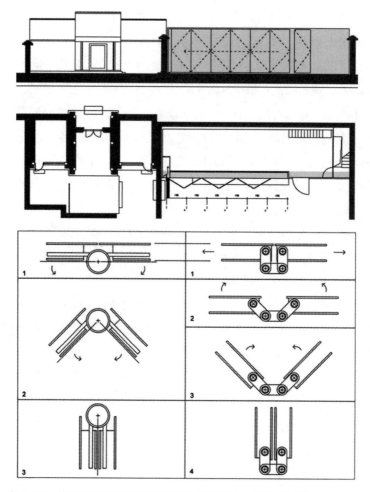

图4-48　蔡国强四合院的开合构造设计（资料来源：南旭参与项目）

科技的发展与材料的进步激发了界面变化的潜能，多学科的深度交融丰富了变化的条件，太阳能光伏系统与建筑界面的结合便是其中之一。北京静雅酒店设计了基于能量循环原理的多媒体外墙，通过光伏组件与建筑造型、采暖、采光结合表达建筑的视觉创意和技术内涵。将2300个890mm×890mm的光伏组件马赛克化处理赋予界面之上，依据光伏组件的全透、半透、不透光伏三种特性变化排布，结合多媒体技术展示出绚烂的图案。因单晶硅电池成本较高，所以光伏组件以125mm×125mm的经济尺寸单元构成，通过调整电池的间距控制透明度变化（图4-49）。电池白天转化的太阳能除了夜间为幕墙供电外，可以为建筑提供人工采暖和照明，分担运行成本（图4-50）。大连体育中心主体育场则应用光电系统实现界面的变化，罩棚材料采用了比水立方更先进的三色ETFE气枕，是目前国内第一座全气枕罩棚的体育场，经过2736块尺寸各不相同的立体剪裁附于罩棚之上，加上蓝、白、灰三种颜色的自由配比，凸显了蔚蓝深远与汹涌动态交织的海洋文化。夜晚，气枕通过光电渲染呈现出变换的色彩，与主体育馆的"旋动"造型遥相呼应、相得益彰（图4-51）[①]。

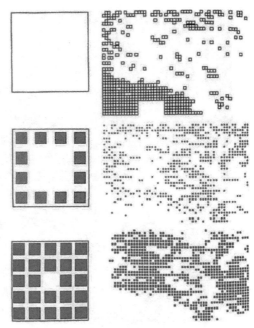

图4-49　静雅酒店可变界面构成（资料来源：《绿色建筑设计与技术》，第362页）

此外，界面与植被相结合，通过植物的季相变化使建筑与环境同步也是应变极端环境的方式之一。在大连体育中心网球场设计中，考虑到体育中心内场馆数量较多且界面生硬，缺乏观众的休闲、驻留空间，我们提出了"绿墙"的理念，试图将这个万人网球场融入自然环境而不是建筑序列。"绿墙"与外围护结构结合作为看台与外环境之间的过渡，为观众提供了一个缓冲而富有趣味的多意空间。设计中以玻璃和植草构筑"绿墙"，通过植草品种的选配结合玻璃的光电效果在不同的时段呈现不同色彩，表现四季变化。东西两侧共4000m²的绿色巨墙直接增加了体育中心的绿化面积，并表现出以下几项附加功效：首先，"绿墙"可以为建筑隔热保温，降低能耗，阻挡冬季冷风，一方面降低建筑外围护的热量损失，绿化相当于建筑的附加保温层，另一方面可以阻隔太阳

① 梅洪元，陈禹，杜甜甜，解潇伊. 从"全运"到"全民"——由第十二届全运会看体育建筑新发展 [J]. 建筑学报，2013，10：50-54.

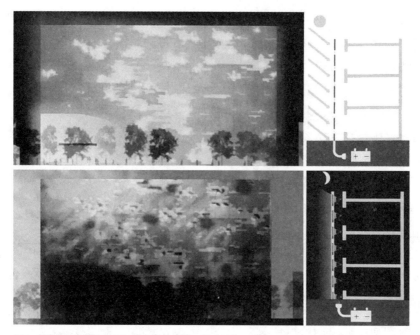

图4-50　昼夜能量转化原理与外观效果（资料来源：《绿色建筑设计与技术》，第363页）

图4-51　大连体育中心体育场可变界面构成与外观效果（资料来源：韦树祥拍摄）

辐射，从而使墙面温度降低2～7℃；第二，绿化覆盖后空气相对湿度可以提高10%～20%，在炎热的夏季有利于人们消除疲劳，营造健康、舒适的观赛环境；第三，绿化可以减小雨水流失和地表径流，降低城市排水负荷，作为外围护结构，其结构强度和气密性方面是设计重点，从而起到防风雨的作用；第四，改善绿化既可以过滤空气，减少温室气体的排放，还可以吸附灰尘并降低噪声，改善建筑周边的微环境；第五，植草设计可以防止传统金属结构盐分的电化腐蚀效应，利用这一点对结构细部构造进行处理可以延长结构寿命（图4-52）。

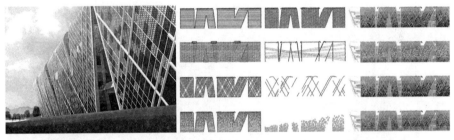

图4-52　大连体育中心网球场可变界面构成与外观效果（资料来源：作者参与项目）

### 4.4.3.3　柔性界面适应复杂环境

采用柔性材料和柔性结构可以创造出适应复杂环境的柔性界面。对于寒地建筑的意义在于可以相对自由地将纷乱的建筑功能覆盖而不受制于平面形态，与复杂的场地形态相接并保证气密性，同时能有效控制空间容积以降低采暖负荷。另外，柔性界面所依托的柔性结构更符合力学原理，可以创造出轻质、高强的界面性能，而柔性界面所限定的空间形态对外能适应流体特征的风环境，对内有利于气流自循环和温度均匀分布，因此适合功能构成复杂、结构跨度较大的公共建筑。

在复杂的自然环境下建设，同时又需保持或利用现有场地条件时可以选择柔性界面，并与柔性材料配合。尼古拉斯·格里姆肖设计的伊甸园自然生态博物馆位于英国康沃尔郡的一座废弃矿区，由4座穹顶状建筑连接附着在由深坑、丘陵、山坡构成的复杂地形之上，穹顶采用规则的六边形钢管网架结构，覆盖由六边形ETFE气枕单元构成的透明界面，气枕选用了3层膜材，具有优异的透光、保温、隔热性能。该设计的最伟大之处在于用人工界面围合出一个室内的自循环生态环境，通过温室效应、岩石蓄热、雨水收集、热压通风等一系列被动系统满足了来自世界各地不同气候条件下的数万种植物的不同需求①。这个生机盎然的有机建筑得益于其有机的界面属性，体现了对能源消耗和生态环境的循环理念。哈萨克斯坦首都阿斯塔纳的自然环境相对寒冷和贫瘠，福斯特建筑设计事务所为其设计了一座高达150m，占地14万m²的娱乐中心"沙特尔可汗"大帐篷，成为世界上最大的膜结构建筑。设计不仅在形式上唤起市民的蒙古包情节，更重要的是透光且保温的3层膜材有效阻御了哈萨克斯坦的冬季零下40°的极寒气候，在室内营造出四季的海滩、森林等生态环境，为市民提供了一个可以全年享受的休闲场所（图4-53）。

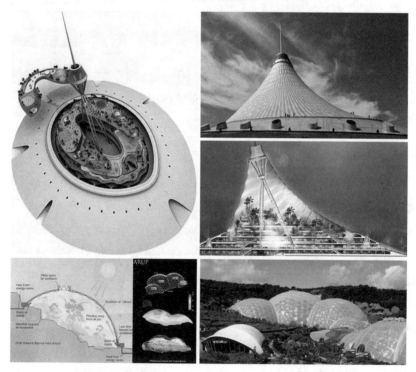

图4-53　大帐篷和伊甸园的柔性界面应变自然环境（资料来源：《建筑与都市：奥雅纳可持续建筑的挑战》，第66页）

---

① 阮海洪. 建筑与都市：奥雅纳可持续建筑的挑战［M］. 武汉：华中科技大学出版社，2011：18，32.

面对复杂的城市环境，柔性界面在脱离城市机械形象的同时能够比混凝土方盒子争取到更多的生态效益。2015年米兰世博会中国国家馆的设计中，寓意飘浮在"希望田野"上的云的独特屋顶创造了标志性的形象。屋顶灵感源于中国传统文化中的竹编，以两组交叠的柔性材料构成。结构形态经过参数化计算，根据室内不同的采光需求控制透光率，并结合米兰当地的日照特征，促进了建筑的采光、通风等环境自适应能力，不仅降低人工照明能耗，还可大幅节约材料成本（图4-54）。

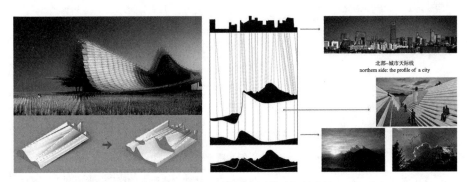

图4-54　米兰世博会中国馆的柔性界面应变城市环境（资料来源：http://www.archreport.com.cn）

## 4.5　本章小结

阿尔多·凡·艾克曾以"叶子—树、建筑—城市"的图示表达两个问题，一是叶子与树、建筑与城市各自的整体与局部关系，二是叶子与树的自然物与代表建筑与城市的人工物的相互关系。本章所介绍的阻御应变是可持续应变体系的正题阶段——即对寒地建筑原生环境的应变策略。遵循了从整体到局部，从人工物到自然物的过程，是对阻御概念两义性的深入探讨以及对阻御策略体系的严密架构。基于对原生环境典型问题的提炼，从以下三个方面进行具体的应变策略引介：

（1）寒地的冬季冷风形成与城市规划格局直接相关，对其应变应首先从规划角度入手，形成宏观规划层面的第一道阻御系统。

（2）寒地的冰雪侵害主要体现在建筑自身形态以及场地关系上，对其应变应从建筑的场域形态入手，形成中观形态层面的第二道阻御系统。

（3）寒地的极寒温度造就了寒地建筑的界面特征，对其应变应从界面性能角度入手，形成微观界面层面的第三道阻御系统。具体策略见表4-7。

寒地建筑阻御应变设计策略表　　　　　　　　　表4-7

| 应变形式 | 应变对象 | 应变主体 | 应变策略 |
|---|---|---|---|
| 阻御应变 | 冬季冷风 | 城市格局 | 1. 借助城市开放空间引流疏导，在水平维度上从城市的图底关系入手合理组织城市的公共空间系统 |
| | | | 2. 借助城市剖面设计控制冷风走向，在竖向维度上从立体关系入手推敲建筑天际线以及近地空间 |
| | | | 3. 借助城市中的自然屏障隔离、过滤冷风，在局部范围内分化、消解冷风效应 |
| | 冰雪侵袭 | 场域形态 | 4. 借助布局方式减少场地内雪的堆聚，形成方便建筑使用和积雪清理的场地组织 |
| | | | 5. 借助形态设计减少建筑上的落雪，形成利于积雪自排和防止结冻破坏的建筑形体 |
| | | | 6. 借助细部构造减少建筑局部的结冰，增加建筑的安全性和耐久性 |
| | 极寒温度 | 界面性能 | 7. 借助多种异质界面材料的组合，形成高效的界面性能与多元的界面功能阻隔外界低温侵袭 |
| | | | 8. 借助与环境同质界面的整合，寻求更大的界面体系的庇护与支持，扩充界面的热工容量 |
| | | | 9. 借助可变界面的自我调节，形成跟随环境的动态界面表现，主动防御或适应外界温度变化 |
| 特征及意义 | | | |
| 正题：由内向外的选择隔离 | 寒地原生环境 | 建筑外部形态 | 以阻御应变策略使建筑免受外部严酷环境侵害，首先回应了寒地建筑适寒的可持续诉求 |

第 **5** 章

寒地建筑调适应变

# 5.1　调适应变原理

## 5.1.1　内部性能的动态平衡

　　调适字面意为协调、适应，当其作为生物学名词时，则表达了一系列复杂的自我调节运作过程。从可持续角度可以将建筑内环境看作一个生态系统，通过对自身的调整和适应，完成对有利资源的汲取并消化利用。调适是动态、持续地应变次生环境的过程，是建筑可持续能力的重要体现（图5-1）。

　　调适应变是哲学三分法中的反题观点，与阻御原理相对，指面对有利环境时接受改变自身的可能，以可变性为关键因素实现建筑内部系统动态的平衡。其应用于建筑设计时的含义更接近生物进化理论中的适应过程。生物学家阿什比认为，动物所有适应环境的行为形式，只要发挥确保个体或物种继续生存的调节功能，都视为维持体内平衡的适应变化。动物在特定环境下能否生存取决于一系列基本变量，如血液中的氧气量，皮肤不同部位的热量水平，躯体的能量储备等。同理，建筑在极端环境下能够存在取决于对一系列基本变量的调适能力，如光、热、冷等，如果外界环境变化超出基本变量的调适能力，建筑则

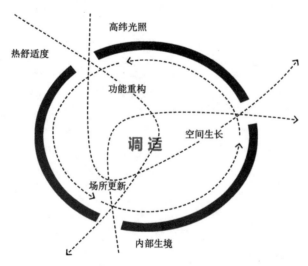

图5-1　调适应变原理示意

无法"生存"。在这个过程中，需要建筑同进化的生物体一样具有对自身的控制和调节能力，表现为面对环境的变量时的调适应变，即可变性。包含两种含义：第一种是短期的临时变化，如住在冰屋里的爱斯基摩人对屋内温度的反应，通过在屋上凿孔或用雪块封堵以控制屋内的理想温度，这种方式暂时改变了建筑形式以获得性能的改变；第二种是长期的结构性变化，通常是设计或改造一栋具有新的功能的建筑，预先将目标需求考虑在内，以爱斯基摩人为例，设计一座装有窗户的冰屋，可以实现永久的调适作用。

　　寒地建筑普遍空间形式、功能设定等硬件条件固定单一，且物理环境、景观绿化等软环境不佳，难以跟随不断提高的市民生活品质需求。改进设计思路，从人本角度进行针对性的应变，不仅满足当前使用需求，同时对建筑全生命周期的可持续使用也大有裨益。与此同时，寒地建筑次生环境的调适作用一直被忽略，人类试图通过机械和能源改造极端环境，在寒冷气候下追求对建筑内环境的绝对控制力，事实证明得不偿失。在机械设备带来的能源消耗和室内环境恶化的诟病之下，一度曾被冷落的利用自然因素的清洁应变策略重新被重视。调适应变立足于对自身的不断完善和改进，纠正因环境变化导致的"不适合现象"，并建立起新的稳定系统。原则上可以实现任何建筑内的自身平衡，且不以直接的物质消耗为代价。如果这一平衡仍不能满足使用需求，则可以继续修正寻求新的平衡或借助少量外来的设备辅助。调适应变的意义在于将建筑自身的价值最大化，是符合可持续思想的设计策略。

　　调适应变在不同的应变对象和作用部位下产生不同的策略体现，针对不同的建筑类型也会有不同的适用方式。总体而言，调适的主体是建筑的空间、功能以及场所，针对寒地建筑光环境、热环境以及生态环境等典型次生环境问题，将建筑的调适应变解析为三种基本行为，各自具有其行为特征，调适应变策略以这三种行为作为基础展开（图5-2）：

　　（1）吸纳：对于建筑物质层面的空间而言，需要获得有利的物质资源以维持其使用效果。吸纳体现在通过生长趋向资源、通过修正改进接收效果、同时可以移动以回避不利条件等方面，典型的应变对象为珍贵的寒地自然光照。

　　（2）重构：对于建筑功能而言，需要具有灵活的调整和组合能力，以适应由外到内的多元需求，并形成最好的适应效果。重构体现在功能之间的自由划分、功能需求的及时反馈、功能体系分散作用等方面，典型的应变对象为多变的室内热舒适度。

（3）更新：对于建筑场所而言，需要具有自我修复和完善的能力，以应对封闭与污染的建筑内环境，形成内部健康、长效的生态持续力。循环体现在排异有害物质、激活运转机能、促进生态循环等方面，典型的应变对象为多变的室内生态环境。

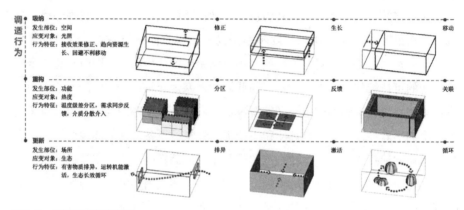

图5-2　调适应变行为解析

## 5.1.2　寒地次生环境问题与调适应变

寒地次生环境在本书中指由原生环境所引起且在人工干涉下形成的建筑室内环境。同样包含两个层面的特征：一是在寒地特殊的原生环境直接作用下表现出的室内环境特异性，如风环境、光环境、热环境等各项物理环境，与寒地原生环境特征相一致，且与其作用周期相同步；二是在寒地原生环境作用下的建筑和人工对室内环境形成的间接影响，表现为与人主观因素有关的人工环境和心理、生理环境，由于中间条件的不确定性造成室内环境随机的变化性。寒地次生环境所包含的复杂作用机制构成了寒地建筑的内涵，不可避免地全部作用于建筑的参与者，因此需要调适应变来汲取有利资源、转化不利因素，将固定的室内环境转向可变的动态平衡。

### 5.1.2.1　对次生环境特异性的调适

寒地次生环境的特异性主要体现在建筑室内的采光、采暖、制冷、景观等几项内容。

（1）采光：寒地地区由于纬度较高，夏季日照时间长而冬季日照时间短，且太阳高度角较低。如冬至前后，海口市的日照时间为10.9h，而哈尔滨市只有8.6h；夏季情况相反，哈尔滨日照长达15.7h，海口只有13.2h。除气候特征外，寒地建筑的室内光环境更多地受限于建筑的保温和节能需求，以冬季最恶劣的情况作为设计标准，开窗面积、开启扇数量、空间尺度等满足了人体的温度需求，随之带来室内环境的过度封闭，自然采光不足。

（2）采暖：表5-1表示了我国部分寒地城市的采暖天数，普遍采暖期为3～8个月，个别城市达10个月，为维持室内温度所需热量巨大。与此同时也形成了冬季较为稳定的室内温度，供热较好的城市区域基本都保持在规定的18℃以上，相比冬季南方地区的室内温度更高。

北方部分城市冬季采暖天数　　　　　　　表5-1

| 城市 | 漠河 | 哈尔滨 | 长春 | 呼和浩特 | 沈阳 | 北京 | 西安 |
|---|---|---|---|---|---|---|---|
| 采暖天数（天） | 219 | 176 | 170 | 166 | 152 | 125 | 100 |
| 城市 | 乌鲁木齐 | 银川 | 太原 | 天津 | 石家庄 | 济南 | 郑州 |
| 采暖天数（天） | 162 | 145 | 135 | 119 | 112 | 101 | 98 |

（3）制冷：寒地夏季温度普遍较南方低，严寒气候区可不考虑制冷需求，寒冷气候ⅡA和ⅡB区需考虑夏季防热。

（4）景观：受寒地气候和纬度影响，寒地建筑室内环境季节差异较大。自然景观在冬季不易打理，适宜种植的植物品种较少，导致室内生态环境单一。

对次生环境特异性的应变要求建筑首先具有一定的固定调节能力，以利于对自然光的吸收和对热量的保持。具体的应变行为上，提倡吸纳和重构相结合的方式，一方面优化自身形态以加强对有利因素最大限度地吸收，另一方面需积极重构内部空间格局，提升对建筑内有利因素的利用效率。

### 5.1.2.2　对次生环境变化性的调适

寒地次生环境的变化性主要由建筑的地域特征和人的行为需求间接影响所致，体现在室内的人工照明、热舒适度和空气质量三个典型问题上。

（1）人工照明：当代建筑对大进深和面积最大化的追求加剧了对人工照明的依赖，造成建筑之间以及建筑内部较大的光环境差距。在《建筑照明设计标准》GB 50034中规定了室内照明的关键指标，根据建筑不同的侧窗、天窗的天然采光形式，结合一般照明、分区照明、局部照明、混合照明的不同人工照明方式，会产生多变的室内光环境。此外，人工照明的副作用也是设计中需要平衡的一个关键变量。据美国数据统计，人工照明已占建筑用电量的30%，是室内$CO_2$的重要来源，且对人的工作效率和身体机能有直接影响。

（2）热舒适度：热舒适度在ISO 7730中定义为人对热环境感到满意和舒适的身体状态。从生理角度定义，热舒适是在无排汗调节情况下，人体和环境的热交换所达到的热量平衡状态。与热舒适度有关的环境条件包括空气温度、相对湿度、气流运动、热辐射及其他人为因素（图5-3），用热平衡方程表示为：

$$M-W-C-R-E-S=0 \qquad (5-1)$$

式中　$M$——人体能量代谢率，决定于人体活动量的大小（W/m²）；

　　　$W$——人体所做的机械功（W/m²）；

　　　$C$——人体外表面通过对流形式散发的热量（W/m²）；

　　　$R$——人体外表面通过辐射形式散发的热量（W/m²）；

　　　$E$——汗液蒸发和呼出水蒸气带走的热量（W/m²）；

　　　$S$——人体蓄热率（W/m²）[1]。

根据建筑系统标准，通常人们接受的舒适的室内环境是温度20～26℃，湿度30%～70%，气流速度0.25m/s。在寒地建筑中，特别是冬季室内普遍存在温度偏高、湿度下降、缺少通风的问题，因建筑个体差异呈现出不同的严重程度。

---

① （英）珍妮·洛弗尔. 建筑设计要点指南：建筑表皮设计要点指南［M］. 引进版. 李宛译. 南京：江苏科学技术出版社，2013：12.

（3）空气质量：根据美国环保署（EPA）的数据调查显示，现代社会的人们一天当中超过80%的时间都在各类室内环境中度过，另外接近10%的时间在交通工具中，室外时间不足10%。在冬季寒地城市这一现象更为明显，因为极端气候人们的室外活动急剧减少，在6个月的采暖期内建筑必须封闭隔绝来达到保温效果。在相对密闭的室内环境中，逐渐产生二氧化碳浓度增加、挥发性有机物质累积、细菌滋生以及悬浮颗粒物污染等空气质

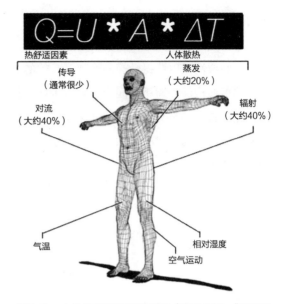

图5-3 人体热舒适的影响因素（资料来源：《建筑设计要点指南：建筑表皮设计要点指南（引进版）》，第18页）

量问题，室内空气污染具有累积性、长期性、低浓度和多样性的特征，在寒地城市呈现明显的季节变化（图5-4）。这一问题在专业上被称为病态建筑（Sick Building）和病态建筑综合症（Sick Building Syndrome），成为慢性侵害人体健

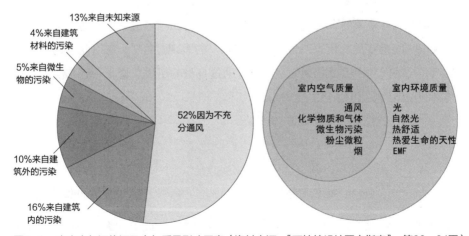

图5-4 室内空气污染源及空气质量影响因素（资料来源：《可持续设计要点指南》，第93、94页）

康的"隐形杀手"①。

对次生环境变化性的应变要求建筑具有一定的可变成分，能够暂时改变外形、空间或性质以获得性能的改变。具体的应变行为上提倡重构和更新，以建筑中的可变构件和通用空间为基础，带动建筑外部呈现、使用方式或空间性质的彻底改变，使之契合用户的使用需求。除了室内物理参数外，次生环境的变化需求与多变的用户心理状况有关，这部分的调适还需照顾到对人心理因素的调节，通过视觉、触觉、听觉等刺激营造变化的空间氛围。

## 5.2　调适高纬度光照的游牧型空间生长

人类文明的发展形成两种最基本的生存形式——定居型和游牧型，既是人类生活方式的反映，实则更是建筑空间的性质体现。如同空间概念在西方的诞生始于希腊原子论学者用以区别物质和虚空，定居型更侧重于空间的物质性而游牧型则蕴含了空间的时间性。北方寒地等气候严酷地区更加倾向于能够主观选择趋利避害的游牧型建筑传统，其对于阳光、草地、水源的追逐体现了空间在时间维度上的充分利用，并且在每一次的空间迁移后直接以修正过的结果出现，在追逐有利资源的过程中衍生出最优的空间格局和形式。如同矶崎新将空间设定为具有形象的事物一样，在其边运转、边回答、边修正、边变形的过程中认识时间维度的变化，产生"构筑生长"的表现过程②。在应变寒地高纬度自然光照的问题中，游牧型的空间设计通过自身的衍生、修正、迁移实现对自然光的调适应变（图5–5）。

---

① （美）杰恩·卡罗恩. 可持续的建筑保护［M］. 陈彦玉等译. 北京：电子工业出版社，2013：127.

② （日）日本建筑学会. 建筑论与大师思想［M］. 徐苏宁，冯瑶，吕飞译. 北京：中国建筑工业出版社，2012：94.

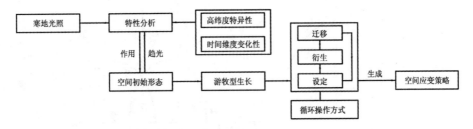

图5-5 调适高纬度光照的应变策略生成过程示意

## 5.2.1 光热平衡下的空间自调

在寒地条件下，较小的体形系数能将相同空间容量的建筑外表面积控制到最小，以减少建筑的能耗，体现了建筑适应极端环境的程度，但体形系数并不能表征建筑应变太阳光照的程度。太阳不仅为室内带来自然光，还有寒地建筑需要的光辐射热。建筑空间影响太阳辐射的获取能力、对冬季风环境、雪环境的适应能力，考量的不单是外界面的大小，而是既定的空间容量之下形状、进深、受光界面、采光口等参数的综合平衡。

### 5.2.1.1 方位与形状的设定

寒地的高纬度特征形成了特有的光照条件，冬季较低的太阳高度角在南向产生接近直射的光照，可以照入更深的建筑内部，辐射量也比地平面上要大，左右了建筑的采光和得热方式。研究表明，因为各朝向不同的日照条件，同样的多层建筑，东西向布局比南北向布局能耗要增加5.5%左右（图5-6）。以哈尔滨为例，冬季1月份各朝向墙面上接收的太阳辐射照度以南向最高，为3095W/（m² · 日），东西向为1193W/（m² · 日），北向为673W/（m² · 日）。此外，各朝向上获得的日照时间和辐射强度变化幅度很大，一般是上午低下午高，所以偏西的朝向比偏东获得的辐射量稍高一些。因此，寒冷地区空间方位应以选择南向、南偏西、南偏东为佳。表5-2为我国部分寒地城市最佳朝向建议。[①]

---

① 杨维菊，齐康. 绿色建筑设计与技术 [M]. 南京：东南大学出版社，2011：62.

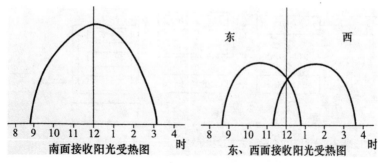

图5-6　建筑不同朝向受光曲线（资料来源：《绿色建筑设计与技术》，第62页）

部分寒地城市建筑朝向建议　　　　　　　　　　　表5-2

| 地区 | 最佳朝向 | 适宜朝向 | 不宜朝向 |
|---|---|---|---|
| 哈尔滨 | 南偏东15°～20° | 南至南偏东20°、南至南偏西15° | 西北、北 |
| 长春 | 南偏东30°、南偏西10° | 南偏东45°、南偏西45° | 北、东北、西北 |
| 沈阳 | 南、南偏东20° | 南偏东至东、南偏西至西 | 东北东至西北西 |

　　空间形状的应变是在满足建筑功能的前提下，通过对形体组成要素的适光优化，以实现两个基本目的：促进自身的光照接收以及减少阴影对周边的遮挡。

　　（1）空间对光照的接收在于冬季最大限度地获得光照和夏季尽量遮蔽热辐射。可以在设计初期借助天正、Ecotect等软件首先计算出场地不同时段的日照情况，以选择较优的空间布局方式。以北纬40°为例，冬季冬至日上午9点和下午3点太阳高度角为年变化最低值14°，方位角+/−42°；夏至日上午9点和下午3点太阳高度角为年变化最高值49°，方位角+/−80°。通过两组数据对比，可以根据需求增大接收冬至日光照的空间形状和采光面积，减小朝向夏至日光照的空间形状和采光面积。诺曼·福斯特的伦敦市政厅设计经过了一系列的模型计算与模拟后选取了对自然光最为优适的空间形态，建筑整体向南倾斜以最小化夏季午时的受光面积，立面由下到上逐层错位形成自遮阳效果，而冬季较低的光照可以穿过玻璃界面射入空间内部，改善室内的光环境和热环境（图5-7）。

　　（2）高纬度寒地较低的太阳高度角容易形成对周边环境的遮挡，对于我国以大寒日日照时间为计算标准的规范而言较为不利，影响土地的集约利用。开发建设单位为保证容积率，只能不断提高建筑高度和标准层面积，虽满足了

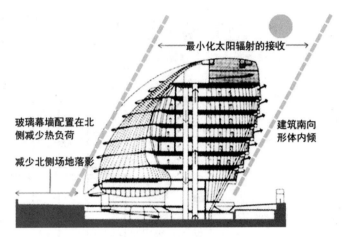

图5-7　伦敦市政厅空间设计对日照的适应（资料来源：自绘结合网络图片）

规范要求，但其空间比例的失调、密度的增加、对周边微气候的破坏等负面影响并未对光环境产生实质改善。因此应提倡调适空间形体以减少建筑对周边环境的光照遮挡。哈尔滨工业大学留学生及外国专家宿舍设计的最难之处即是北侧紧邻的住宅楼对卧室2h光照的严格要求，形成日照制约与面积需求的强烈矛盾。在前期方案推敲过程中，我们形成了纯板式、双塔式以及不对称塔式等多种思路，或达到了建筑面积却难以满足日照，或近似满足日照却失去了自身居住品质（图5-8）。最后，我们以日照为出发点寻找应变光照的建筑形态，结合日照特点北侧设置低体量，以住宅首层窗为基准点与北侧体量檐口引斜线确定南侧体量高度，并通过调整主体位置使主要落影避开北侧住宅及东侧建筑，形成板点结合、高地错落的建筑形体。对之前纯点式或板式思路的突破使方案得以顺应地形和日照，形成盘旋上升、高低起伏的外观形象，形成对以多层为主的校园空间的延续，以及对东侧城市快速路噪声的阻挡，同时化解了大体量建筑给城市及校园环境带来的遮蔽和压迫，又较好地保证了宿舍的采光效果和使用效率。BIG事务所的小丹麦概念方案同样面临不降低老城区环境品质的强制要求，为避免对周边建筑以及建筑自身的遮挡采用了一系列连续的三角锥空间，通过光照分析调整每一个空间的形状和彼此之间的关系，并将少量仅存的遮挡部位切掉，最终形成几乎无阴影效果的建筑群体，可谓是另一个借助计算机技术将形状适光做到极致的案例（图5-9）。

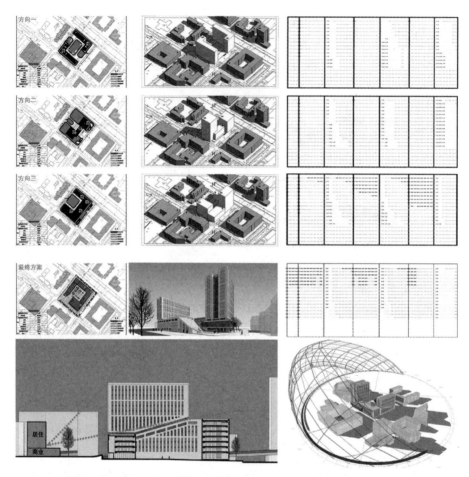

图5-8    哈尔滨工业大学留学生宿舍基于日照的空间推导

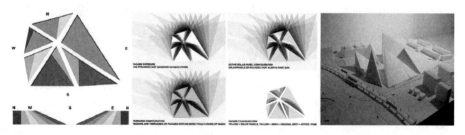

图5-9    BIG基于日照分析的形体生成（资料来源：http://www.big.dk）

### 5.2.1.2　尺度与进深的推演

在良好的受光基础之上，恰当的空间规模与进深关系到采光效能的发挥，反之，空间内的光环境需求也对空间的参数提出要求（图5-10）。对于依靠侧窗采光的空间而言，照度水平与距窗户的距离直接相关。一般情况下，当空间进深大于连续窗的上槛高的2.5倍时，空间内最亮处与最暗处的亮度比将超过5∶1，造成光线分布不均，影响人的视觉舒适。大于3倍时，在全阴天条件下空间内最暗处照度将降至室外照度的1%，影响正常工作的进行，需调整开窗形式或采取辅助人工照明（图5-11）。

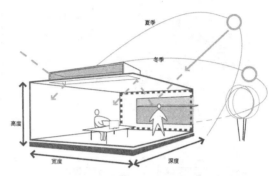

图5-10　室内照度的影响因素（资料来源：《建筑设计要点指南：建筑表皮设计要点指南（引进版）》，第86页）

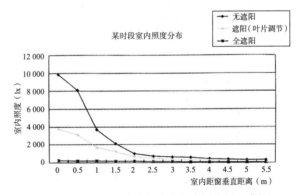

图5-11　标准窗形成的室内照度分布（资料来源：《绿色建筑设计与技术》，第69页）

以2m的标准窗上槛高为例，空间内进深小于5m的区域可以被自然光完全照亮，5~10m的区域能被部分照亮，进深大于10m的区域则完全不能利用自然光。图5-12为三种相同面积的不同空间形式：在正方形的情况下，进深10m之后约16%的区域完全没有采光；在长方形的情况下，适当的进深可以保证全部区域接收到自然采光，但中心局部区域采光不甚理想[1]；在正方形中间增加天井，形成内外同时采光的形式，可实现建筑100%的自然采光。由此解释了空间规模与进深并非直接的正比关系，不同形式的光照

---

[1]　张国强等. 可持续建筑技术［M］. 北京：中国建筑工业出版社，2009：231.

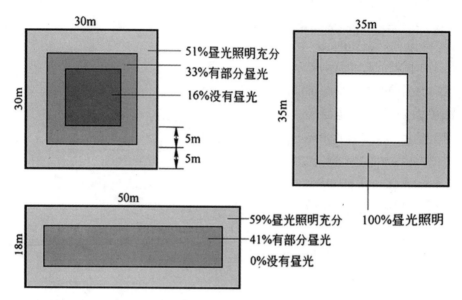

图5-12    相同面积不同空间形状的照度分布（资料来源：《可持续建筑技术》，第231页）

引入是对于空间尺度进行修正的主要方式。

　　高纬度的寒地冬季较低的太阳高度角容易对周边形成阴影遮挡，但对于建筑进深控制是一个有利因素，可以在更深的空间内获得光照。同时，通过调整空间布局以及采光方式，结合适当的采光口选型以及导光、透光等措施，可有效减少人工照明的能耗，实现健康、自然的光环境。在哈尔滨工业大学设计院办公科研楼的设计中，面对65m见方的办公楼内部采光问题，即通过对空间参数的精确控制完成了寒冷气候条件下的采光应变，体现了生态办公理念。首先，在建筑界面上设置了3m高的带形外窗，保证阳光可以照入更深的建筑内部；同时，将中庭的作用强化突出，围绕中庭布置开敞式办公空间，使办公空间的内侧也可直接接收到光照；进而将临近中庭一侧的墙体全部采用玻璃隔断，进一步加强了光线的流动，大量光线透过玻璃直射或漫反射至空间内部，使得办公条件得以改善（图5-13）。

　　寒地建筑因体形系数和能耗的制约关系，同时为追求建造的经济性逐渐呈现大进深和大型化趋势，给运营期间的能源成本带来压力。如图5-14所示，中国院创新科研示范中心的设计在考虑与周边建筑的邻里关系的情况下，放弃了

图5-13　哈尔滨工业大学建筑设计研究院办公科研楼的适光空间设计（资料来源：自绘结合韦树祥摄影）

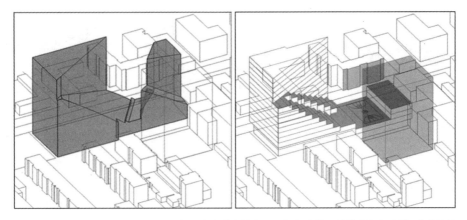

图5-14　创新科研示范中心的适光空间生成（资料来源：绿色建筑设计的思考与实践，《建筑技艺》，2014年第3期）

传统的矩形大进深体量，并在日照条件内争取最大的建筑面积。建筑形态分解为三角形和梯形的体块组合，并将东北部分设计成阶梯状，强化室内自然通风和采光效果，有效控制了过渡季的空调和照明成本。对比现方案相同规模的矩形体量，全年综合能耗可降低15%～20%（图5-15）。平面布置进一步发挥三角形的采光优势：交通、盥洗等辅助空间布置在西侧，为主要大楼阻挡西晒；采光较好的东向、南向空间布置大开间办公区；采光不佳但位置便利的平面中心布置影印间、接待室、会议室等功能用房[①]。

---

① 修龙，丁建华. 绿色建筑设计的思考与实践 [J]. 建筑技艺，2014，3：16-21.

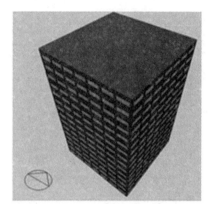

现方案DB模型　　　　　全年照明能耗比较　　　对比方案DB模型

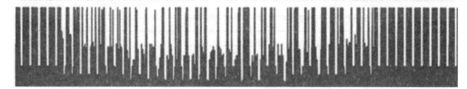

图5-15　前后方案照明能耗对比（资料来源：绿色建筑设计的思考与实践，《建筑技艺》，2014年第3期）

### 5.2.1.3　采光形式的革新

空间内的自然光照度除取决于空间的形状、进深、规模外，还与采光口的位置、形式、大小、透过率以及空间内部界面的反射率等因素直接相关。采光口作为建立内部空间与外环境联系的关键要素，直接决定了建筑空间光环境的差异化需求与品质化保证，是空间调适能力的重点体现。在寒地建筑的空间设计中，采光口表现出以下几种应变光环境的形式趋向：

（1）剖面优化：由图5-16中，1、2分别改变窗上槛和窗台高度下室内照度的对比可知，降低窗台高度对室内照度影响不明显，而抬高窗上槛可有效提高室内照度，利于光照效能的发挥。因此，同样的开窗面积下如不考虑观景需求，增加开窗高度或选用高侧窗和天窗能改善室内光环境。在墙体较厚的寒地，较深的采光洞口对不同角度和方向的入射光照形成遮挡，由3可知，在保证开窗面积的情况下，调整窗洞壁面的斜度可以增加入射光量。这一策略被柯布西耶较早地应用在朗香教堂中，随后因其构造简单且适光效果突出，被众多

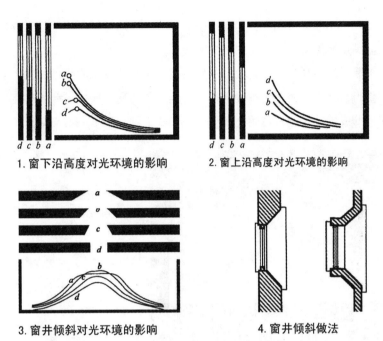

1. 窗下沿高度对光环境的影响　　　2. 窗上沿高度对光环境的影响

3. 窗井倾斜对光环境的影响　　　　4. 窗井倾斜做法

图5-16　不同窗洞剖面对室内光环境的影响（资料来源:《可持续建筑技术》，第195页）

建筑师应用在沙漠、极寒等极端日照条件下发挥其优势。

（2）角度转向：太阳的运动轨迹形成了自然光照在空间界面上不同的入射角度，空间需要平衡多种因素无法与之逐一匹配，但采光口可以脱离空间界面接收需要的光照角度，在同样的空间朝向营造出不同的开窗朝向。位于英国伦敦的洛浦梅克中心同时获得BREEAM和LEED-CS两大标准认证，其被动技术之一即斜式立面系统。通过调节各界面不同的锯齿状开窗，背对不利时段的光照方向以降低高峰时段的光热吸收，朝向不利时段的光照方向以增强适光性能，与平立面相比能耗降低了27%（图5-17）。

（3）调光控制：不同的空间使用方式产生不同的光环境需求，对多功能的大空间而言，大面积的采光口经常带来眩光、夏季室内过热等问题，需要通过一定的可调遮光措施来适应不用的时段需求和使用方式。日本的名古屋穹顶是当地重要的文化体育中心，在屋顶中央设置了5600m²的双层阳光板天窗，同时采用了世界首例滚筒式遮光装置。通过装置对室内光线的调节，白天进行各种比赛均无需人工照明，用于文艺演出等活动时，则通过控制遮阳板形成多样的图案从而满足所需的光环境（图5-18）。

（4）非线性组合：参数化设计的发展使得采光口发生非线性的大小缩放、变形、重组，其意义在于更精确地适应自然光照的周期变化与差异过渡，在不同空间内形成更加接近自然的光环境。在形式上则打破了侧窗与天窗的界限，

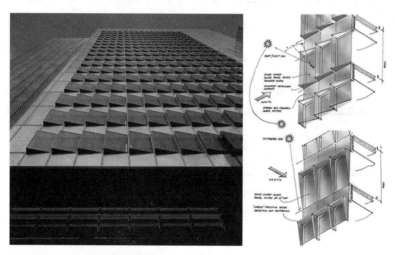

图5-17　洛浦梅克中心的斜立面设计
（资料来源：《建筑与都市：奥雅纳可持续建筑的挑战》，第87页）

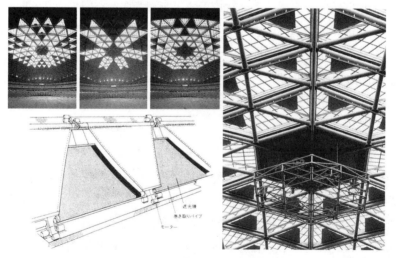

图5-18　名古屋穹顶的可调遮光系统
（资料来源：日本大跨度公共建筑的结构概念，《建筑创作》，2002年第7期）

形成完整的调节室内光环境的采光体系。具体表现为相同单元下的采光口大小渐变，如深圳T3航站楼、采光单元的渐变如北京凤凰卫视媒体中心以及采光口的密度变化如大连国际会议中心（图5-19）。

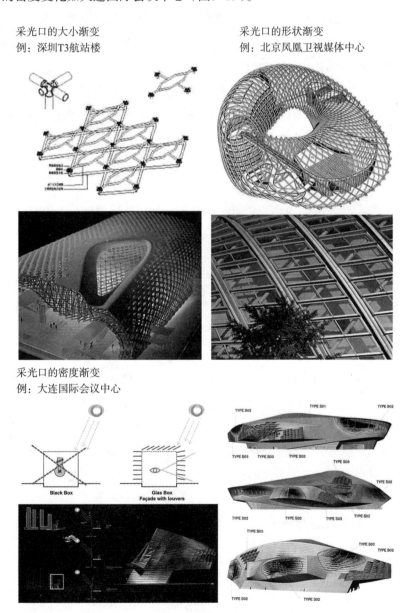

图5-19　采光口大小、形状、密度的非线性变化（资料来源：结合网络图片自绘）

## 5.2.2　光效主导下的空间拓展

寒地建筑空间的游牧特征表现为以采光为主旨的趋光生长。约翰·利莱在《可持续发展的更新设计》一书中将"建筑形式引导自然光流动"描述成形式与能量之间的动态性相互作用，可以阐述为自然光跟随空间形式而流动，空间形式跟随自然光而改变。在对自然光照的设计中，空间构成、空间比例、剖面形式等竖向维度因素对其具有较好的引导和利用作用，它们在同一空间之内以及不同空间之间塑造和促进了自然光照的分配，形成从顶部向底层渗透，从中间向两侧延伸的空间衍生方式。

### 5.2.2.1　以光量分配的空间构成

空间内自然光的光量由天空光成分（SC）、室外反射成分（ERC）和室内反射成分（IRC）组成，室外反射和室内反射合起来构成间接成分（IC）。当空间离外墙距离增加时，可视天空视角减少，因SC的减少使IC变得更为重要。SC与采光口尺寸、空间尺寸、界面透光率等因素有关，而IC则增加了空间位置、室内反射率、遮挡物等因素（图5-20）。光量的分配需考虑空间规模和性质，起居空间需要自然光得热、杀菌，需要较多的SC；办公空间特别是密度较高的开敞式办公应以IC为主，保证每个位置使用的均好性；人员流动性较大的大空间可适当偏重SC，增加生动、活跃的空间氛围；反之，体育馆、报告厅等静态使用方式的大空间应以IC为主，避免阳光直射观众。

除了采光的构成和形式外，《建筑采光设计标准》GB/T 50033中以Ⅲ类光气候区的普通玻璃单层铝窗为标准，规定了不同建筑类型下侧窗与天窗的窗地面积比，可用来确定空间所需的开窗面积，见表5-3。非Ⅲ类光气候区的窗地面积比应乘以光气候系数$K$。

根据生物学中的相似原理，空间面积与采光口面积并非等比相关，随着采光口面积增大，过于集中的光照会产生令人不适的局部眩光或过热，影响空间功能的使用，因此在空间较大的公共场所中常将所需光量分散为密集点光、间接光或漫射光。伊春书画中心整合了居住、创作、餐饮、会议、娱乐等多种不同采光需求的空间，在设计中妥善处理了每一种空间的尺度以及与之匹配

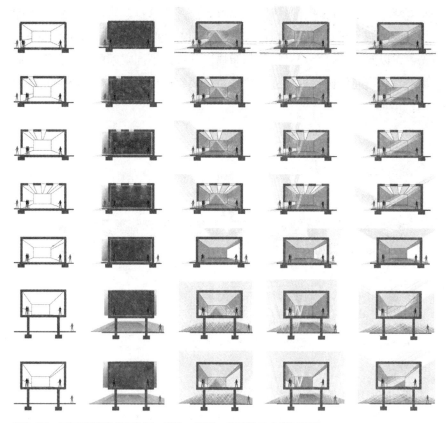

图5-20　不同开窗形式下全年、春秋、夏季、冬季的室内光量获得
（资料来源：《建筑设计要点指南：建筑表皮设计要点指南（引进版）》，第28页）

窗地面积比$A_c/A_d$　　　　　　　　　　表5-3

| 采光等级 | 侧面采光 | | 顶部采光 | | | | | |
| :---: | :---: | :---: | :---: | :---: | :---: | :---: | :---: | :---: |
| | 侧窗 | | 矩形天窗 | | 锯齿形天窗 | | 平天窗 | |
| | 民用建筑 | 工业建筑 | 民用建筑 | 工业建筑 | 民用建筑 | 工业建筑 | 民用建筑 | 工业建筑 |
| I | 1/2.5 | 1/2.5 | 1/3 | 1/3 | 1/4 | 1/4 | 1/6 | 1/6 |
| II | 1/3.5 | 1/3 | 1/4 | 1/3.5 | 1/6 | 1/5 | 1/8.5 | 1/8 |
| III | 1/5 | 1/4 | 1/6 | 1/4.5 | 1/8 | 1/7 | 1/11 | 1/10 |
| IV | 1/7 | 1/6 | 1/10 | 1/8 | 1/12 | 1/10 | 1/18 | 1/13 |
| V | 1/12 | 1/10 | 1/14 | 1/11 | 1/19 | 1/15 | 1/27 | 1/23 |

注：民用建筑：I ~ IV级为清洁房间，取$j = 0.5$；V级为一般污染房间，取$j = 0.3$。
　　工业建筑：I级为清洁房间，取$j = 0.5$；II和III级为清洁房间，取$j = 0.4$；IV级为一般污染房间，取$j = 0.4$；
　　　　　　　V级为一般污染房间，取$j = 0.3$。

的采光方式。首先，根据日照轨迹对建筑形体参数进行优化，控制建筑进深和院落尺度以调节建筑的采光性能；进而根据各空间的使用时段和方式确定所需光量，以此为依据合理安排平面布局，并考虑不同空间的相互关系；最后为每个功能空间精确设计适宜的采光口形式，形成趣味多样的空间光环境（图5-21）。

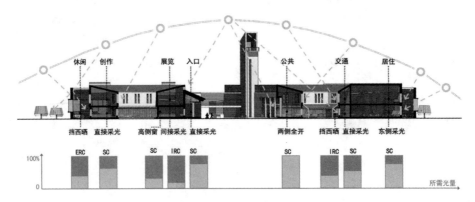

图5-21　伊春书画中心基于光量需求的空间布置和采光设计

空间的构成还需考虑不同方位的光量获得，水平展开的空间同样需要以光量的分配来组织。与竖向组织相比在空间位置关系和光量上更具灵活性，应善加利用。如前文介绍，我们在长春工程学院设计中采取了以多级规划形态阻御冬季冷风的应变策略，形成相对封闭的教学区院落形式，同时也导致了一定程度的采光劣势。如图5-22所示，我们在方案阶段借助Ecotect对院落尺度和形式进行反复推敲，着重对比了全围合与半围合的教学组团模式，并通过调节主体、连廊及大教室的高宽比优化建筑对内院空间的采光屏蔽效果，最终确定了大间距全围合结合小间距半围合的组合模式。进而应用清华日照软件对教学区的光环境进行精算，根据日照情况及使用需求进行建筑空间排布，南向、无遮挡的东向等采光最优的位置布置教室、办公室等主要使用功能，东西向、无遮挡的北向等采光一般的位置布置实验室、准备室、会议室等次要功能，转角位置布置交通核、卫生间等辅助功能，并在转角附近开设采光休息厅，改进狭长走廊的光环境和空间感受，获得多方面的综合效益。

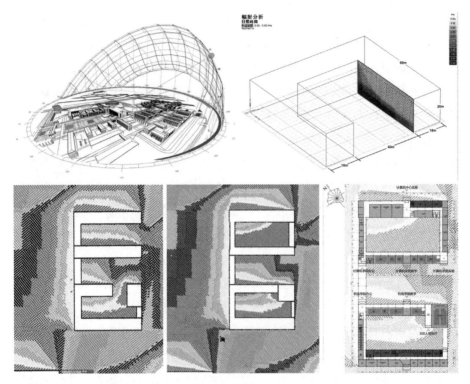

图5-22　长春工程学院教学组团与单体空间日照分析

### 5.2.2.2　剖面引导下的空间衍生

　　平面和剖面的塑造是三维空间关系的二维表现，涉及对光线时段、角度、需求量的选择以及对空间使用、观感的保障两个相互平衡的方面，以此确定最佳的空间光环境。前文已经介绍过单一空间的平面采光设计，而剖面则可以引导光照组织和串联各个空间。

　　（1）采光通道的引导：借助中庭空间、交通空间等天然通道进行适光的应变可以由内改善室内光环境，形成高品质的空间氛围，并能反作用于建筑，改造现有空间甚至衍生出新的空间。寒地建筑中庭空间规模相对集约，兼顾考虑能耗、通风等因素比例适宜瘦高，但在有限的条件下仍需对光照进行有效的引导。常用的中庭形式有矩形、斗形和锥形。矩形中庭较为常见，但中庭高宽比有别于南方建筑，过大会带来能耗、经济性等其他问题，过小则不能有效导光，因此宜选取2.5∶1~5∶1之间，如黑龙江省图书馆、哈尔滨工业大学建筑设计研究院科研楼等均具有较高的采光效率。斗形中庭侧重于两侧空间的采光，形成的退台利于吸收光照和辐射，对寒地光照特点和气候条件有利，但需平衡倾斜角度和中庭高度的关系，否则会导致顶部开口过大。锥形中庭有利于将光导入中庭底部，但两侧空间接收效率较低，当倾斜角度小于75°时由于自遮挡进入两侧的光照迅速减少，因此更适合通风需求大于采光的热带地区。此外，史蒂芬·霍尔尤其擅长运用变形的中庭空间或竖向的交通空间实现类似的导光效果。他在MIT学生宿舍设计中引入交错折转的采光通道并与公共空间相结合，多次反射形成柔和的自然光照，满足学生的交流和互动。在纽约大学哲学系馆的改造中引入了一部楼梯，从顶棚将自然光向下引入，楼梯采用白色增加反光，栏板采用镂空处理增加透光的同时形成丰富多变的光斑效果，整个楼梯如同一道光柱贯穿各层，临近楼梯的位置成为学生们喜欢的读书和休息场所。

（2）采光单元的嵌入：在建筑的立面或平面上设置大尺度洞口可以改善周边一定范围内的光照条件。诺曼·福斯特设计的法兰克福商业银行应用了类似的采光单元理念，将传统封闭的高层建筑拉伸，每八层之间嵌入一个三层高的采光单元，并与中庭空间相连通，为建筑内部渗透更多的自然光，并产生自然通风和景观等附加效益。在大石桥金牛山遗址博物馆的设计中，我们将水平嵌入的采光单元与"漂浮"空间的设想相结合，使自然光透过上层博览空间中心的玻璃盒子，照亮底层的公共开放空间，赋予其作为交通集散和游客休憩使用的积极意义。

（3）水平界限的消除：自然光照所到达之处方可产生舒适的空间。如果将空间的水平界面穿透，打破传统以"层"划分的空间格局，使空间同时也兼作纵向的通道将自然光继续向下引导，即可得到更多的可用空间。坂茂事务所设计建造的美国阿斯彭市艺术博物馆将这一思想作为设计的关键元素之一，在三层地面上设置了一系列"适合步行"的天窗，将顶部的自然光引导进二楼的主画廊，获得了双赢的使用反馈。张永和为西岸双年展设计的垂直玻璃宅对这一思想进行了更佳的诠释，在几乎无侧窗的平面之下，在竖向衍生出近16m高的4层明亮空间，作为一种实验和尝试，为目前已经出现但仍在摸索的导光策略提供了理论支持（图5-23）。

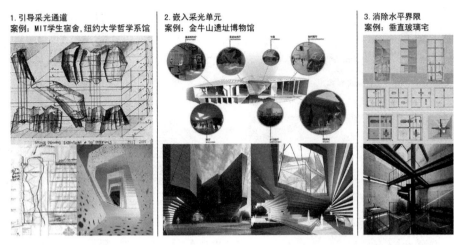

图5-23　采光引导下的空间纵向衍生（资料来源：自绘结合网络图片）

### 5.2.2.3　地下空间的采光补偿

对自然光照的引导与控制促进了空间向下发展，有力地支持了寒地地下空间的利用。目前，对地下空间的采光补偿设计主要有以下几种思路和方法：

（1）下沉天井：在地下室的窗外设置竖井来抵御严寒和风雪是东北地区常见的建筑处理方式，将这一空间扩大成为真正意义上的采光天井可以赋予更多的功能和意义。人在冬季封闭空间特别是地下空间内，心理需求导致不仅渴望温暖与光照，同时期望看到更多的天空，因此光照形式及其所营造的氛围才是决定地下空间光环境满意度的关键，而非采光面积。哈尔滨工业大学建筑设计研究院办公楼应用了这种带有强烈寒地属性的应变措施，在地下一层邻员工餐厅外侧设置了一个24m、和餐厅等宽的天井，顶部仅设置遮阳和防坠落的单向格栅，与室内连通以玻璃相隔，让这个800m$^2$的地下空间获得新生，在其中就餐可以看到阳光、雨雪洒落，宛如室外，却不会被外界天气所扰。以下沉天井作为核心空间可以产生和中庭同样的效果，向下为更多的空间提供光照，墨西哥建筑公司BNKR提出在墨西哥城的宪法广场兴建地下55层的"摩地大楼"，前10层是一个博物馆，往下10层用作商业区和住宅区，再往下作为写字楼。大楼围绕倒三角形的天井展开，天井周围为主要使用空间，通过巨大的玻璃"屋顶"让自然光从地面直达地底（图5-24）。

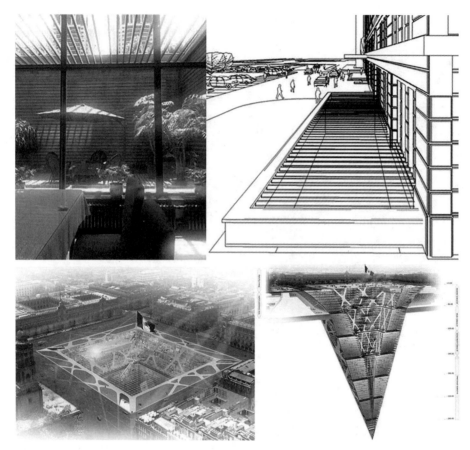

图5-24　下沉天井对地下采光的补偿（资料来源：自绘结合网络图片）

（2）改进天窗：天窗可以提供更宽范围的光照和更均匀分布的照度，而且相当于同样面积的侧窗3倍的光照量。对天窗构造结合寒地气候进行改进，采用倾斜或转折形式可以避免积雪和渗漏，同时增加反射或漫射措施可以减少直射光并扩大光照范围。例如，贝聿铭在卢佛尔宫扩建中采用的玻璃金字塔、意大利都灵圣VOLTO教堂的倾斜采光天窗等，都是应变寒地环境切实可行的措施。图5-25所示是位于美国纽约的Roy Lichtenstein住所及工作室，由一栋采光不佳的旧厂房改造而成，设计最大的亮点即在屋顶增加了两个凸出的曲线形混凝土天窗，在屋面中央形成两个平缓的褶皱，通过白色的内壁和

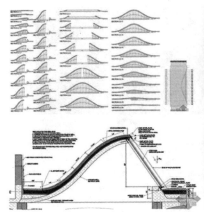

图5-25　改进天窗形式提升附加性能（资料来源：http://www.zhulong.com）

横梁将自然光线均匀地反射到建筑内部，加上其换气功效，形成新的室内环境控制设施。

（3）导光系统：该系统是一次性投入的被动措施，整个系统可以归纳为阳光采集、阳光传送和阳光照射三部分。集光部分主要由定日镜、聚光镜和反射镜三部分组成；根据传送部分的不同方式导光系统分为导光管导光和光纤导光；照射部分可采用漫射板、透光棱镜或特制投光材料等。光纤导光的核心是导光纤维，具有线径细、质量轻、可绕性好等优点，单个集光部分可以形成多个发光点，但现阶段的制造成本较高。美国曼哈顿东区正在筹划建设基于该技术的全球首个地下公园，因为导光系统应用的是天然光源，所以仍可满足植物的光合作用需求。导光管构造简单，成本较低，反射率可达90%～95%，实际照明效果较好，且不受地域和气候限制，目前广泛地应用于地下空间采光（图5-26）。

（4）反射系统：该系统的原理是采用反光镜组自动追踪太阳轨迹或采取固定形式反射一定时段内的光照用以补充地下空间的采光。诺曼·福斯特在德国柏林议会大厦的穹顶设计中利用360°多角度组合的镜面为底层的议会大厅导光，将固定的反射镜系统功能发挥到极致，在香港汇丰银行设计中则采用了更为简便的反射镜为办公区域提供漫射光（图5-27）。

图5-26　导光系统对地下空间的改善（资料来源：http://www.zhulong.com）

1 采光罩
2 防雨板
3 光导管及弯管
4 固定环
5 装饰环
6 漫射器
7 密封圈
8 电力辅助照明装置

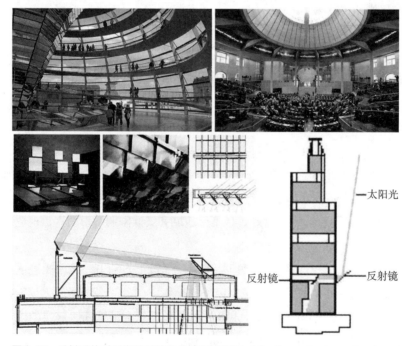

图5-27　反射系统对采光范围的延伸（资料来源：http://www.fosterandpartners.com）

## 5.2.3　光量波动下的空间迁移

寒地建筑空间的游牧特征还表现在对变化的光环境的趋利避害。地处高纬度的寒冷地区冬季白昼时间短，太阳辐射的不均导致日温差较大。汲取白天的阳光和抵御夜晚的严寒在固定不变的建筑形式上成为矛盾，单纯强调某一方面意味着对立面的失守，很难提高建筑的综合效益。寒地建筑与人的游牧需求的匹配过程促成了建筑类型的进化，形成了建筑空间的迁移能力。可移动、调节或拆卸的空间具有先天的优越性，可以通过自身的位移或形态变化应变光照充足或不足的情况，从一定程度上可以缓和两种相反情况下的矛盾。

### 5.2.3.1　移动空间趋利避害

可移动建筑最早作为特种建筑应用于高山、极地等极端环境，如避难所、应急屋、考察站等。20世纪60年代以来，奥地利的蓝天组、意大利的UFO、法国的乌托邦、日本的新陈代谢派、英国的建筑电讯等先锋建筑设计机构一直致力于对可移动空间的实验，设计出了一些如胶囊住宅、中银舱体大楼、穿行房子等具有时代意义的作品，但得以普及的较少。随着建筑技术的发展，可移动空间逐渐接近人们的日常生活，越来越多的项目付诸实际或正在进行，按其移动程度大体归为两类（图5-28）。

地理位置的移动有助于调适并适应光照以外的更多外界因素，包括风、温度、场地、景观等。挪威小镇翁达尔斯内斯在废旧铁轨上设计了40多个可沿轨道移动的小屋。每一个小屋对应一个功能空间，有卧室、浴室，甚至是音乐厅，可以按照需要组装出不同的适用方式。其最有魅力之处在于可以自主选择周围的环境，根据铁轨沿线的天气变化和周边风景来决定移动或是停留。加拿大的漂移住宅项目则将移动的区域设定在大海中，这种水陆两栖的移动式住宅可以沿海岸线不断更换适宜的环境，并且可在能量方面自给自足，从而缓解加拿大北部避难所和临时居所的经济和能源困境。住宅设计如同一个"方舟"将三个不同功能的标准矩形空间坐落在一个甲板之上，驻扎时三个空间直立并保持间距形成较好的采光和生活环境，行驶时三个空间倾斜搭接并在顶端固定，加强整体性和风雨抵御力。可调节面积的太阳板是整个设计的能量来源，采用

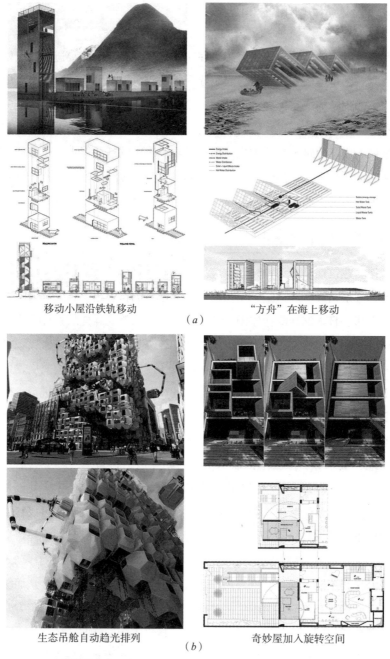

移动小屋沿铁轨移动　　　　　　　　　"方舟"在海上移动

(a)

生态吊舱自动趋光排列　　　　　　　奇妙屋加入旋转空间

(b)

**图5-28　空间的趋光移动**（资料来源：自绘结合网络图片）
(a)地理位置的移动；(b)相对位置的移动

了一系列基于太阳能的驱动、采暖、热水以及储能系统。该设计综合了传统和科技住宅的精华，只需迎向自然光便可保证系统正常运转，给未来的北极洲建筑提供了发展方向。

相对位置的移动比建筑的整体移动更具现实性，可对主要空间进行移动设计满足光照需求。美国波士顿的生态吊舱项目是一个可产生生物燃料的活动屋群建筑，预制的使用空间即吊舱模块可以随时间推移而调整和生长。大楼所需的燃料和能量均利用藻类生物自给自足来提供，包括负责移动吊舱的机械手臂的运行。机械臂不断重新排列吊舱位置，以优化其生长条件，确保最佳的藻类供能状况。吊舱不断通过重新排布制造出空隙，空出的空间可用于公共活动和景观公园。另一种类似的移动单元被伊朗的Nextoffice事务所应用在一座名为奇妙屋的居住建筑中，这座建筑迎合了伊朗住宅双客厅——一个夏天使用，一个冬天使用的习惯。在南向设置了三个可旋转90°的房间，让住户依照四季变化调节光线及增加空间。冬天房间可转向屋内，保持温暖，夏天则可转向屋外，让空气流通。这一设计满足了空间的趋光特性，同时对于日益增长的能源问题而言是具有实验意义的尝试。

目前，带有空间可移动特征的建筑主要应用在大型赛事、室外展场、救灾、出行等方向。伴随以数码电子、互联网商业为代表的大众消费模式转变，催生了人对于时间和空间效率需求的爆发式增长，产品化建筑和高端制造行业迎来发展机遇。可移动建筑因其经济性、灵活性和适应性，且便于整合最新技术成果，应用前景十分广泛。相关研究表明，未来5～10年，可移动建筑在世界范围内的行业应用增幅将达30%，而在中国将超过60%。

### 5.2.3.2　临时空间循环搭建

临时空间与移动空间类似，同样表现出在同一位置的非固定性，区别在于以空间的存在与否代替便捷移动。而一些临时空间因拆除之后便于运输，也产生了较好的移动性。临时空间的优点在于可以选择自然光照充裕等环境有利的时段或位置使用，例如寒地城市常见的冬季中午设在阳光下供人用餐品茶的座椅，下午太阳辐射减弱时收回，此外还有类似嘉年华等娱乐设施可以选择相对有利的时段搭建，只需抵御较短时期内的气候作用，快速满足该时期内的使用需求。因此，临时空间必须具有快速建设、便于拆卸的特点。

帐篷与毡包是最原始的游牧建筑形式，由其演变而来的张拉膜结构很好地转化了科技属性，成为现代临时空间的首选结构类型。哈尔滨太阳岛千人宴会场是在固定地点针对寒地气候的季节变化而建设的临时空间，采用开敞的张拉膜结构覆盖直径60m的圆盘，膜材能有效阻挡并漫射直射光线形成均匀的光环境。项目选取自然景观宜人的位置用于夏季露天宴会，充分利用了寒地气候条件的有利一面。编织避难所项目是源于游牧民族临时居所的设计，将线性纤维织物进行结构化的转变使其成为立体形状。这些耐用塑料加工而成的独立单元模块通过螺纹式的折叠控制各个单元帐篷的大小，以及外立面的开口程度，并能大大简化运输和建造过程，从而增进对不同环境的适应与融合，将人们的生活更加密切地与其所处的自然环境相联系（图5-29）。

另一种能够快速建造的空间形式是充气结构，同样具有简单的结构和界面，却能够创造出封闭的空间效果，使其比开敞的张拉膜结构具有更强的环境应变能力。充气结构利用室内气压来支撑并围合空间，分为低压和高压两种，无论哪一种通常都不需要任何压杆支撑，对于采光的控制通过界面膜材的透明度变化即可完成。安尼诗·卡普尔与日本建筑师矶崎新共同设计的Arch Nova移动音乐厅具有同样的出发点，为遭受地震和海啸地区的居民进行表演所用。建筑采用基于膜材的异形充气结构，用单一材质完美地解决了采光和结构问

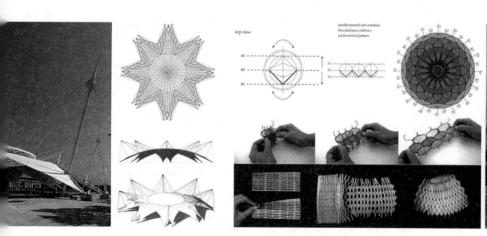

图5-29  索膜结构的临时空间（资料来源：结合网络图片自绘）
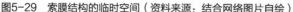

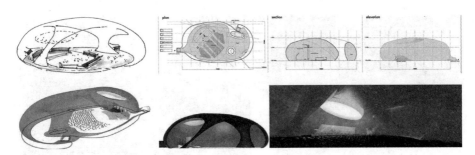

图5-30　充气结构的临时空间（资料来源：http://www.zhulong.com）

题，音乐厅可以容纳700个座席，并具备多种演出条件的转换（图5-30）。

### 5.2.3.3　弹性空间伸缩可控

以局部的空间变化应对环境中的变化因素，有助于控制变化的效率和成本，增加可行性和经济性。在固定的建筑形式之下增加一部分弹性空间可以通过收缩和扩展的自调节应变环境的季节或昼夜变化。

通过弹性空间应变季节性差异的经典作品之一是由鹿特丹24H事务所设计的奥维·格拉斯住宅。住宅中的起居空间下安装了滑轮系统，可以像抽屉一样拉出，扩大起居空间并展示出相对通透的界面，可捕捉更多的阳光、形成更好的通风并融入周围的山水之中。空间收回之后形成双层封闭界面，有助于冬季的保温御寒。

通过弹性空间应变昼夜性差异的案例是即将建成的纽约"文化棚"项目，这是一个可扩展的多功能文化场所，其出发点是为大量行人提供足够的临时场地。设计通过一个可遮阳避雨的巨大伸缩罩棚限定使用部分，为城市提供一个作为临时展览、演出和集会的弹性开放空间，不设固定性空间，也没有永久性展品。在没有活动时可以收回，使得人们可以根据罩棚的位置变化从远处即可获知是否有活动正在进行的信息（图5-31）。

需要指出的是，临时空间、移动空间、弹性空间等游牧特征空间的根本属性仍是建筑空间，因此仍以人的需求为目标。游牧型空间在摆脱建筑的固定性后极大地拓展了人类应对环境的视野：一方面整合了产品设计、机械设计、设备工程等更多行业优势，具有更强的应变能力；另一方面将应变对象分解为局

弹性空间的季节性应变　　　　　　弹性空间的昼夜性应变

图5-31　伸缩可控的弹性空间（资料来源：《可适性：回应变化的建筑》，第25页）

部时段局部地区的局部环境问题，更易于应对。游牧型空间虽然对于某些场所的某些时刻并不适用，但其在所处的场所和所建立的时刻必须是满足使用需求且能够应变当下环境的，况且在某些极端恶劣的寒地环境下建立永久性建筑未必适合，其移动、建造和变化的过程即是可持续思想的别样体现。

## 5.3　调适热舒适度的交互式功能重构

交互是人工制品、环境和系统的行为，旨在规划事物的行为方式，然后描述传达这种行为的最有效形式，因而是建筑自我调适的重要方面。交互关注的是目标用户和他们的期望，即人的心理和行为特点。如前文所述，热舒适度涉及空气温度、相对湿度、气流运动、热辐射及人体条件等一系列因素，纯粹的生理学舒适并不能代表实际舒适性，需考虑人体参数的动态变化（图5-32）。设备无法模拟大自然的复杂效果，如果将热舒适度的调控任务全部交给设备，必然造成人的舒适度下降。寒地建筑对于热舒适度的应变，应是基于人的需求和建筑功能的交互，不是被动接受，而是主动的自我调节，积极的相互适应。在应变寒地热舒适度的问题中，交互式的功能设计通过自身的级差化分区、同步化反馈、分散化关联实现对热舒适度的调适应变（图5-33）。

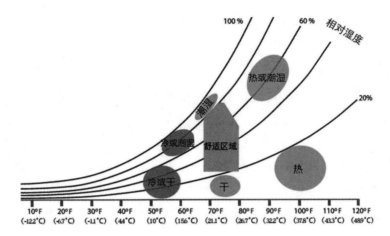

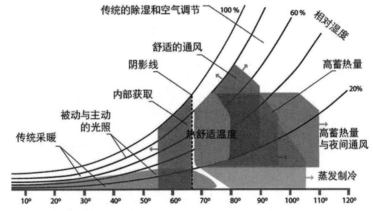

图5-32　热舒适的相关指标及实现策略
（资料来源：《建筑设计要点指南：建筑表皮设计要点指南（引进版）》，第19页）

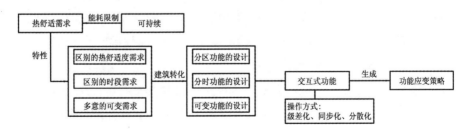

图5-33　调适热舒适度的应变策略生成过程示意

### 5.3.1    功能热舒适度的级差化区控

在实现热舒适度的前提下保证最大的节能效果是寒地建筑不变的议题之一，对功能的区块分解即是出于对热能的最优化调适与利用。越好的建筑设备带来越趋于恒定的温湿度，随之也增加越多的不满意率。美国汉诺丁大学与加州伯克利分校最新的联合研究成果表明，具有LEED认证的办公楼和非LEED认证的办公楼相比在员工舒适度、满意度、工作效率等方面没有明显优势。从节能的观点出发，热舒适度的设定更应考虑建筑功能和使用人群，形成主次分明、高低有别的分区控制，以最经济的代价实现每个功能所需的热环境，避免均质化供热的浪费。

#### 5.3.1.1    功能组织区块分解

对建筑功能组织按温度需求进行区块化分解，首先需要了解寒地环境下的建筑温度分布特点。图5-34表示以北京地区为背景建立一个20m×20m的平面模型，按东、西、南、北4个朝向分别从外到内距外墙2m、5m和8m分成3个小区，加上1个内区共形成13个区。温度选取北京冬季1月平均温度−5℃，平均太阳辐射强度为20.7kcal/cm$^2$，夏季7月平均温度25℃，平均太阳辐射强度42.9为kcal/cm$^2$。在采暖和空调均布情况下，形成的室内温度分布[①]。根据各区的日等温线分布图可知，各朝向不等的太阳辐射量是决定室内温度区别的主要因素。南向获得的辐射最多因而温度最高，西向较东向略高，北向最少，而太阳辐射热在冬季对建筑的作用更显著。另外，靠外墙的温度区变化幅度较大，靠内温度变化变缓，与前文介绍的自然光对建筑进深的影响范围相一致。如果将温度的差别折算成所需供热量，不同朝向的差别可达10倍以上。可见，寒地建筑的功能组织应考虑太阳辐射引起的室内不同朝向的温度差异，进行因地制宜的合理化功能分区，从而优化供热量的分配。

因此，温度分区从平面上考虑，可首先根据平面形式和建筑性质确定分区模式，一般包括围合式、半围合式和平行式（图5-35）。围合式即将平面分为

---

① 陈红兵，涂光备，李德英，王耀. 大空间建筑分区空调负荷的研究 [J]. 煤气与热力，2005，4：24-28.

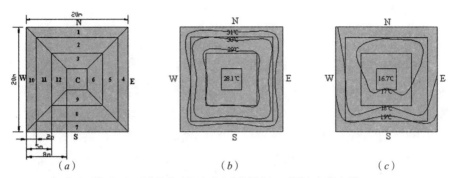

图5-34　标准平面模型不同季节的室内温度分布（资料来源：《煤气与热力》）
（a）平面分区；（b）夏季温度分布曲线；（c）冬季温度分布曲线

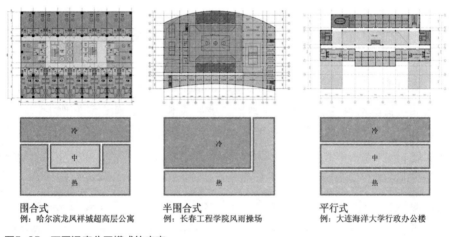

围合式
例：哈尔滨龙凤祥城超高层公寓

半围合式
例：长春工程学院风雨操场

平行式
例：大连海洋大学行政办公楼

图5-35　不同温度分区模式的应变

内外两区，多用于塔式住宅和办公建筑，中间作为交通通道或中庭，利用周边布置主要房间，但各朝向之间热舒适度差异较大；半围合式较为多变，常见于文化、体育、博览等功能构成复杂的公共建筑，在不利朝向布置交通核或对热舒适和采光要求较低的功能，保证有利朝向的热环境品质；平行式多用于旅馆、教学、医院等内廊式建筑，自然形成从受光朝向到背光朝向递减的温度分区，明确区分不同热度需求的功能类型。

### 5.3.1.2　温度分区级差排布

我国在《室内空气质量标准》GB/T 18883中规定，冬季采暖标准为
16～24℃。在《夏热冬冷地区居住建筑节能设计标准》JGJ 134中规定，冬季采
暖室内的卧室、起居室设计温度取16～18℃。世界卫生组织在"健康住宅"的
标准中对室温规定，全年室内气温保持在16～28℃。我国目前执行的寒地城市
地方供热法规规定的采暖室温标准分为两种，部分城市从原先的≥16℃提高到
≥18℃，标准高于国家法规，对我国寒地建筑冬季室内热舒适度的提升起到有
效的促进作用。各功能房间使用需求不同，因而所需的温度也各异。《公共建
筑节能设计标准》GB 50189规定了集中采暖系统下不同建筑类型各功能的计
算温度（表5-4）。

通过对上表中的不同温度标准结合使用性质进行归纳，可将建筑功能大致
分为五类（表5-5）：

平面布置应首先结合寒地建筑性质选取适用的温度分区模式，进而根据不
同的温度需求对具体功能进行细致的热度归类和排布。如图5-36所示，以居
住建筑为例，太阳辐射所占的热源比重较大，合理的功能组织应将Ⅱ类的卧室
和起居朝南布置，保持温度，厨房、餐厅可在东西向，卫生间和其他功能用房
可居中或朝北，对热环境要求最低的车库放在最北向。前文介绍过的位于美国
纽约的林中小屋在严寒环境下的功能布局体现了这一点，除了在西北向增加一
道挡风墙外，将串联各功能的交通空间紧邻挡风墙布置，起到较好的热缓冲作
用。以办公建筑为例，应保证Ⅱ类主要房间朝南，大空间办公朝南和东西都是
较好的选择，Ⅲ类的会议室、接待室等公共功能可朝北或朝向内庭院，Ⅳ类的
楼梯、卫生间应布置在北向、中心或转角等采光最不利位置。大进深的平面布
置应将内部的热环境和光环境作为首要因素考虑，采光井的引入可以带来局部
区域温度分布的重置，从而利于多种用房按性质主次由南向北、由外向内排
列。斯洛文尼亚某太阳能办公楼的设计通过采光井的设置保证了除交通及卫生
间外所有功能的良好采光，同时合理安排了主次办公功能的位置，依此给予适
宜的温度区域，体现了功能组织对热环境的调适作用。

集中采暖系统室内计算温度　　　　　表5-4

| 建筑类型及房间名称 | 室内温度（℃） | 建筑类型及房间名称 | 室内温度（℃） |
|---|---|---|---|
| 1　办公楼：<br>门厅、楼（电）梯<br>办公室<br>会议室、接待室、多功能厅<br>走道、洗手间、公共食堂<br>车库 | <br>16<br>20<br>18<br>16<br>5 | 6　体育：<br>比赛厅（不含体操）、练习厅<br>休息厅<br>运动员、教练员更衣、休息<br>游泳馆 | <br>16<br>8<br>20<br>26 |
| 2　餐饮：<br>餐厅、饮食、小吃、办公<br>洗碗间<br>制作间、洗手间、配餐<br>厨房、热加工间<br>干菜、饮料库 | <br>18<br>16<br>16<br>10<br>8 | 7　商业：<br>商业厅（百货、书籍）<br>鱼肉、蔬菜营业厅<br>副食（油、盐、杂货）、洗手间<br>办公<br>米面贮藏<br>百货仓库 | <br>18<br>14<br>16<br>20<br>5<br>10 |
| 3　影剧院：<br>门厅、走道<br>观众厅、放映室、洗手间<br>休息厅、吸烟室<br>化妆 | <br>14<br>16<br>18<br>20 | 8　旅馆：<br>大厅、接待<br>客房、办公室<br>餐厅、会议室<br>走道、楼（电）梯间<br>公共浴室<br>公共洗手间 | <br>16<br>20<br>18<br>16<br>25<br>16 |
| 4　交通：<br>民航候机厅、办公室<br>候车厅、售票厅<br>公共洗手间 | <br>20<br>16<br>16 | 9　图书馆：<br>大厅<br>洗手间<br>办公室、阅览<br>报告厅、会议室<br>特藏、胶卷、书库 | <br>16<br>16<br>20<br>18<br>14 |
| 5　银行：<br>营业大厅<br>走道、洗手间<br>办公室<br>楼（电）梯 | <br>18<br>16<br>20<br>14 | | |

不同功能光热需求的级差对比　　　　　表5-5

| 序号 | 类别 | 代表功能 | 温度需求 | 采光需求 |
|---|---|---|---|---|
| Ⅰ | 特殊功能 | 浴池、游泳池等 | 温度需求最高，25℃以上 | 对采光无要求 |
| Ⅱ | 主要功能 | 办公室、客房、卧室、阅览室等 | 温度需求18~20℃ | 对采光和朝向有较高要求 |
| Ⅲ | 公共功能 | 会议室、接待室、多功能厅、营业厅等 | 温度需求16~18℃ | 需采光但对朝向无要求 |
| Ⅳ | 辅助功能 | 楼梯间、走道、门厅、卫生间等 | 温度需求14~16℃ | 采光要求低，可局部采光或无采光 |
| Ⅴ | 储藏功能 | 车库、仓库、书库等 | 温度需求最低，均为14℃以下 | 对采光无要求 |

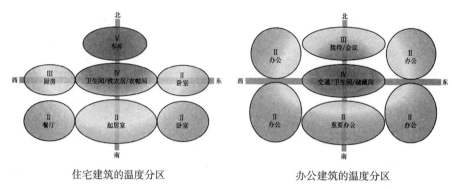

住宅建筑的温度分区　　　　　　　办公建筑的温度分区

**图5-36　不同类型建筑的功能温度排布**

### 5.3.1.3　区块搭接纵向延伸

　　功能热环境分区的纵向组织需要考虑两方面因素：

　　（1）功能属性：寒地建筑在纵向上呈现出明显的温度变化。人流量大的入口以及交通区域应减少与内部主要空间的直接串联，避免内部温度快速流失，造成区域内温度的不均衡。通透的玻璃幕墙以及架空层周边因散热量大而温度较低，需进行区域的分隔以控制温度。此外，构成复杂、人员流动频繁地使用区域热环境较难保持，宜放在低区。性质单一、形式规整的功能区域热环境较为稳定，宜放在高区，从下到上宜按功能的外向程度递减排布。AMLGM建筑事务所构想的纽约"城市合金"方案集合了交通、商业、办公、居住等功能，是一个典型的巨型城市综合体。面对拥挤的城市十字路口、高架铁路与公路交错的复杂环境，建筑只能朝向空间维度伸展，合理的功能组织尤为关键。设计考虑了便利性、私密性、舒适性以及热环境需求，从下到上依次安排服务、零售、办公、商业出租、高档住宅，形成各功能共生的完整生态系统，使底层区块享有便利交通与商业界面，使上层区块远离密集交通造成的冷风与噪声，融合了交通枢纽、商业中心、居住社区的不同需求（图5-37）。

　　（2）供热方式：高层建筑考虑运行成本、控制技术等因素往往将供热系统按高度分区。我国规范中并没有对每个分区的规模进行明确规定，因此除考虑设备能力和市政条件外，在居住建筑中常以7层或以居住区内的大多数住宅高度为界进行划分，形成两个或以上的供热分区，使高低区供热互不影响。对于

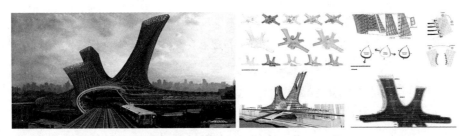

图5-37　"城市合金"应变热环境的纵向功能排布（资料来源：中国建筑报道网http://www.archreport.com.cn）

高层公共建筑，常以80～100m的高度为界进行分区，并结合建筑功能设定不同的热环境需求，便于每个分区内部选用适宜的供热方式和保温措施，提高供热的经济性和效率。

## 5.3.2　功能变换的实时化反馈

要实现热环境随功能变化、功能适应热环境这一同步反馈的交互过程，必须打破各功能的固有界限，并借助使用者——人来协调和联系两者关系。通过调适功能的空间属性和使用方式来适应热环境，利用结构和机械技术进一步拓展建筑的可能性，同时也增强了建筑功能适应未来变化的能力。功能因其兼容性、自调性和转换性的特征，在其间包含三种变换形式：其一，对变化反应出较强的包容力和限制力，表现为对静态热环境需求的兼容，即量变；其二，在弹性范围内维持各种变化的平衡和稳定，表现为面对稳态热环境需求的自调，即形变；其三，顺应变化需要而自身发生结构性改变，表现为面对动态热环境需求的转换，即质变。

### 5.3.2.1　静态热环境下的功能量变

大多数情况下建筑内的热环境是固定和静态的，如果一味地在建筑中兼有多种不同热环境需求的功能容易走向功能的分离主义。试想，如果所有的功能之间缺少搭接与共用，为每个功能设置不同的建筑空间和热舒适指标，将造成建筑容量的严重超载，与集约内聚的寒地应变原则相悖。寒地建筑对热环境敏感，在舒适度的目标之下应考虑近似需求的功能整合，维持适宜的热环境状态，即扩充静态热环境下的功能兼容能力，在有限的功能容量之下实现高效的热环境效率，从功能分离走向功能多义。这种量变式的兼容能力主要体现在时间量变和空间量变两方面。

　　时间量变是基于时间分配的设计思想，适用于空间紧张、密度较高的场所[①]。张智强自宅的设计通过陈设的简单变化，在一个长方形房间中兼容了24种功能，不仅可以满足24h内的多种使用需求切换，甚至包含了住户未来的使用模式，在无需调节热环境和改变空间的情况下提升了使用效率。法国巴黎Euro RSCG创意中心的改造旨在满足广告部、发行部、视觉识别部、内部联络部四个部门的使用并促进之间的相互合作，因而在建筑中心设置了一个多义的场所。围合界面以及内部陈设均采用了可变化的装置系统，兼顾会议、会客、展示、演示等多种功能，工作时间之外则作为员工的休息和交流场所，共计12种不同的配置方式（图5-38）。

　　空间量变是通过对类似功能的需求比对，向下兼容对空间规模和环境标准要求较低的功能，比较典型地体现在体育建筑的比赛厅、文化建筑的演出厅等多功能空间中。体育馆比赛厅的多功能原理在于空间容量对多种项目场地的兼

图5-38　Euro RSCG与张智强自宅功能量变（资料来源：http://www.edge.hk.com）

----

① （日）黑川纪章. 新共生思想［M］. 覃力等译. 北京：中国建筑工业出版社，2009：63.

容程度，在我国体育建筑发展史上先后出现过36m×56m、38m×63m等场地规格，均在当时的社会条件下产生了较好的使用效果，能够涵盖常规的比赛需求。21世纪以来，国际体操40m×70m的比赛需求再次推进场地尺寸，变成大型体育馆的标配。但在场馆设计时需注意恰当定位，警惕盲目兼容低频率项目，超越空间所能承载的量变。特别对于广大北方中小城市或社区级公共建筑而言，经济条件和使用需求相对较低，过大的规模直接导致设备运行成本的增加，热环境难以维持。在丹东市浪头体育中心的设计中，由于本市的赛事不足以支撑各场馆的稳定运营，进行了基于全民健身的全新运营策划。除兼顾主体休闲、商业演出等活动类型外，重点打造冰球、篮排球等面向社会开放的市民健身功能，以实现固定环境下最大程度的功能量变。体育馆可同时提供14块羽毛球场地、8块乒乓球场地、2块自由体操场地，比赛厅兼顾6242人音乐演出或大型会议、168块标准展位的展览场地，同时提供1024m²商业服务用房；全民健身馆可提供3块网球场地及24块乒乓球场地、1块标准冰球场地或3块篮球场地；游泳馆可满足650人游泳使用，同时利用泳池下部空间提供16块乒乓球场地、1260m²健身器械用房、1406m²商业服务用房。这些场地的设置，使三馆的面积利用率达62%，日平均接待人数达1400人以上（图5-39）。

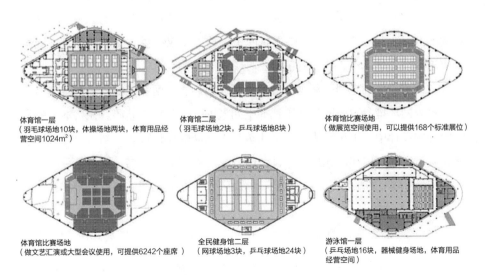

体育馆一层
（羽毛球场地10块，体操场地两块，体育用品经营空间1024m²）

体育馆二层
（羽毛球场地2块，乒乓球场地8块）

体育馆比赛场地
（做展览空间使用，可以提供168个标准展位）

体育馆比赛场地
（做文艺汇演或大型会议使用，可提供6242个座席）

全民健身馆二层
（网球场地3块，乒乓球场地24块）

游泳馆一层
（乒乓球场地16块，器械健身场地，体育用品经营空间）

图5-39　丹东市体育中心的功能量变

### 5.3.2.2　稳态热环境下的功能形变

　　内稳态（Homeostasis）是生物系统控制其自身体内环境在一定范围的相对稳定机制，通过控制局部组织变化或者器官运动自身产生热量、减少散热或利用热源，从而实现对热环境的适应。人在建筑当中参与功能时真正感到舒适的是微观动态的稳态热环境，因其更接近自然环境的特性，而不是市政供热系统或空调系统所提供的相对静态的热环境。传统的供热策略以温度为调节对象控制其波动，对湿度、气流速度等指标缺乏关注，冬季长期处于这种相对密闭的热环境中，缺少各种环境刺激，反而会造成人体的不适。最典型的例子就是人在冬天室外能够接受的舒适温度比在采暖房间中低，在自然通风的室内能接受的热舒适范围比在采暖房间中广。这种机制在应变中表现为对现状热环境的控制方法。在外界环境或内部供热条件变化时，通过构件变换或空间控制改变功能的形式或规模，从而维持热环境的稳定。这种基于功能形变的自我调节方式可以在一定程度内迎合人的热舒适需求，并获得直接的使用反馈，保证功能的顺利进行。

　　（1）可变换的部件：专用于特定功能的空间可以满足正常情况下的使用要求，但可变换部件的应用可以增强建筑的自调能力，适应更广泛的情况。库哈斯在波尔多住宅的设计中体现了其极致的复杂性和可控性思想，为行动不便的房主在室内营造一个全方位的舒适环境[①]。其中一项特别设计是运用了升降机控制的3m×3.5m的升降平台在3层房间中穿梭，不仅提供了交通的便利，同时也成为调节光热环境、趋利避害的工具（图5-40）。

　　（2）可操作的空间：利用活动的隔断、顶棚、地面等设施改变空间有助于调节室内的环境参数，同时利于把握空间氛围，提升功能品质。在松本表演艺术中心的设计中，伊东丰雄贯彻了建筑与人互动的设计理念。剧场顶棚可以升降，调节空间氛围和声光效果，舞台区自身有多种变换方式，舞台区后面还设置了一个可调节的座席区，可以延伸观赏范围并提供近距离的互动（图5-41）[②]。

---

① 赵劲松. 非标准功能：当代建筑非常规功能组织方式［M］. 南京：江苏科学技术出版社，2013：9.
② （英）罗伯特·克罗恩伯格. 可适性：回应变化的建筑［M］. 武汉：华中科技大学出版社，2013：154.

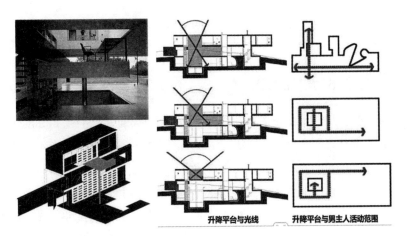

图5-40　波尔多住宅部件引导功能形变（资料来源：波尔多住宅，《世界建筑》2003年第2期）

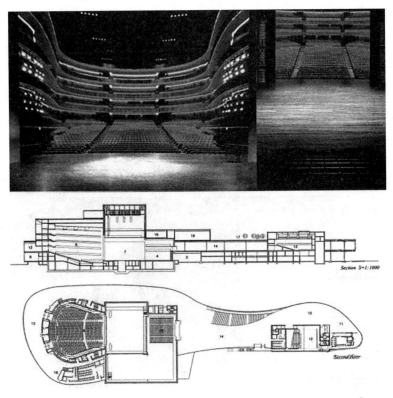

图5-41　松本中心空间引导功能形变（资料来源：http://www.zhulong.com）

这些可操作的设计激发了建筑功能的自调能力，推动了建筑的使用者对于室内环境品质的创造性尝试和追求。

### 5.3.2.3　动态热环境下的功能质变

保证功能使用需要稳态的热环境，以人体的热舒适度为首要目标的热环境却应该是一个动态的过程。人在不同的功能参与中对热舒适度会有不同的期望值，当今建筑技术的发展逐渐实现了对建筑更广层面的控制，不再局限于对建筑内的调节，而是借助更高层面的变化控制建筑与室外环境的交互关系。同时使功能也具有因环境而异的调适与转换能力，从保持静态的量变、维持稳态的形变走向适应动态的质的转换，与所需的热舒适度形成最佳的匹配方式，也可以反向操作，根据人的热舒适需求选择适用的功能。

（1）人工控制：寒地气候也有优质时段，不能将围护结构的保温和密闭性能作为主要控制指标仅考虑内部的热环境平衡，还可借助不同时段的不同热传递方向和热传导方式。如冬季正午时段的热量向室内传递、自然通风条件下的湿热双向传递等，都是保持室内动态、舒适的热环境所需要的。在这个过程中，功能也随着热环境的改变产生新的性质和适用方式。MAD在哈尔滨文化中心的小剧场设计中，舞台背景界面采用可开启的结构形式，借助景观的视觉引入活跃了室内的环境氛围，同时实景引入改变了传统纯人工环境下的演出模式（图5-42）。更重要的是，通过开合控制室内外的热传递，实现了人工控制下的功能互动操作。

（2）跟随自然：寒地周期变化鲜明的气候特征产生了较广的热环境范围，与其与自然相悖在室内营造稳定环境，不如以自然气候为基础，跟随热环境的季节性、昼夜性变化设置不同的功

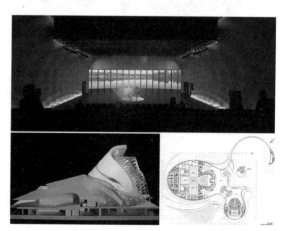

图5-42　人工控制下的功能质变（资料来源：http://www.i-mad.com）

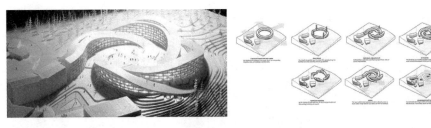

图5-43　跟随自然的功能质变（资料来源：http://www.big.dk）

能。在不增加热环境调控成本的前提下扩展功能自调能力，也是一个保证功能长效、多义的应变方式。如图5-43所示，BIG事务所设计的芬兰Koutalaki滑雪度假村将有机造型与自然景观完美结合，并使功能设定跟随温度季节波动同步变化，形成截然不同的建筑参与方式。四栋建筑起伏的屋顶曲线依据天然地势自然地延伸而出，自上而下连接至地面，创造了一个连续观景平台，夏季可带来独一无二的山顶感受，冬季则作为滑雪雪道使用。四个弧形建筑围绕出度假村的中心广场，有效屏蔽外部冷风，形成内部的舒适氛围，广场上的中央水景夏季作为喷泉，结合热烈的娱乐活动，冬季则可供游客溜冰戏雪，转变为寒冷气候下的使用体系。

### 5.3.3　功能缓冲的分散化关联

寒冷地区的民居出于保温需要，除了建筑功能的封闭外，还设置了"门斗"、"闷顶"等缓冲区，以分散的形式对建筑的薄弱部位进行防护，增加建筑的热舒适度。但缓冲区并不局限于传统意义上单独的空气间层，在具有良好应变能力后相当于生物气候缓冲层，除了防止极端气候条件对人体舒适度的不利影响外，还应具有促进建筑空间、外部环境、用户热舒适需求三者之间的能量和物质循环的意义，这就需要创造具有关联性和自调节能力的交互式热缓冲体系（图5-44）。在形成相关联的体系之后，可以使缓冲区内部连通，形成流动的热舒适环境，对缓冲区自身功能属性进行调适和激发，以此提升主体功能品质的应变能力。以下从寒地建筑的入口、外围、内部三个典型位置出发，进行缓冲区的关联策略介绍。

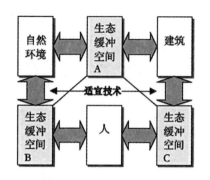

图5-44　分散化的缓冲与建筑、人、自然的关系示意（资料来源:《室内生态设计的原则及设计方法探析》，第27页）

### 5.3.3.1　入口缓冲区的过渡连通

入口有两个本质属性：一是联系内外的形象，二是具有空间的功能区域。寒地建筑入口因具有重要的热工作用，且往往占据相当的面积，这里取其第二种属性，包括门斗、门厅等空间。前文在阻御应变策略中已介绍过针对外部风雪环境的入口位置选择，接下来基于入口对建筑内部热舒适度的影响进行解析。

（1）入口的过渡形式：寒冷地区的入口直接控制建筑内外热量交换，需要采取防冷风渗透和保温措施，根据不同的气流控制方式可分为以下三种形式（图5-45）：

平入式：入口与建筑界面重合，不设置门斗，通过双层门或转门作为室内外的过渡。这种形式依赖于门的密闭和保温性能，在开启过程中容易散热，同时因室内外的热压差，容易使冷风加速灌入，在室内入口附近形成令人不悦的风环境。因此，该形式宜应用在人流量较小的入口。

凸出式：结合突出或游离出的雨篷设置门斗或门廊作为入口，在建筑外墙之外形成独立的热阻尼区。这种方式较为实用和常见，但需注意阻尼区两道门的相对位置设置，两道门直接相对会加速冷风对流，两道门开在不同的朝向可以加强缓冲效果，减少风速和渗透。

凹入式：将门斗嵌入建筑内部，保证入口区域外立面的平整，但会占据一定的室内空间，效果与凸出式类似。

（2）入口的连通形式：门斗、门厅等入口区域与建筑核心区域的连通形式不仅关系到入口区域的热缓冲效果，而且关系到建筑内部的热环境保持（图5-46）。

直接相连：入口直接通往建筑核心区域，建筑内部热环境容易受到室外冷气流的波及，不利于维持稳定的热环境。

间接相连：入口通过过厅或连廊到达建筑核心区域，可以有效降低室外的影响。

转折相连：入口设置在建筑一侧，通过转折的流线到达建筑核心区域，这种方式对于防止冷风渗透效果最佳。哈尔滨工业大学建筑设计研究院科研办公楼将入口设置在建筑左侧位置，通过门斗将人导向左侧，再右转通向中庭，有效避免了冷风的穿透。

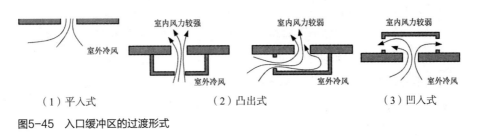

（1）平入式　　　　　　（2）凸出式　　　　　　（3）凹入式

图5-45　入口缓冲区的过渡形式

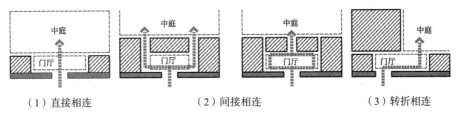

（1）直接相连　　　　　　（2）间接相连　　　　　　（3）转折相连

图5-46　入口缓冲区的连通形式

### 5.3.3.2　主体缓冲区的功能拓展

作为建筑外围护结构的缓冲区域可以减少热量散失，但对其定性却较为灰色，仅作为温度的缓冲和过渡，缺乏积极的功能意义，也限制了其调节能力的发挥。经过调适应变设计的热阻尼区域也可具有和主体功能一样的交互属性，调节热舒适度的同时承载过渡、防护、调控、交通等多义功能（图5-47）。

（1）向内拓展——开放公共功能：大型公共建筑兼有商业、交通或展览功能时，这些外部功能需要密集的对外联系且与主体功能联系较弱，因而可以将这些功能布置在扩大的缓冲区内并划归为公共空间，分别提供相应的热环境。例如北京侨福芳草地中心，在外界面和写字楼之间的缓冲空间设置商业和休闲功能，连同底层对外开放，为市民提供了亦内亦外的公共场所，同时又不干扰

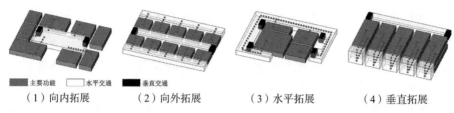

（1）向内拓展　　（2）向外拓展　　（3）水平拓展　　（4）垂直拓展

图5-47　缓冲区的四种功能拓展策略

主体部分的独立运行。

（2）向外拓展——延伸主体功能：介于主体功能和外界环境之间的缓冲区可以作为主体功能的延伸和辅助。寒地建筑受限于采暖形式和节能规定，开窗面积不宜过大，在宿舍等标准化的小开间建筑中制约明显，由此阳台具备了与南方不同的意义。南方通过阳台阻挡太阳辐射热，加速热对流；北方与之相反，借助阳台接收辐射热并防止热传递，形成与主体功能一体化的使用方式，同时可以增大外界面开窗面积，有助于解放外立面的造型制约。例如，长春工业大学北湖校区宿舍楼。

（3）水平拓展——重构交通功能：多数建筑中心式交通布局，将交通和服务功能设置在建筑内部以节省交通面积，但易造成主体功能的热舒适度降低，在主体功能之外增设缓冲层会增加面积和造价。文化、博览、体育等建筑类型对采光要求特殊，可采用周边式布置，交通和服务功能兼作缓冲功能，降低核心主体功能的热量散失。例如，妹岛和世设计的位于日本石川县的金泽21世纪美术馆。

（4）垂直拓展——兼顾生态功能：上下叠置形成贯通的缓冲区，原理类似双层呼吸式玻璃幕墙，可以在缓冲层之间利用热压效应形成空气对流。在寒地可对这一原理进行改进，将缓冲区域扩大，层间铺设穿孔的金属底板，变成可步入的"阳台"，并可摆放植物，缓冲区域依然保有上下贯通的通风效果，同时可为建筑增加休闲空间。例如，建科中心大楼。

### 5.3.3.3　公共缓冲区的循环整合

建立气候缓冲区的目的，是为了使建筑的微气候在不依靠机械设备调节的前提下仍可接近或满足人体的热舒适需求。中庭空间是最主要的公共缓冲区，以其为核心将各区域的缓冲区进行关联，创造真正意义上能量与物质的流

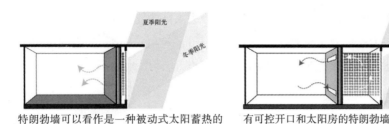

特朗勃墙可以看作是一种被动式太阳蓄热的
垂直变体

有可控开口和太阳房的特朗勃墙

**图5-48 传统特朗勃墙工作原理（资料来源：《可持续设计要点指南》，第49页）**

动空间，能够有效促进建筑内部热量的自循环，提高建筑内部热环境的舒适
度。热缓冲区的概念还可以延伸到整个立面甚至整个建筑，形成"建筑内的建
筑"。尽管双层表皮看起来似乎是浪费材料，但只要执行适当，可以成为高效
的表皮系统。简单来说，每个立面或局部都形成一个特朗勃墙原理的双层表皮
（图5-48），但却拥有比特朗勃墙显著得多的全局热量调配、全建筑高度的热
压通风效应、自由控制进入内层表皮的遮阳系统，并可凭借双层表皮改变寒地
建筑容易发生雨雪渗漏的情况。

（1）缓冲区的连通：连通有助于重新分配不同区域的热量。南部的阳光
温室与北部的门厅相连通，外立面的缓冲层与中庭相连通，在冬季无法与外
部过多能量交换的情况下实现高温区域补给低温区域，改善不利区域的热环
境。法兰克福商业银行在竖向上设置了一系列调节微气候的缓冲空间，通过
高耸的中庭相连，实现了这些区域之间的热量交换，使得公共区域的微气候
始终保持动态且均质。哈西发展大厦则在水平上连通了入口缓冲区和中庭缓
冲区，东侧的侧庭在冬季因温室效应温度舒适，而西侧入口朝向主导风向相
对寒冷，在平面位置上将两部分直接连通，使温度自行平衡和过渡，并且进
入门厅后直接看到开敞明亮的侧庭，对于寒地用户的心理舒适度也有一定程
度的提升（图5-49）。

（2）缓冲区的循环：与单向的连通相比循环具有回路式特征，作为进一步
的连通，可以加速各位置的缓冲区间的热量流动，创造均好的热环境。循环一
般需要融合式的建筑空间形式，如诺曼·福斯特设计的柏林自由大学哲学系图
书馆（图5-50）、保罗·安德鲁设计的中国国家大剧院、邵韦平设计的北京凤

凰中心等。这些设计的共同点在于将建筑划分为主体功能和缓冲区两大部分，所有的入口、中庭以及主体部分的缓冲区置于同一空间当中，没有明确的界限，因而具有优良的空间流动性和热量自循环能力。

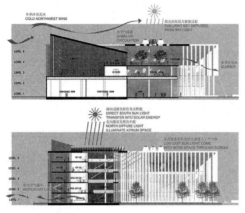 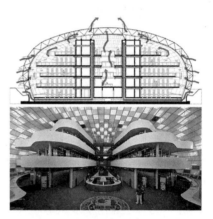

图5-49　哈西发展大厦缓冲区的连通
（资料来源：付本臣参与项目）

图5-50　自由大学图书馆缓冲区的循环
（资料来源：自绘结合网络图片）

## 5.4　调适内部生境的自组织场所更新

组织是系统的有序结构及该有序结构的组成关系。德国理论物理学家H.Haken提出以进化方式将组织分为自组织和他组织两类，不需要外力而保持结构动态稳定的适应行为即自组织。自组织概念涉及较广，本书仅择其对于寒地建筑场所的应变研究相关的释义进行简单援引。生境是生态学中环境的概念，也是生物的个体、种群的栖息地，在这里指建筑中供人使用和生活的生态环境。人类通过感官不断磨合、限定和感知自身的存在，因而具有敏锐而复杂的触觉、听觉、嗅觉和味觉，这些都是人用以收集建筑信息的主要途径，也是检验建筑内部生境的重要标准。在寒冷地区，冬季的极端气候入侵加上建筑自身的封闭紧缩给场所环境造成正反两方面的损害。寒地建筑对于生境的应变，应充分激发场所的自组织能力，结合自组织原理自发性与自控性、动态性、有序增长性的特性，对寒地建筑中典型的空气环境、自然环境、人工环境进行调试，从而提高用户的感官舒适度（图5-51）。

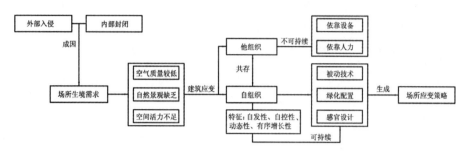

图5-51 调适内部生境的应变策略生成过程示意

## 5.4.1 碳浓度消减的换气组织

在过去，寒地建筑在保温与换气两大需求相较时往往取向对人体生理影响更为直接的保温，对于室内空气采取封闭型的通风方式，空气污染的唯一解决办法是稀释，新鲜空气只能通过门窗的短暂开启以及构造的缝隙渗透进入室内。当代的节能构造方法和建材性能减少了空气渗透，使得冬季室内温室气体、细菌、粉尘等空气污染物急剧增加，甚至带来安全隐患。冬季封闭式的采暖极易发生燃烧中毒，据哈尔滨市统计，每年冬季各大医院都会接到三四百例CO中毒患者，且死亡率高达40%。这种封闭型的通风方式必须改进，以应变满足换气量的同时不降低室内温度的通风需求。自组织自发性和自控性的特性使换气设计可以不受外部控制的干扰，由自身的功能组织自发完成，从而起到加强自然通风、减少机械设备的预期目标。

### 5.4.1.1 基于碳中和的减碳措施

人和设备产生的含碳气体如$CO_2$、CO、$CH_4$、$CFC_S$等不仅对室内空气造成污染，同时也是造成全球气候变暖的元凶，特别是$CO_2$，占所有温室气体排放的99%以上。据计算，发达国家人均每天直接和间接排放的$CO_2$体积达18$m^3$。

面对这一现象，以能源和环境领域见长的奥雅纳公司提出了碳中和的概念，力求碳排放与碳吸收在一定时段内保持总体平衡，因此需要采取相应措施对$CO_2$的排放予以针对性的防治和消减。我国《室内空气质量标准》GB/T 18883规定每人每小时不小于$30m^3$的新风量。并在各建筑类型相应的规范中规定了不同性质房间所需的每小时换气次数，如《夏热冬冷地区居住建筑节能设计标准》JGJ 134规定住宅为1.0次/h；《托儿所、幼儿园建筑设计规范》JGJ 39规定活动室为1.5次/h，卫生间为3次/h；《图书馆建筑设计规范》JGJ 38规定普通阅览室为1~2次/h，报告厅、会议室为2次/h；《医院洁净手术部建筑技术规范》GB 50333规定标准洁净手术室为30~36次/h，清洁走廊为8~10次/h。综合考虑换气次数和人均新风量两个因素，可以计算出房间送风量$V$（$m^3$/h）作为合理的送风量，以此确定送风口的总面积和布置形式。

$$合理送风量V=房间面积（m^2）×房间高度（m）×换气次数$$
$$或=最小新风量（m^3/人）×人数[①]$$

室内的$CO_2$等污染物一般呈非均匀扩散，在抛物线的前半部分增加较快，换气特性则表现为与污染相反的反抛物线，前期可以迅速实现碳浓度的降低。当初始碳浓度一定时，室内碳浓度随通风量的改变表现为图5-52所示的变化关系。由此可见，通风换气组织对于应变寒地建筑室内碳平衡的重要影响，具体包含以下几项主要应变措施：

第一，合理控制自然通风所占比例，寒地建筑冬季的健康性换气需以保温为前提，通常采用密闭可控的风道系统来控制通风，其导入的新鲜空气必须以进风口、通风量、通风路径来计算，以免过冷、过热以及过度的浪费。通过减少机械设备和空调系统的使用所节省的能源消耗，无论用于通风系统的动力或是作为照明、供暖使用，都有效减少了矿物能源加工以及设备运行所产生的碳排放。

第二，智能控制的通风组织。换气次数是一个笼统概念，空气龄则表达了具体位置的空气停留时间，即空气新鲜程度。空调系统的运行工况和送风方式影响到运营成本以及用户的生理感受，在通风设计中加入智能控制系统可恰当控制换气频率（图5-53）。英国德蒙福特大学机械工程大楼采用了根

---

① 　Autodesk的可持续设计课程［EB/OL］. http://www.autodesk.com.cn/.

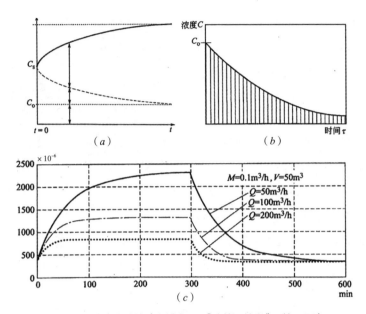

图5-52 室内碳浓度的特性（资料来源：《建筑环境学》，第30页）
（a）碳浓度随时间增加曲线；（b）碳浓度随时间衰减曲线；（c）不同换气量下碳浓度的变化关系

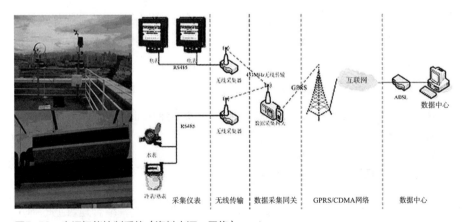

图5-53 空调智能控制系统（资料来源：网络）

据室内$CO_2$浓度来微量控制的风闸措施，在冬季自然通风不足时自动开启，维持最小的换气量。深圳建科大厦采用温湿度独立控制空调系统，通过对室内外空气参数的实时监测，当自然通风无法独立承担室内热湿负荷时自动启动，使空调系统的运行与自然通风密切结合，对于建筑内需求不同且面积较大的场所较为适用。

第三，高效的送风方式。能量利用系数η用以考察进出气流的温度利用情况，传统的上送风方式远离人体感知范围，因而排风温度接近或小于送风温度，且风口朝向人的头部易造成身体不适，效率较低而碳排放较

图5-54　地板送风与传统送风比较（资料来源：《可持续设计要点指南》，第96页）

多。下送上排的地板送风系统更具灵活性，加热或冷却的空气在架空的地板中输送，气流更接近所需要的区域，用户易于接触和控制，且因空气流动引起的不适感较小（图5-54）。

第四，植物的调节。从内部对空气质量进行的改善是通风换气的良好辅助，通过陆生、水生植物的光合作用吸收$CO_2$，并释放出人体所需的$O_2$。据计算，每平方米的绿叶每天可吸收约15.4g $CO_2$，并产生10.9g的$O_2$，而树木可将这个数值乘以10倍。同时，植物还具有吸附灰尘、有毒气体、增加室内观感等附加效益。寒地可选种苏铁、棕竹、散尾葵、橡皮树、巴西木、春羽、一叶兰、吊兰等四季常青、耐寒性强的植物，有利于冬季室内空气质量的提升。

总体而言，对于室内碳浓度的控制应遵循以被动的自然通风为主、主动技术与植物调节为辅的原则，建筑的自然通风主要有风压通风和热压通风两种基本形式。

### 5.4.1.2　基于风压通风的平面配置

风压通风是利用建筑的迎风面和背风面之间的压力差，结合建筑上的通风口设置实现空气的流通。因此，室内通风效率关系到风的来向、速度，通风口的大小、位置，以及建筑的形体、朝向。

通风口的设置是首要问题：①通风口的相对位置直接影响气流路线，单一墙面上开设通风口，进入室内的风速仅为室外风速的13%～17%，通过增设翼墙对风进行引导可以增至35%；相邻两面墙上开口可以进一步增加室内通风，风速

约为35%~65%；最有效的通风方式则是将进风口放在高压区，出风口放在低压区，在进风口面积较大且与风向垂直时达到最大通风效果。当通风口与风向夹角小于40°时，室内风速显著降低。②通风口的尺寸对进风量和进风速度有一定的影响，但开口大小并非与通风效率正比关联，当开口宽度占开间的1/3~2/3，且开口面积达房间面积的15%~25%时，通风效果最优。图5-55中所示，开口尺寸较大的Ⅰ流速减小，但比Ⅱ产生更大的流场范围，Ⅲ由于进风口大于出风口加大了排风速度，Ⅳ则与之相反。③通风口的形式影响微观气流分布，剖面上的遮阳板、平面上的翼墙、窗洞形式以及窗扇开启方式均会改变通风效果[1]。

建筑的平面配置是通风效果的最终载体。寒地建筑受制于气候，且建筑进深较大，故不能像南方建筑那样采用开放型的通风方式。一般而言，单边开窗通风的空间进深超过6m，两边开窗通风的空间超过12m，即不利于自然通风。在居住建筑中，超过12m进深会产生无开窗的卫浴空间，需辅助少量机械

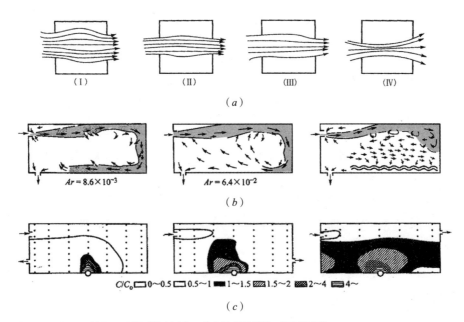

图5-55 通风口的平面设置（资料来源：《建筑环境学》，第312页）
(a) 通风口尺寸对气流的影响；(b) 通风温度和速度对气流的影响；(c) 回风口位置对碳浓度的影响

---

[1] 杨维菊，齐康. 绿色建筑设计与技术 [M]. 南京：东南大学出版社，2011：172.

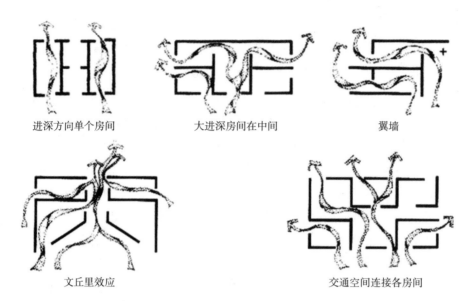

进深方向单个房间            大进深房间在中间            翼墙

文丘里效应                          交通空间连接各房间

**图5-56    适合风压通风的平面配置**
（资料来源：《太阳辐射·风·自然光：建筑设计策略》，第147页）

通风设备，由此推导出14m的无空调极限进深，即平面进深不超过楼层净高的
5倍，以保证较好的通风效果（图5-56）。早在芝加哥高层建筑时代就将办公
大楼的进深控制在14m，如1928年美国的最高建筑Milam办公大楼就采用了无
空调时代最优的C形平面，所有的房间均获得了直接的自然通风和采光。14m
进深作为自然通风的一条重要准则，衍生出一字形、L形以及带有中庭的口字
形平面配置方式。

此外，在寒地建筑的通风设计中还需注意以下细节问题：

（1）根据主导风向确定建筑物的形状和朝向以利于接收或回避不同季节的
气流；

（2）结合地形、景观和建筑周边环境组织气流，但避免使建筑过度地暴露
于强风中；

（3）避免邻近物体遮挡进风口和出风口；

（4）压力中和面附近的开口通风效果较弱，此处以通风为目的的开口应
减少；

（5）洞口间保持尽可能大的距离并选取恰当的位置关系以强化通风效果；

（6）避免所有开口偏于房间一侧，使大部分的空气流绕过主要区域；

（7）尽可能地使窗户开启更易操作。

### 5.4.1.3　基于热压通风的竖向组织

热压通风是利用不同温度产生的不同空气密度，较轻的热空气上升形成拉力，拉动底部空气流动，这个过程也称作烟囱效应。建筑内温度差的形成因素较多，如太阳辐射、人的活动、围护结构以及供热方式等，但最为直接的影响是建筑尺度，竖向高耸的空间能够显著加强热压通风效应，因此在大型建筑中应注重竖向的空间组织。同时，热压通风对室外风向无选择，可以借助室外风加强通风速率但不对其形成依赖。且这种通风方式可以通过在建筑的背面或庭院建立一个清洁的空气源，自主选择吸取更好质量的空气，更符合自组织的可持续应变思想。

基于热压通风的建筑竖向组织分为四种情况（图5-57）：

（1）高大的单一空间：可在高低位置分别设置通风口，形成热压通风。

（2）利用中庭空间：设置在建筑中心或一侧的通高中庭可以带动各层的空气流动，使热气和废气从天窗排出。

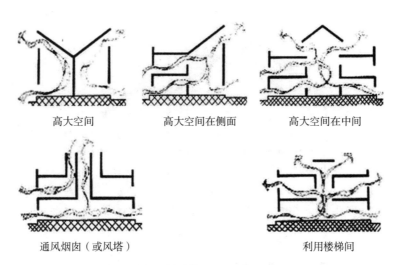

| 高大空间 | 高大空间在侧面 | 高大空间在中间 |

通风烟囱（或风塔）　　　　　　　　利用楼梯间

图5-57　适合热压通风的竖向组织
（资料来源：《太阳辐射·风·自然光：建筑设计策略》，第147页）

（3）利用竖井和楼梯间：建筑中均匀分布且比例狭长的竖井和楼梯间是天然的烟囱，可以对周边区域产生较好的通风效果。

（4）设置通风烟囱：通过高出屋面的烟囱可以减少建筑对风的阻挡，获得更多外部气流形成吹拔。

加强热压通风效应有两种思路：其一是增加上下进出风口的高差。排风口高度越高空气加速空间越大，烟囱高出屋面5m以上可产生较好的通风效果。结合出风口的开合和角度控制，可进一步调节排风率。经CFD模拟表明，出风口的开启角度会影响通风效果，开窗角度为60°时排风率为0.57，角度为90°时排风率提升至0.63。其二是增加上下区域的温度差。在天窗周边设置蓄热墙体增加对太阳辐射热的接收可提高附近的空气温度，从而增加气流上升的浮力，蓄热墙体的蓄热延迟作用还可为无风或夜间时段提供通风（图5-58）。还可以将温度较高的功能房间结合中庭布置在建筑上层，利用建筑自身的温度差通风，如大石桥金牛山遗址博物馆的空间构成为底层架空，主要展示空间在上，通过一个贯穿上部空间的玻璃通道与底部开放空间相连，利用上部展示空间的温度形成热

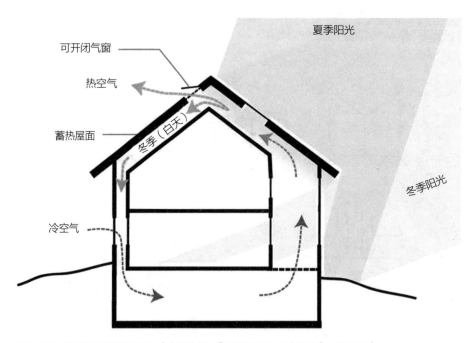

图5-58　热压通风的加强策略（资料来源：《可持续设计要点指南》，第51页）

压通风，既带动了底层的空气流动，同时在展厅内部形成较好的通风作用。

　　风压通风和热压通风两种基本形式在建筑中往往共同存在并发生作用，但经常不能形成相叠加的效果，表5-6列出了风压、热压及混合通风形式的优缺点，还需根据建筑的形状、尺度、功能以及周边环境等实际情况选择适宜的通风动力[①]。例如英国德蒙福特大学机械工程大楼的通风设计在不同的空间中几乎出现了所有的热压通风方式；中国院创新科研示范中心的设计形态构成复杂，出于对自然通风效率最大化的考虑，对建筑进行高低和功能分区，主楼办公区斜切的三角形平面增强了风压通风效果，裙房公共区借助逐级爬升的中庭采用热压通风方式，在建筑内部形成合理的压力设定（图5-59）。

自然通风的主要方式
表5-6

| 类型 | 原理 | 优势 | 劣势 |
|---|---|---|---|
| 风压通风 | 依靠风力与建筑围护结构之间的相互作用，结合开口驱动空气流通 | 随时可用，自然出现的驱动力无经济、能源的消耗及碳排放 | 风速、风向的周期变化和获取难度，室外空气质量的不确定性 |
| 热压通风 | 依靠室内外空气密度与温度的差异，温度较高的空气上浮产生驱动力 | 不依赖风力，气流比风压通风稳定，通过通风口控制通风过程 | 效果不及风力较强时的风压通风，依赖于温度差和纵向空间 |
| 混合通风 | 风压与热压共存的通风方式 | 便于结合具体的空间条件选用适宜的通风方式，形成互补相辅的作用 | — |

## 5.4.2　级配式景观的四季循环

　　自组织具有有序增长性，而级配式的生态注重植物物种之间的搭配，遵循生态多样性原理，形成四季之间室内景观的长效循环和稳定多变。在建筑中引入绿色植物是创造优质生态环境的有效手段。国际上对室内生态环境的研究和实践中提出了"绿视率"理论。该理论认为：绿色是一种柔和、舒适的色彩，给人以镇静、安宁、凉爽的感觉。绿色在人的视野中达到20%时，人的精神感

---

① 中国建筑文化中心. 世界绿色建筑——热环境解决方案［M］. 南京：江苏人民出版社，2012：71.

图5-59　中国院创新科研示范中心风压与热压通风的混合应用（资料来源：绿色建筑设计的思考与实践，《建筑技艺》，2014年第3期）

觉最为舒适，对人体健康有利。经调查，将绿色环境与非绿色环境进行对照，有绿色植物的区域可降温$1.3 \sim 8℃$，减尘$4\% \sim 28\%$，灭菌$2\% \sim 59\%$。此外，绿色植物还具有降低$CO_2$浓度、调节湿度等作用。如果植物能够在寒地建筑中长期存在，这些优势将对改善寒地建筑室内生态环境起到至关重要的作用。

### 5.4.2.1　寒地绿化特色配植

室内温湿度较室外相对稳定，理论上可以满足大多数原产于温带、亚热带植物的生长。但寒地建筑室内存在自然光照较弱，温度波动较大，冬季普遍湿度过低等不利于植物生长的因素，因此在植物选择中还需遵循以下几个要点：

（1）适应性强：由于光照限制，室内植物应以耐阴或半阴生为主，并能适应冬季室内普遍的低温和干燥环境。选择白兰、米兰等喜高温花卉时需注意室温的保持，一般冬季室温不宜低于$10℃$。

（2）生态性强：优选能调节温湿度、固碳释氧、吸附灰尘、吸收有害气体、降噪、杀菌能力强的植物，有助于调节室内空气质量，提高用户健康状况和工作效率。如芦荟、吊兰、杜鹃可以吸收甲醛，仙人掌科、兰科植物夜间能大量吸收$CO_2$，茉莉、柠檬能杀死原生菌。

（3）危害性弱：寒地建筑冬季室内空气流通性差，应避免选择对人体有害的植物。松柏的芳香令人食欲不振，兰花的香味会引起失眠，夜来香夜间排出的气体会加重高血压、心脏病的症状，很多花粉都易引起人体过敏或咳嗽。

（4）观赏性弱：室内景观美学需与建筑协调搭配，实现自然景观与人工构筑物的有机融合。在寒地建筑相对素雅的场所氛围中，绿化选择应质朴、简洁而不刻意，不必在植物配植上追求过多外观上的变化而喧宾夺主。区域式、点式绿化应以四季常绿植物为主，集中或重点区域可适当点缀带有色彩或开花的植物[①]。

### 5.4.2.2　长效景观集中布置

室内绿化景观的出发点是人的生理、心理以及潜在需求。在进行绿化布置前应分析场所的环境信息，如空间特征、建筑参数、装修状况及物理环境等，在具体配置中最重要的则是保持室内景观的长效活力，这就需要注重植物多样性的原则。植物多样性旨在营造物种、生态多样共存的环境。我们常以自己的偏颇审美与好恶禁忌选择一些或观感独特，或易于打理，或名贵稀有的植物，或种植大面积的单一植物，特别是面对病虫危害或异常气候时完全没有抵抗能力，造成集体死亡。不但难以实现四季丰富的观赏效果，更是对自然生态平衡的扼杀。出于对植物多样性的鼓励，我国台湾的绿色建筑评估系统中引入了植物歧异度的指标。

季相绿化配置是实现长效景观的方式之一。从植物的生长规律角度考虑，不同的植物有自身的凋敝期，应注重植物观感的季节平衡。春天以开花植物为主，搭配观叶植物；夏天以香花植物和冷色系花卉为主，搭配草本花卉；秋天以观果植物为主，搭配彩叶植物；冬天以观叶植物为主，搭配时令花卉。同时，四季常青、耐寒性强的观叶植物应占一定比例。

复层绿化配植是实现长效景观的另一方式，适合面积较大的集中绿化区域采用。具体做法是采用不同高度的乔木、灌木、花草、藤蔓等混种，可以任由植物形态自由生长，减少修剪和管理。其自身形成稳定的生态系统，具有较强的适应和调适能力，较高的密度有助于增强净化空气、调节温湿度等能力。还

---

① 杨维菊，齐康. 绿色建筑设计与技术［M］. 南京：东南大学出版社，2011：434–435.

图5-60  哈尔滨工业大学建筑设计研究院寒地实验室的长效景观应变（资料来源：自绘结合韦树祥摄影）

可根据场所需求以功能性为特征组合复层绿化配植，如有利于改善空气质量的竹+枫香组合，有利于固碳释氧的黄杨+山玉兰组合等。

在植物单调的寒地，最为长效的景观处理方式则是以无生命的水景、砂石、木材等元素为主，有生命的植物为辅的构筑方式，更能适应寒地鲜明的四季气候变化。这一点与日本枯山水"赋予无生命之物以生命，给不动之物以动之感"的精髓十分契合，同样是在有限的空间和寒冷的气候之下演进出的最适宜的景观形式。哈尔滨工业大学建筑设计研究院寒地实验室的室内景观针对寒地气候进行了设计上的应变：首先，入口区域内凹回避风雪的直接侵袭，在靠外醒目位置点缀两个花池植以少量绿化，起到遮挡入口的作用，而引导人流则采用铺满鹅卵石的静水面，冬季将水排掉不影响外观；进入主门厅内，同样延续了木材和水景两个具有持续生命力的元素，木材即使在寒冬仍可给人暖意，室内的水景则可保持四季循环不竭；内部场所在电梯厅过厅的主要部位设置了碎石或木块装饰的墙面，也成为景观的一部分（图5-60）。

### 5.4.2.3  人造景观点缀补充

寒地建筑的景观配植以构筑舒适的场所环境、满足人的需求为目标。本着生态节能和节约的观念，应适当调整景观构成模式，加入必要的人工成分，有助于控制景观的维护成本和保持长效活力，形成自然、经济与人工相结合的可持续景观体系。

寒地植物物种单一，如果选用南方树种维护较难且成本较高，可在室内布置部分固定的仿真植物，与自然植物搭配，形成丰富而长效的景观效果。采用新技术、新工艺的环保仿真材料具有阻燃、无味、防腐蚀、防水、防潮、易擦洗、不褪色、不变形等优点，除了缺少生态效益外同样可以提升人的心理舒适感。哈尔滨工业大学建筑设计院科研楼为保证室内光线充足的生态环境，索性将南向解放，中间部分设置一部楼梯，让阳光穿过楼梯洒满中庭。同时在楼梯和外墙之间预留了2m的缓冲空间，植以人造翠竹。阳光层层穿透竹子叠落飘洒，使这个简洁的楼梯空间随着光影产生灵动变化。小尺度露天庭院在寒地往往缺乏功能与环境支撑，成为藏污纳垢的消极空间，我们将1号楼与2号楼之间的小庭院运用防腐木饰面，设置白桦原木与竹子构成的小品，作为交流、休息与吸烟场所，使人在凋敝的冬季也能获得如入自然之境的趣味。此外，声、光、电技术的应用使得人造景观也比以往具有更真实的模拟能力，设计师可以运用各种具体或抽象的设计手段模拟大自然的景象、声音、光线甚至气味效果。例如，哈尔滨工业大学建筑设计研究院科研楼的门厅景观设计，利用向下延伸的两层通高空间设置了一个瀑布，以铺满绿色植被的墙面为背景，以醒目的红梅树作点缀，瀑布开启时水声宣泄、凉风阵阵，为室内增加了几分动态旋律（图5-61）。

## 5.4.3　封闭期场所的活力激发

寒地建筑在长达半年的周期性封闭环境中，表现为单调、阴冷、缺乏色彩和变化，丧失了场所应有的活力和精神内涵。研究表明，病态建筑综合症的出现，人的感觉起了很大的作用。美国的ASHRAE标准和英国的CIBSE指南都强调了室内人员的主观感受，因为可感受的因素才是决定场所品质的关键。自组织的动态性使场所具有随时间变化的能力，趋向更多具有动态特征的秩序，这种动态的呈现最适合通过视觉来捕捉，从而传达至用户心理，成为调适并获取

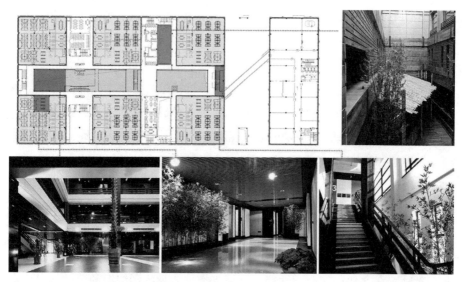

图5-61　哈尔滨工业大学建筑设计研究院科研楼的人造景观应变（资料来源：自绘结合韦树祥摄影）

心理舒适的重要途径（图5-62）。视觉较难量化评价，因其不仅依赖于场所的物理参数，更依赖于室内外的环境表观。目前，世界上有几种不同的视觉度量标准，总的来说，这些标准存在以下几方面的共同点（图5-63）：

（1）适当的亮度和照度分布，国际照明组织（CIE）规定了不同作业所需的照明标准，同时照度均匀度还要求工作面上最低照度与平均照度之比不小于0.7；

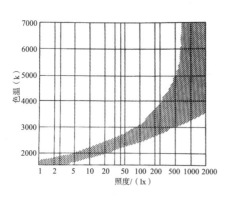

图5-62　照度水平与舒适光色温
（资料来源：《建筑环境学》，第30页）

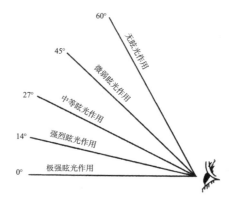

图5-63　发光体角度与眩光关系
（资料来源：《建筑环境学》，第33页）

（2）光源无眩光，避免视野内出现高亮度或过大的亮度比，对寒地建筑内环境而言，需要注意自然采光的均匀以及发光位置与用户视野的角度关系；

（3）正确和舒服的颜色，可以对用户产生物理—心理—生理的变化过程，不同性别、年龄、经历的人对色彩感受不同，但处在类似寒地建筑内环境中的人则会对色彩产生近似的认知和需求；

（4）较好的景观与开阔的视野，对于室内活动时间较长的寒地而言尤为重要。

以下针对寒地建筑场所的活力提升，从光影、色彩和景观三方面的观感解析其自组织调适策略。

### 5.4.3.1　动态游离的光影变换

路易斯·康曾说过："是光线创造了空间，光线就是一种状态。"光线随时间和太阳轨迹变化，形成的光影与空间交叠发生持续的变化效果，成为空间的显现和被感知方式。近年来的研究表明，评价建筑场所的品质，除了自然光的照度和色温等物理指标外，光在室内的利用及其产生的光影变化是长期处于室内的人们在生理和心理上感到舒适的关键因素之一，对场所营造、氛围渲染、情感表达均具有不可替代的作用。晴天光影锐利而饱满，勾勒出空间的形态；阴天光影微妙而含混，烘托出空间的氛围。寒地建筑更需要明亮欢快的场所环境，光影的辅助能使场所更具动感，使原先昏暗的场所显得丰富和生动。

（1）象形寓意：光影可以牵动场所的形象和状态，从而影响人的感官。在建筑界面上复制和模拟自然图形，借助光线产生投影或赋形，使人联想到在封闭室内无法实现的自然原貌。Lilija教堂的设计中将一棵树木的剪影印在大厅正后方的幕墙上，随着阳光的变化将丰富的光影投射进室内，为这个教堂赋予了生命。水田武设计的广濑齿科诊所则在外界面上以白色印花和蓝色灯光营造出蓝天白云的意境，影响人对气候的感知[①]。无论外界天气阴晴甚至昼夜变化，都能在室内给人以晴朗的观感，从而获得心理的愉悦。

---

① 林雅楠. 非标准空间体验：当代建筑非常规体验空间设计 [M]. 南京：江苏科学技术出版社，2013：21，43.

（2）非常规表现：随着数字技术的发展以及参数化设计的普及，出现了各种动态的、破碎的、不平衡的非常规审美，与传统的设计思路相冲突，表现之一就是借助光影寻求对常规的建筑空间格局的突破。复杂的光影可以将人的注意力吸引到建筑的各个角落，丰富视觉效果，从而提升场所的活力和趣味性。如赫尔佐格和德梅隆设计的马德里当代艺术博物馆，采用不同穿孔程度的锈蚀铁板作为外立面，光线经过韵律排列的孔洞形成抽象且具有冲击力的建筑表现。类似的还有让·努维尔设计的阿布扎比古典艺术展览馆，将自由的孔洞设置在直径180m的顶棚之上，在整个建筑之内投射下游动的光斑，形成梦幻般的场景氛围。

### 5.4.3.2　混合叠加的色彩搭配

应时代所带来的大众审美和材料技术的不断攀升，当今建筑逐渐开始注重色彩、质感、符号等设计素材的搭配组合，呈现出缤纷多彩的建筑形式以及风格迥异的场所氛围。这种带有装饰性质的场所包装在寒地建筑中并不单是一种市场化或流行化的现象，如果能与人的感官需求和场所的品质提升相联系，便能增加其存在的价值。如表5-7所示，色彩可以弥补寒地建筑及其环境内外均欠缺的质感与触感，改变其冬季一贯的灰白色调以及传达给用户的冰冷感受，积极的色彩搭配可以通过心理暗示带动人的行为，通过调适人的感官实现对场所品质的改善。

色感的共通性　　　　　　　　　　　　　表5-7

| 心理感受 | 左趋势 | 积极色 | | | | 中性色 | | 消极色 | | |
|---|---|---|---|---|---|---|---|---|---|---|
| 明暗感 | 明亮 | 白 | 黄 | 橙 | 绿、红 | 灰 | 灰 | 青 | 紫 | 黑 |
| 冷热感 | 温暖 | — | 橙 | 红 | 黄 | 灰 | 绿 | 青 | 紫 | 白 |
| 胀缩感 | 膨胀 | — | 红 | 橙 | 黄 | 灰 | 绿 | 青 | 紫 | — |
| 距离感 | 近 | — | 黄 | 橙 | 红 | — | 绿 | 青 | 紫 | — |
| 重量感 | 轻盈 | 白 | 黄 | 橙 | 红 | 灰 | 绿 | 青 | 紫 | 黑 |
| 兴奋感 | 兴奋 | 白 | 红 | 橙、红 | 黄、绿、红、紫 | 灰 | 绿 | 青、绿 | 紫、绿 | 黑 |

（1）从外到内——迎合氛围与心理感受：色彩具有对人心理的影响作用，可用于塑造所需的场所氛围。在伦敦陶理大街的排屋改造项目中，福斯特事务所既要处理好建筑功能和社会环境方面的结合，同时还需关注多用户的个性区分。由此，设计决定以色彩作为设计的关键点，体现现代建筑的活跃并照顾环境与用户的需求，但在立面设计进行中需要应对两个矛盾需求——从内部向外部看是什么样，从外部向内部看是什么样。对外，通过对该地区的环境和建筑进行色彩取样建立了自己的色彩系统，外立面的色彩搭配强调并增进了排屋外观、尺度和性格中热闹的成分。对内，事务所对室内场所彩色光线的效果进行了各种密度和分布的研究，用来契合不同用户在不同使用方式下的场所需求，并保证主要的棕色、红色的温暖感与蓝绿色玻璃相平衡。同时，不同透光率的彩色玻璃为室内提供了遮阳作用，将场所氛围与阳光获取诗意结合（图5-64）。

（2）从内到外——功能指代与性质暗示：色彩的另一个作用是标识性。同样位于寒冷气候区的柏林Carl Bolle小学，为了增加孩子的室内活动场所，将单调的长廊转换成集合了游戏场地、玩具装置、科学展示的自由场所，通过复杂的色彩和光线变化指代不同的功能，并通过色彩由红到绿再到蓝的暖冷变化排列功能序列的安静程度，从激烈的游戏空间过渡到肃静的博物馆（图5-65）。

（3）以内补外——时间跟随与环境补充：有别于外部环境色彩的人工色彩补充对于寒地建筑场所氛围的塑造具有积极意义，如果能够跟随寒地冬夏两季的强烈反差则可以在整个时间维度内实现场所的自组织调适应变。位于德国柏林的片状闪电咖啡馆没有在建筑实体上做文章，而将注意力放在人的心理上。建筑中引入可变色的灯光照明和彩色家具配件，跟随季节交替同步变化，并与

图5-64　陶理大街排屋改造中的外部色彩渗透
（资料来源：《建筑设计要点指南：建筑表皮设计要点指南（引进版）》，第105、131页）

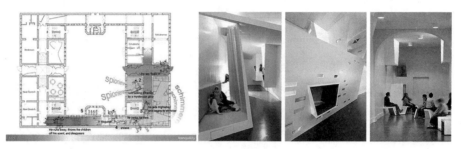

图5-65　Carl Bolle小学的色彩功能指代（资料来源：http://www.zhulong.com）

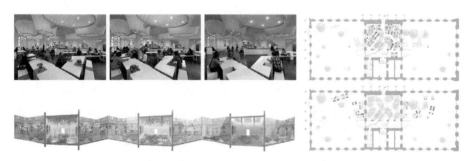

图5-66　片状闪电咖啡馆色彩追随时间和环境的变化（资料来源：http://www.gooood.hk）

室外庭院弹性调节。冬季红色灯光和家具给人温暖，夏季灯光变蓝使人感觉凉爽，红色的家具挪至庭院与绿色景观搭配。设计通过对人的视觉刺激，以最小的代价引导人产生适应外部环境的心理感受（图5-66）。

### 5.4.3.3　外部景观的借景延续

有学者认为，视觉是设计中最重要的感官，因为它是感知环境、判断距离、尺度、色彩的依据，是触觉和听觉等其他感官的先导。唯有视觉可以将有限的实体建筑场所与室外更大的生态系统关联，建立封闭场所与外部环境的相互关系。而用户在因温度、天气或其他原因无法亲身体验外部环境的情况下，通过视觉感官体验自然，获得心理上的满足和舒适。

（1）景框：当寒地建筑面对开窗受限或隐私需求不适宜大面积开窗时，可以将窗作为景框选取最好的外部景观角度和片段，将有限的景观效益放大实现对人的视觉刺激。位于奥地利的Rrog Queen办公楼是一个安全性和隐私性极高

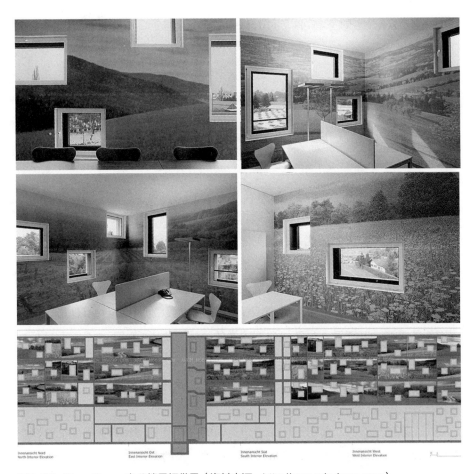

图5-67　Rrog Queen办公楼景框借景（资料来源：http://www.zhulong.com）

的立方体，与外观形成强烈反差的是建筑师在室内的外墙上覆盖了印有周边风
景的墙纸，将最美好的景观定格在建筑内部，外窗设计如同自由悬挂的画框，
窗外景观成为视觉中的运动部分，为办公场所带来亦内亦外的活力（图5-67）。

（2）视窗：通过局部大面积开窗的通视效果，可以形成将外部环境纳入
室内的视错觉，形成丰富的场所感受。位于纽约的帕森斯设计学院的改造中
基于这一考虑对底层界面进行了开放设计，通过开窗面积、玻璃角度、视觉
分析等一系列的调节形成室内与外部街道的交流和互动。哈尔滨的哈西发展
大厦设计同样考虑了对外部景观的吸纳，东侧弧形的幕墙将庭院景观三面围

合，冬季人在温暖的室内可以近距离观赏室外的雪景，身临其境却丝毫感受不到寒意。

## 5.5  本章小结

安德烈亚斯·鲁比说过："所有建筑概念中，性能是唯一评估建筑目标效能的因素，性能探索建筑与所在系统之间的反馈循环。其要求的不是一个形态的样貌，而是可以提供的能力；其关注的不是设计过程，而是可以在设计中产生什么。"本章所介绍的调适应变是可持续应变体系的反题阶段——即对寒地建筑次生环境由外到内的应变策略。调适强调建筑在变化的环境下动态地自我调节以及持续地关注用户主观感受，汲取有利资源以改进建筑自身性能，形成内部新的平衡。基于对次生环境典型问题的提炼，重点从以下三个方面进行具体的应变策略引介：

（1）寒地建筑空间的形成与寒地高纬度的光照特点直接相关，对其应变应首先从建筑的空间实体入手，形成调适应变的先决条件。

（2）寒地建筑的功能组织依赖于建筑内的热环境分布和舒适程度，对其应变应从建筑的功能组织入手，形成比空间更进一步的调适。

（3）寒地建筑的场所品质提升的关键在于内部生态环境，对其应变应从建筑的场所更新入手，形成精神与物质同步的调适。具体策略见表5-8。

寒地建筑调适应变设计策略　　　　　　　　　表5-8

| 应变形式 | 应变对象 | 应变主体 | 应变策略 |
|---|---|---|---|
| 调适应变 | 高纬光照 | 游牧型空间 | 1. 根据高纬光照的特性进行空间衍生，在宏观上争取最大量的自然光接收和最合理的自然光分配 |
| | | | 2. 根据高纬光照的效能进行空间修正，在细节上进一步提升空间对自然光的接收效果 |
| | | | 3. 根据高纬光照的波动进行空间迁移，在时间上回避光照不利时段，争取有利时段内的高效利用 |
| | 热舒适度 | 交互式功能 | 4. 根据功能所需的热舒适等级进行划分，形成具有相同或近似需求的功能分区，且呈级差化排布 |
| | | | 5. 根据功能需求的变化及时反馈，提升功能对热舒适度的兼容、可变和调控能力 |
| | | | 6. 根据功能位置分散化设置阻尼区，形成具有关联性的热阻尼体系 |
| | 内部生境 | 自组织场所 | 7. 通过多种方式的换气组织消减室内碳浓度，促进室内空气的循环流通 |
| | | | 8. 通过多种绿化级配打造四季循环的景观系统，形成贴近自然的生态环境 |
| | | | 9. 通过多种观感设计提升封闭期内的场所活力，改善人的心理与生理感受 |
| 特征及意义 | | | |
| 反题：内外循环的动态平衡 | 寒地次生环境 | 建筑内部性能 | 以调适应变策略改进建筑自身性能，汲取外界资源，形成新的动态平衡，进一步回应了寒地建筑适居的可持续诉求 |

第 **6** 章

寒地建筑协同应变

# 6.1　协同应变原理

## 6.1.1　建构系统的开放协作

协同本意指协调两个或者两个以上的资源或者个体，共同完成某一目标的过程或能力。1971年德国科学家哈肯将此发展成为一门新兴综合性学科——协同学，主张以系统的观点分解事物，形成许多子系统组成的、宏观的空间、时间或功能有序结构的开放系统。协同的作用是促进系统之间的协调合作，共同前进，协同的目标是使事物相互获益，整体加强，从而产生1+1>2的效果[①]。因此，在建筑的初始建造阶段建立协同关系，对于建筑的全生命周期具有持续效益。

哈肯认为应用协同论去建立一个协调的组织系统有助于实现工作目标，利用合作效应和组织现象可以解决一些系统的复杂性问题。开放系统是协同的前提和可行性保证，各子系统则是协同的构成要素。建筑可以划分为围护系统、结构系统、功能系统、设备系统、能源系统等多个系统，每个系统还可划分为若干子系统，如设备系统可分为热压通风、太阳能集热、雨水收集等被动系统以及空调、电气、给水、排水等主动系统。每个系统有各自明确的分工，但如果成为各自孤立的封闭系统，则无法形成资源的共享和调配，不利于环境和使用效益的最大化。因此，协同应变也反映了建筑内部各系统之间的开放能力与互助能力，这同时也是增强建筑可持续能力的前提。横向上的跨学科是协同的必要条件。建筑的建造阶段是多团队、多学科最为集中的综合，也是提升建筑品质最好的时机，如电气工程师与幕墙设计师在自然采光设计中的协同，计算机技术与材料供应商在外界面设计中的协同。良好的沟通易于引入新的技术和措施，在产生技术变化时，能够保持与其他系统的衔接与共享，促动相关系统的连锁反应，这样才能产生优质的可持续建筑。纵向上的设计手段是协同的基础条件。基础设计、被动技术、主动技术是建筑设计中应依此选用的三种设计

---

① 百度百科. 关于协同的释义［EB/OL］. https：//baike.baidu.com/item/协同.

手段，对建筑可持续性能的影响程度依次降低，但对建筑造价和能耗的影响却逐渐增加。在可持续的目标之下，需要进行宏观的协同设计加以控制，着重处理三种设计手段的比例分配以寻求恰当的平衡点，实现建筑优良的性价比。如 BIM 的应用即是具体的协同手段之一，将各种技术理念和各设计专业协同在一起，快速地协调或改进问题。

协同应变是哲学三分法中的合题观点，指面对环境变化时自身以及环境多方共同改变，在相互的改变中寻求新的平衡，并产生附加效益，实现建筑内部多个系统的整体加强（图 6-1）。基于这一思想，将原先孤立的建筑系统整合，形成系统之间的协同作用，以应变寒地的建造环境。协同应变在不同的应变对象和作用部位下有不同的适用方式，且在面对不同的系统组成时也会产生不同的策略体现。针对建造效率、建造品质和建造成本三个典型的寒地建筑建造环境问题，结合发生应变的系统的特征，将应变过程解析为三种基本行为，协同应变策略即以这三种行为作为基础展开（图 6-2）。

（1）集成：对于建造效率而言，较为有效的是通过辅助措施减少建造环节，从而提高建造速度。集成的优势在于集建造的多环节于一身，可提前或与建造过程同步进行。具体表现为构造形式表现化集成、构造内涵功能化集成、构造定制模块化集成。

（2）拓展：对于建造品质而言，最易实现的方式是选用无污染、高性能、易加工且可回收的建筑材料和构件，提高建筑的使用品质。拓展的目的在于提升现有材料的潜力，并不断扩充和寻找适用的新型或替代材料。具体表现为本土材料提升、新型材料引介、废弃材料再生。

（3）补给：对于建造成本而言，最显著的问题在于能源的高额消耗，如果能在建造阶段选用合理的能源构成方式，改进能源绩效，以运营成本平衡建造成本，即是对建造成本的协同。补给意在引入清洁和低效能源协同现有的能源供给，提供多元化的能源补充。具体表现为能源替代补充、能量储存强化、能源回收利用。

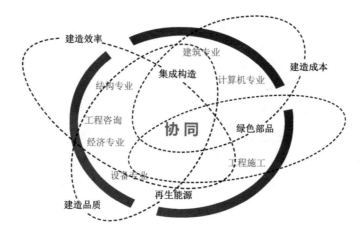

图6-1　协同应变原理示意

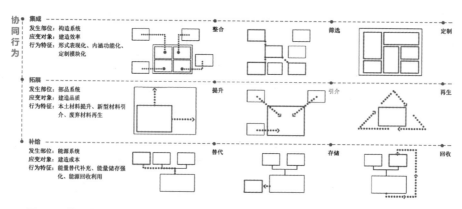

图6-2　协同应变行为解析

## 6.1.2　寒地建造环境问题与协同应变

　　寒地建造环境在本书中指寒地建筑在典型的寒地条件下形成的营建法则与水平。建筑依赖于实体的建造，特定条件下形成的建造环境是不可替代和逾越的，虽然只是建筑整个生命周期的第一个阶段，却影响和奠定着后续阶段的运行和使用效果，因此需通过应变设计寻求功能使用、能量交换以及运营代价等因素的动态平衡，以实现在全生命周期内的可持续能力（图6-3）。但由于较为不利的外界条件和落后的自身条件，针对寒地建筑建造环境的可持续研究投

入的人力、物力较少，现存
的不利因素无法得到改善，
先进的技术和理念难以推广
普及，制约着建设效率和建
筑品质的提升，成为推行寒
地建筑可持续发展的阻碍。
总体而言，寒地建筑的建造
环境表现为建造效率、建造
成本和建造品质三个主要问
题，究其原因，主要集中受
到自然、技术、经济三方面
条件的制衡和影响。

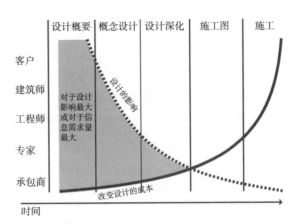

图6-3　建造各阶段对经济性的影响
（资料来源：《建筑设计要点指南：建筑表皮设计要点指南
（引进版）》，第51页）

### 6.1.2.1　对自然建造环境的协同

　　寒地的气候、地理等自然条件通过限制设计手段、制约建造时间和工艺、局限物资条件与建筑建造发生关联，对建设活动造成影响，主要表现有：①周期性出现的严寒气候限制了建筑形式的选择，建筑的集中化、大型化趋向为建造带来困难；轻钢结构、膜结构等快速施工的轻型结构因气候制约难以大规模应用；玻璃幕墙等不利于保温的构造形式被限制使用；水景设计因普遍降雨量偏少、冬季结冰期长而制约较多。②冬季漫长严寒，施工期被压缩至仅6～8个月，从而使整个工期延长；严酷的自然条件给施工工艺带来困难，冻土问题、冰雪问题、低温问题等因素对建筑产品的质量造成考验。③寒地自然资源分布不均形成与建造需求的矛盾，东北地区盛产木材，但木结构建筑在北方寒地应用较少；石材需求量较大，但建筑所用石材多产自南方；我国主要建筑钢材生产企业分布于东部地区，造成西北寒地物质资料输送的不便。应变自然条件的协同需通过寻求不受自然因素限制的其他系统，转变建造参与系统与自然的对抗关系，如不受气候限制的施工方案、便捷廉价的建筑材料等，改善建造环境中的自然条件制约。

### 6.1.2.2 对技术建造环境的协同

寒地的技术条件一方面受制于主观的观念，另一方面受制于客观的条件，对建设活动影响的主要表现有：①寒地居民固有的生活方式和习惯形成对建筑的固定认知以及对技术较低的接受度。同时，为了传统的建造方式得以延续，以及技术本身较高的成本和风险，辐射制冷、废热回收、相变材料、ETFE等新兴的节能和材料技术的普及受到限制。②寒地较落后的施工管理和建造水平，造成部分高技术缺乏实施基础而移植困难，同时因地域限制，多数技术在极端的气候条件下难以落地生根，充分发挥其优势。③部分技术不仅自身经济成本较高，其维护难度也较大，如常规的太阳能光热系统在寒地条件下较宜损坏、寿命较短，综合效益缺乏显著优势。应变技术条件的协同需以寒地现有的技术水平为基础，发展各系统内的低技术和适宜技术，并通过跨专业的技术整合实现技术效果的放大，从而避免单一技术模式的低效，以较低的技术起点完成较高的实现效果。

### 6.1.2.3 对经济建造环境的协同

寒地的经济条件总体而言欠发达，因此更应注重可持续的应变设计对建造环境的控制和渗透，从而促进建筑后续阶段经济性的提升。经济条件对建设活动影响的主要表现有：①寒地大多位于我国经济欠发达地区，区域内的经济水平、建设预算普遍较低，土建及其附加成本受限，另外施工期短导致建设周期拉长，且施工难度增大，进一步增加了建设成本；②寒地建筑围护结构尺寸厚、用材多，加之建筑构造复杂，导致材料的生产、运输、加工、安装一系列成本以及资源消耗的增加；③寒地建筑耗能高，因此一次性投入设备成本较高。在建造阶段考虑后续的运行阶段和回收阶段的经济性，还需考虑成本和资源配置选择适宜的设备形式。应变经济条件的协同需总体统筹建造中各个系统的经济投入，通过系统间的协调、借用与整合压缩成本，有利于控制寒地建筑常见的成本超支问题，并避免因建造缺陷造成的成本追加。

# 6.2 协同建造效率的构造体系集成

2013年,德国汉诺威工业博览会的热议话题是"第四次工业革命"。回顾第一次以机械化为标志,蒸汽机取代人力,第二次强调规格化的流水线生产,到第三次以自动化为标志的集成电路应用,德国工程师认为本次的目标是工厂智能化。面临紧缺的资源、能源转变,员工年龄结构改变以及全球化的形势,变革将发生在三个方面:生产工艺与信息技术融合、产品个性化以及生产人性化。实际上,在面临诸多困难和制约的寒地建筑行业,变革早已悄然萌动。寒地建筑设计从来都不是单纯的艺术形式,需要协同功能品质、建造效率以及气候适应能力。作为衔接这些因素的构造系统,则需对造型、结构、材料等系统进行集成设计。借助科技发展和工业变革,如今的集成构造不再是工厂化的简单预制,而是整合了数字技术、信息技术、生物科学等学科成果,带有协同意义的效能放大,正在对传统的建造过程和建造效率产生深刻影响和应变。目前已经呈现出表现化、功能化、定制化的构造设计趋向和策略(图6-4)。

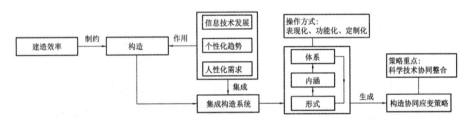

图6-4 协同建造效率的应变策略生成过程示意

## 6.2.1 构造形式的表现化整合

建筑师容易将形态和材料视为构图和视觉上的自由选择搭配,而很少在背景、性能、生命周期或环境影响方面对其进行考虑。形态的变化以及材料间的拼接位置往往是建筑表现的出彩之处,同时也是构造和结构的薄弱部位,如果填缝和构造不当,建筑的密闭性和完整性丧失,会造成建筑内外的关联破坏，进而影响建筑的价值和投资回报。应变能力的前提是首先满足基本需求，进而追求外在表现这种从内而外的设计次序。在协同应变的思路之下，可以在建筑构件的构造设计中根据材料和结构特点整合表现需求，预先完成这一过程。

### 6.2.1.1　与饰面表现整合

现代建筑的饰面构造多基于混凝土、钢材、玻璃等人工材料而设计，具有较好的普适性，相对复杂同时也较难简化。寒地建筑尤甚，其繁琐的构造体系包括结构层、找平层、结合层、防水层、隔汽层、保温层、外饰面层等多个层次，每个层次的功能都需应对相应的因素而不可或缺。但是，这些层次可以通过构造设计进行有目的的协同整合，发掘功能层次的观赏效果，简化纯粹以表现为目的的复杂饰面构造，进而减少施工工序，提高建造效率。

对于木材、竹材等天然材料，因质地的非均质构成和不稳定性已逐渐告别大型建筑结构体系，但其自然肌理所反映出的美学价值与亲人质感更适用于装饰构造，开发其表现化构造应用，可以协同自然特性与美学价值，延续木建筑的文化传统与地域情怀。在北方地区室外应用木材受制于多变的气温和湿度，这是建造活动直接面临的困难。北京市建筑设计研究院的朱小地设计的秀酒吧位于银泰中心裙房顶层，以《营造法式》为范本选用宋式木建筑形制。由于防火等级要求必须采用钢结构体系，于是进行了大量的外包木构造节点设计。所有木构件、木饰面板均参照古建形制，在钢结构施工完成之后，用木材表面进行围合，真实的木构质感再现了我国古代木建筑的精美与秀丽。哈尔滨工业大学建筑设计研究院的扩建工程——寒地实验室的设计则体现了木材的现代应用和构造演进。哈尔滨文化传统中源自俄罗斯的木刻楞是经典的民居构造方式，具有诸多优点，但严寒地区的极寒温度使得建筑师经常被迫放弃原木的大量使用。该设计汲取了木材的自然美感作为饰面，采用90mm宽的木条板与致密的拼接原木两种木材元素，与400mm厚复合保温节能砌块结合现浇混凝土的外墙直接锚固，这种搭配大大简化了构造层次和施工环节。木条板排间距15mm，增加立体感的同时有效适应温度变化引起的材料变形，安装时与窗洞形成自由的非吻合关系。粗壮致密的拼接部分形成与条板反差的观感，标示了建筑入口和层间关系。刻意的宽大缝隙、立面层次，以及暴露的粗大铆钉、箍件，使建筑成为一个"立体雕刻"，为以其独特的韵律和豪迈的东北情怀为素雅的寒地城市增添了一份温意（图6-5）。

对于复杂程度较高的大型公共建筑而言，可以借助表皮的构造形式变化形成丰富的外观，并可以结合主入口、外窗及其他部位的特殊造型需求。大连国际会议中心的金属立面构造即巧妙地结合了开窗设计，衬托了动感的整体造型风格。多层次的构造也有其有利的一面，可以将功能层和装饰层分开或是将层次进一步细分，有利于提高构造性能，便于分别施工（图6-6）。在哈尔滨文化艺术中心的外立面构造设计中，将饰面层在传统金属屋面构造基础之上分解为两个层次。基层选用性价比较高的铝镁锰板直立锁边系统，自身结构性防水，能较好地适应风雪较大的严寒气候；在该层次之上增设了一层更为高档的镀铝锌板饰面系统，并应用参数设计精确分割，保证了接缝的工整和外形的平滑，形成优美的起伏韵律和质感，展现了文化中心的精细品质和柔美理念（图6-7）。

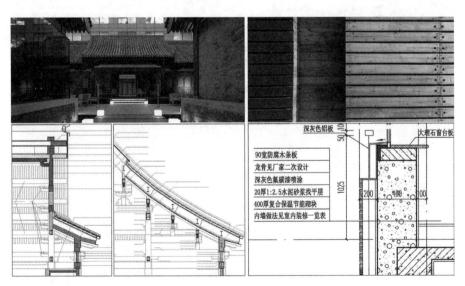

图6-5　秀酒吧及哈尔滨工业大学大寒地实验室与饰面表现整合的木材构造
（资料来源：设计真相——关于银泰中心裙楼屋顶花园酒吧的创作笔记，《建筑学报》，2009年第11期）

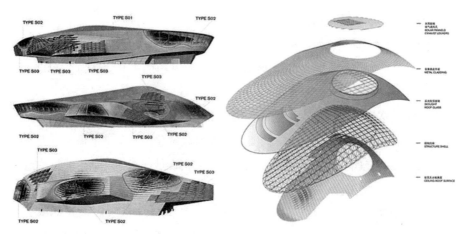

图6-6　大连国际会议中心的饰面构造（资料来源：http://www.jaid.cn/）

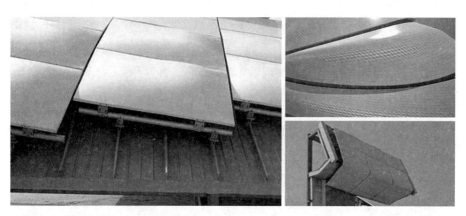

图6-7　哈尔滨文化艺术中心的饰面构造

### 6.2.1.2　与结构表现整合

　　寒地建筑的形态表现可分为线性与非线性两种基本类型，从构造层面区分在于线性以结构形成建筑形态，外界面依附于结构，而非线性则没有明确的结构和界面的构造界限。

　　对于线性结构而言，结构和形态是相互分离的二元体，形态由结构支持的多种附加层构成，最终表现是依靠多个层次各司其职的叠加形成，因而构造仅限于宏观层面的合并，而非本质上的整合。寒地建筑材料选择、外部条件等方面的局限性造成建造物料消耗量大，建造效率低下，形成粗壮笨拙的结构形态，难以在设计中主观隐藏，不可回避地成为建筑外部表现的重要构成部分。因此，将结构与构造形式协同整合，有助于设计的精细度和完成度，同时将结构形态作为表现的一部分，有利于建筑形象的提升。图6-8所示gmp事务所设计的天津国家会展中心总面积120m²，净展览面积40万m²，是中国东部最大的会展中心。方案采用模数化网格控制，每一个网格单元均由一个具有金属编织感的巨型伞状结构支撑，从展厅入口延伸至室内，形成展厅顶棚。伞状结构具有优良的抗弯、抗剪能力，形成开阔的大跨度空间，同时结构本身新颖独特的视觉观感是方案的一大亮点，也是构成网格单元的核心。结构上部采用的金属格栅构造一方面可以掩盖杂乱的设备设施，另一方面弱化了体量，增加了结构和屋盖的轻盈感。此外，单元之间留有采光带，保证了室内充足的天然采光。这种以结构表现为出发点的构造设计在一开始便整合了结构需求、观赏需求甚至其他附加价值，从而转被动为主动，将传统寒地建筑结构的劣势变成设计上的亮点。

图6-8　天津国际会展中心与结构表现整合的伞状构造（资料来源：http://www.gmp-architekten.de）

### 6.2.1.3　与空间表现整合

剥离了建筑的外部表现和结构表现之后即是建筑内部空间表现。非线性结构具有高整合性、高适应性、高效性等先天优势，因此也形成了结构、材料与功能合一的构造表现，而无需多层次叠加，还原给建筑相对完整同一的空间表现。北京凤凰中心的形态创意源于莫比乌斯环，采用双向交叉的双曲面钢结构搭配3180块不同尺寸的直面玻璃幕墙，通过鱼鳞式的连续非线性变化组合而成，因而具有单纯柔和的外壳。外形光滑，没有设一根雨水管，内部空间也看不到任何冗余的梁、柱及管线，这种整合了空间表现需求的构造形式带来纯净、简约的空间体验，同时，作为气候缓冲空间保证了功能空间的舒适度和能耗控制（图6-9）。前文提到的英国伊甸园自然生态博物馆所采用的ETFE结构体系具有异曲同工的功效。ETFE膜材本身具有优良的延展、密闭、保温、耐火性能，膜材上密布的镀点可以阻挡太阳辐射，加上钢结构框架对喷淋、照明、通风等设备需求的整合，形成轻盈、通透的结构形式，为植物生长提供了与自然无异的开阔空间。

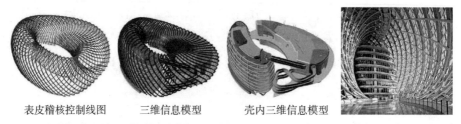

表皮稽核控制线图　　三维信息模型　　壳内三维信息模型

图6-9　凤凰中心与空间表现整合的非线性表皮构造（资料来源：凤凰国际传媒中心建筑创作及技术美学表现，《世界建筑》，2012年第11期）

## 6.2.2　构造内涵的功能化集成

14世纪逻辑学家奥卡姆提出的剃刀定律告诫我们"如无必要，勿增实体"，并在其著作《箴言书注》中写道："切勿浪费较多东西去做，用较少的东西，同样可以做好的事情。"这与寒地建筑设计所提倡的原真性原则在可持续层面形成高度的一致。建造的意义在于构造的原真表达，由承载不同功能的材料或构件所表达的构造逻辑关系体现建造内涵，同时也构成了建筑的造型依据和物质基础。因此，清晰、合理的构造逻辑应以功能化为基础，去除冗余装饰，集成优势功能，并在此基础之上寻求创新工法。

### 6.2.2.1　与结构体系集成

结构思维决定了建筑师对设计方向的判断和构造形式的选择。所谓结构思维，即以结构视角看待多元的设计形式，通过清晰、合理的构造表达实现形式与结构的高度合一，最终达到结构与形式的良性互动状态。我们常说超高层建筑应由结构师主导建筑师即是这个含义。构造形式必须考虑到结构在其特定的空间位置所涉及的力学关系，纯粹由造型需求导致的装饰构造在超高层建筑中则缺乏必要性。

从协同应变角度出发的可持续结构设计应包含以下几个原则：

（1）结构设计中采用高强、高性能的混凝土和钢材，可有效节省材料、减碳环保；同时提高结构的耐久性，增加建筑物的服役年限。

（2）结构构件和结构体系采用材料用量少的新型或先进构造形式，可有效提高结构的承载能力，充分利用材料强度，减少结构材料用量。

（3）多结构方案综合对比，寻找解决结构问题的最优选择，达到结构优化设计的目标。结构优化设计中，既要对结构整体进行优化，又要兼顾结构各部分的性能。

作为哈尔滨科技创新城内的核心地标，总高度215.6m的新兴产业技术创新服务平台项目是以科研办公为主的超高层建筑，设计选用了新型的组合结构方案，构造设计充分迎合以提升经济性与合理性，并将立面形式作为结构的真实表现。建筑主体采用混凝土筒中筒的结构形式，外部框架柱选择4.1m柱距，形成密肋的外筒结构作用，增强了整体性，且与2.05m的开窗面宽相契合，选用标准化单元式玻璃幕墙，简化了竖向装饰格栅构造，形成内外观感的统一。底层考虑荷载较大且和上部结构尺寸统一的需求，采用了强度和刚度较大的钢管混凝土柱。为减轻结构自重并配合造型需求，40层以上近40m高的空间采用了钢结构框架体系，使构造更为简洁和真实，框架截面形式为热轧H型钢，圆钢管支撑，性能进一步提升（图6-10）。

办公建筑功能复杂，使用要求高，装修成本往往难以控制。在哈尔滨工业大学建筑大设计研究院科研楼设计中，位于五楼的报告厅选取应用于工业厂房的预应力双T板结构，24m标准规格与报告厅跨度相一致，板、梁结合仅1m的

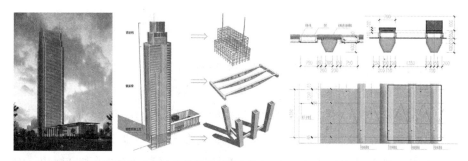

图6-10 哈尔滨产业创新服务平台与结构体系集成的立面构造（资料来源：牛毅参与项目）

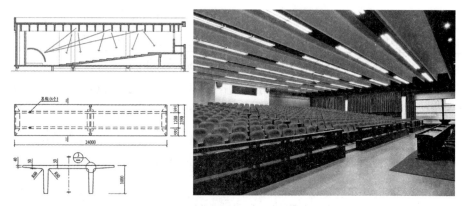

图6-11 哈尔滨工业大学设计院科研楼报告厅与结构体系集成的吸声构造
（资料来源：结合韦树祥摄影自绘）

厚度大大节省了空间高度，具有很高的实用性和经济性（图6-11）。更重要的是，双T板的自身特性与报告厅的使用和装饰需求完美合一：首先，这种结构形成的凹凸形式有利于声音反射，免去了吸声处理；其次，结构自身平整、美观，结合凹槽悬挂灯带，形成独特的室内观感，免去了繁琐的装修。这种构造与功能集成的方式体现了可持续思想下的寒地建筑应具有的质朴、原真特性。

### 6.2.2.2 与设备系统集成

一个紧凑的、高效的、技术主导的构造设计需要集成更多的功能系统，从而在建筑中发挥关键作用。常规设计流程中设备系统往往作为建筑、结构设计之后的第三个环节独立进行，因而经常形成对建筑形象的破坏、对使用空间的压迫、与结构的冲突等情况，有碍观瞻且侵占建筑效益。哈尔滨技术创新服务平台的设备系统充分注重了与结构系统的协同设计。经过对楼盖结构体系的对比分析，形成五种结构方案：

（1）预应力无梁楼盖，板厚200～220mm；

（2）预应力空心板楼盖，板厚350mm；

（3）普通钢筋混凝土梁楼盖，梁高800mm；

（4）宽扁梁楼盖，550mm高，600mm宽；

（5）预应力混凝土弧形空腹梁楼盖，梁宽350mm，梁高350～650mm。

设备系统是对空间高度的主要制约，如单纯考虑净空，方案（1）厚度最小，但仍需500mm左右的设备层高度，加上吊顶之后高度占用较高。经过对设备安装、经济性、施工难度等方面的综合考虑，采用方案（5）的空腹梁楼盖形式。空腹梁形态与梁的受力特征吻合，因而经济性高，且将空调系统、喷淋系统的管线从梁的腹部和两侧穿过，不占用梁下空间。最终，吊顶高度比传统结构形式提高了近200mm，且楼盖综合造价节省近1/3（图6-12）。英国的奥雅纳公司特别注重设备技术与建筑的无缝对接，使设备系统成为建筑的构成部分自然融入用户的生活。位于伦敦西部的Harlequin项目需要承担英国天空广播公司的录制工作，形成特殊的功能组成：技术和设备空间在中心区域，"人的空间"在四周，而需屏蔽采光和噪声所以不设开窗的演播厅在底部。因此，暴露在建筑立面外的通风烟囱成为决定建筑造型和满足室内品质的关键。设计将烟囱形式与外立面用铝板材质统一，并兼顾了遮阳板的作用。在设备上则集成了

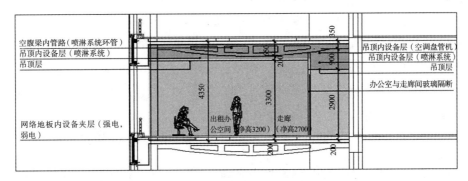

图6-12 哈尔滨技术创新服务平台与设备系统集成的楼盖构造（资料来源：牛毅参与项目）

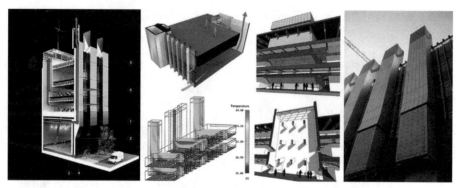

图6-13    Harlequin项目与设备系统集成的造型设计
（资料来源：《建筑设计要点指南：建筑表皮设计要点指南（引进版）》，第112、113页）

自然通风与机械通风的自由切换，在热压通风效应不足时可自动开启机械设备进行辅助。最终实现了可供1370人使用的8个演播室的自然通风以及400台电脑的数据室的无需制冷。更重要的是，通过构造设计协同建筑造型、技术措施以及设备管线，兼顾了良好的技术效果和独特的建筑形式[①]。此外，奥雅纳还采用过另一种设计思路解决类似问题：将置换通风系统与空心柱结合，利用外立面或内部的造型柱作为"结构风道"，将冷风从屋顶引到架空地板层，同样在不破坏建筑造型的情况下实现了冷热空气的交换（图6-13）。

### 6.2.2.3    与外窗系统集成

寒地建筑中的外窗是重要的可开启部分，其性能是建筑可持续能力的重要支持，因而集成了大量的功能需求和精细的技术成分。外窗材料基于玻璃、金属等现代材料，因而具有比建筑土建施工更高的工艺精度，且加工过程与土建施工次序相对分离，不占用施工进程，便于协同更多技术。

欧洲的寒地国家一向注重对外窗的应变性能开发，外窗构造除了提供安全、美观的围护体系，还可集成通风、调光、防热、防空气渗漏以及高性能的热绝缘要求和标准，并且这些功能大都具有独立的操作系统和控制方式。在莫里森建筑事务所设计的剑桥大学犯罪学学院和英语学院中，两个建筑具有相同

---

① 阮海洪. 建筑与都市：奥雅纳可持续建筑的挑战［M］. 武汉：华中科技大学出版社，2011：92.

的平面和层高，但通过外窗的构造设计分别形成不同的处理自然光和气流问题的方法，给予这两个场所的用户完全不同的感受和体验。建筑师认为窗户是现代进步以及开放性思想的象征，应使开窗的面积最大化，因而要在夏天避免过量热获得，在冬天减少热量丧失。犯罪学学院顶部的两层为办公室，底部为图书馆，因此建筑从上到下开窗面积加大。所有的窗户都包含了百叶、开启扇、透明部分和遮光部分的固定扇四个组成部分：百叶与墙面齐平，均采用蓝灰色铝板寻求统一；百叶后面是可以沿轴旋开的开启扇，起到通风作用；临近窗户的地面设置了地板架空层里的加热风口，因而可以采用视觉完整的落地玻璃窗；考虑隐私需求底部玻璃进行了压花的遮光处理。英语学院因小型办公为主的使用方式采用了与犯罪学学院类似但更为复杂的外窗构造，放弃了落地窗而在下部设置了固定的窗下墙，并增加了开窗宽度，同时增设了一纵一横两道遮阳板以避免窗前的眩光发生。两个建筑的构造设计均体现了对于建筑轴网、结构、环境策略、选址和概念以及材料的制造和装配等方面的细节化关注，将现代建造的复杂问题升华为综合效益突出的集成设计。

　　天窗构造对于寒地建筑同样重要，作为调控室内外环境的媒介，需要在恰当控制热量损失的前提下获取所需能量。前文介绍过的北京诺基亚中国总部中庭天窗不仅具有优良的阻御冰雪能力，也是集成了多种功能的构造设计范例。首先，连续多榀的鱼腹式桁架结构确保了屋面的结构强度；同时，每个天窗单元与结构起坡契合，形成双曲屋面利于排除雨雪；进而，金属与玻璃材料相间铺设，满足中庭的通风、采光，又有效控制了能量流失（图6-14）。

## 6.2.3　构造系统的定制化生成

　　"现场"与"预制"是构成建筑建造的两大组成部分，如今这两个相对概念的比重正在悄然发生变化。人们对于设计深度和细度的要求以及人力成本的逐渐提升，使得传统的现场作业模式既不能满足建造效率和品质，又欠缺经济优势，已逐渐成为建筑发展的制约。德国工程师认定已经来临的以计算机技术为依托的智能化工厂生产，将带来对建造水平和建造效率的彻底颠覆。大型建筑可以化解为有规律的模块，进行工厂的预制加工和批量生产，从而获得比现

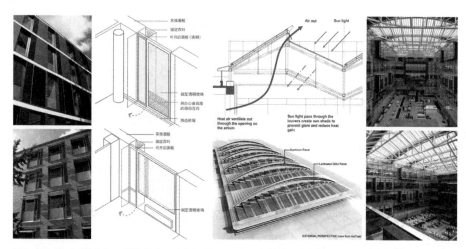

图6-14　犯罪学学院、英语学院及诺基亚总部集成多功能的外窗构造
（资料来源：《建筑设计要点指南：建筑表皮设计要点指南（引进版）》，第119、120页）

场作业显著提高的工艺精度和施工效率，小型建筑则可以直接完成一体化的完整生产，成为真正意义上的可定制和挑选的产品。

### 6.2.3.1　标准化组件的批量生产

效率的提高离不开标准化组件的重复利用，标准化思想可以在设计阶段降低重复劳动、缩短设计周期，在建造阶段提高施工效率，对于建造条件受限的寒地十分适用。标准化设计是未来建筑产业发展的趋势，也是规模化大生产的前提。

以寒地居住建筑为例，其首要问题是保证适寒品质而非创新，并严控开发周期。对于工程量大的项目，必须借助标准化批量生产替代一部分重复劳动，如北欧每栋住宅甚至每个户型都量身定做进行设计和施工的方式并不适合中国国情，但其工业辅助建造的思路值得我们学习。如表6-1所示，在哈尔滨龙凤祥城回迁安置项目中，我们应用了以下标准化理念应变时间紧、套型多、技术复杂的设计挑战。

（1）规则化：住宅平面形式应便于结构的规整设计，从而减少结构构件以及相关设备设施的规格种类，并且有助于控制现场施工量，增加预制成分。结构的规则布置与空间的模块设计直接相关，在设计中通过对空间类型的模数归纳，我们贯彻了空间的形状完形以及每户的轮廓完形，从而使平面内的承重墙

住宅的工业化与标准化设计 表6-1

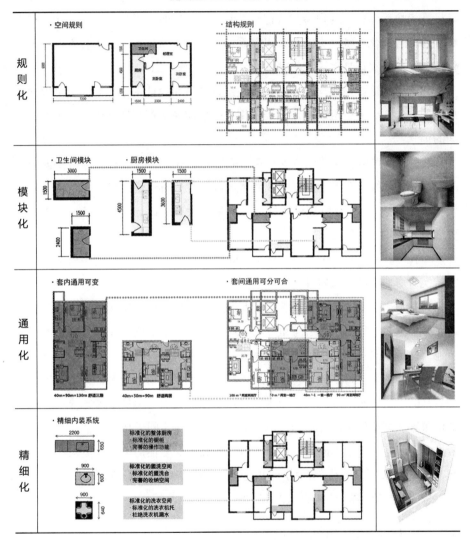

体布置纵横贯通。一方面可以提高结构强度和效率，另一方面减少了结构对平面的限制，再次提升了使用的灵活性和高效性。

（2）模块化：住宅建设应是经典产品和成熟技术的复制，标准模块的应用便于户型的优化和完善，特别是被誉为住宅心脏的厨卫空间。在从40m²到120m²的户型中，我们设计了3.6m×1.5m、4.5m×1.5m两种厨房以及

1.5m×2.4m、1.5m×3m两种卫生间规格，分别适用于不同规模的户型，建立好标准模块后即可实现户型的快速组合和优化。同时，模块化为智能化家居系统、通信自动化系统、火灾自动报警系统、绿色建筑技术等多种技术的融入提供便利，促进实现高完成度的精细设计。

（3）通用化：标准化、模数化的关键是在平面设计中寻找规律和可以建立规律的空间，除去厨卫模块，主要使用空间也应考虑模数和规格，实现通用空间的理念：

· 主要空间尽量规整以减少建筑的表面积，充分体现在严寒地区保温节能的基本原则和绿色环保意识，也相对最大限度地节省建筑材料。

· 起居空间可结合临近的餐厅或书房采用大开间设计，方便建设，也具备更多空间变化的可能性。

· 小户型采用大开间设计，利于空间自由分隔，便于住户使用需求和代际的转换，增加套型的适应性。

· 简化户内结构，尽量采用轻质墙体材料，为将来户内的改造提供条件。

· 临近小户型应注意结构和厨卫模块的布置，预留整合成为大户型的改造余地，并可在同一纵向单元内予以体现。

（4）精细化：日本的集合住宅以做功精良、内装精巧闻名，其高度集成和全装修的工业化装配理念值得国内借鉴和学习。在厨房模块中考虑使用方式、橱柜布置、烟道位置，并适当考虑储藏空间。在卫生间模块中考虑开门方式、洁具布置、管道敷设等问题。对于重复率较高的保障住房可根据需求实现全装修，现场均采用标准化部品的干法施工，既可以避免空间浪费，又能减少结构、管线与装修、家具冲突的遗留问题。

### 6.2.3.2 复杂性构件的数字生成

软件作为重要的设计工具在建筑师和工厂之间起到重要的衔接作用，因此在BIM（信息模型）和DM（数字制造）的发展之下，使得复杂性构件可在无需考虑系统、结构和设备的情况下建造。于是，复杂性构件构造的重点转向对复杂形态的表达，其价值在于利用数字化的潜力和制造来实现建造的独特性，同时不以牺牲设计品质和经济性为代价。

相比第二次工业革命的工厂化以及新中国成立初期的预制装配式建筑，当今工业化的发展已经可以实现区别化的批量生产，并且拥有更高的精度。哈尔滨文化艺术中心的室内设计同外观一脉相承，但MAD事务所针对寒冷地区在内部空间设计中增加了大量木质元素，一方面保证了大剧院观演厅的声效需求；另一方面，这些木质形体为白色墙面增加了冷暖色调对比，暗含了雪山木屋般的温暖氛围。作为典型的非线性复杂形体，在构造设计中应用了大量基于Rhino软件的辅助设计，从前期设计的表达和推敲，到方案确定后的形体分割、编号输出，进而应用木饰面层一体成型的GRC技术完成所有单个模块的工厂预制（图6-15）。尽管是当今国内施工复杂程度最高的建筑之一，但建设进度丝毫没有因为复杂性受到影响。

图6-15　哈尔滨文化中心预制GRC装饰构件

应用传统材料的复杂建构更具现实意义，可以使实用的常规建筑绽放技术诗意和特殊价值。SHoP事务所在纽约的桑树街290号项目设计实践中，通过Revit Architecture和3ds Max软件的辅助建造进行了砖的参数化尝试（图6-16）。在历史建筑密集的街道上砖石立面可以形成很好的呼应和协调，同时，紧张的红线使得建筑师必须依靠非常规手段争取更多的面积。SHoP提出一种表皮"波纹"设计——用砖块在整个立面上突出堆叠。"波纹"的最近处在建筑红线上，所以立面最远处可以超出红线约1.9cm。经过软件分析计算，表皮上每块砖都以精确的数值突出于表面。对于整个立面，还需分析"波纹"单元在较大尺度上的分布及其与窗的关系，确定其不同的规格和数量。由此，所有参数都已被考虑到，经过反复的审美和技术方面的推敲确定无潜在问题之后，设计得以完善，而这一过程根本无法通过工人在现场完成。

图6-16　桑树街290号项目预制砖表皮
（资料来源：《建筑设计要点指南：建筑表皮设计要点指南（引进版）》，第137、139页）

### 6.2.3.3　一体化建筑的完整定制

　　一体化建造是建筑构造集成的最高阶段，也是工业化程度和科技水平最为集中的体现。从建筑设计、土建、装修三个阶段的集成程度上表现为三种一体化方式。

　　（1）一体化建造——设计+土建：3D打印技术的优势在于超越了传统的线性建造体系及其所依托的技术形式，凤凰国际传媒中心的设计过程应用了3D打印技术进行形体推敲与结构优化，是国内较早将该技术与建筑设计相结合的案例。如今这项技术已经从用于建筑模型制作开始付诸工程应用，开始输出建筑构件、单元模块、家具配件等的制作。相比梁柱体系，其自身的完整性可以自成结构，同时抛弃复杂的多层次建造工序，只需根据使用环境配置所需强度、保温等性能的原料即可输出相应品质的建筑部品，实现功能与形式的统一。同时，打印设备的革新逐渐摆脱了打印尺寸的限制，位于巴塞罗那的加泰罗尼亚先进建筑研究所（IAAC）研发的移动3D打印机器人可以吸附或抓握在建筑上进行移动，从而实现远大于机器人尺寸的大型建筑的打印（图6-17）。3D打印技术除了作为施工灵活性的重要补充外，还具有施工效率上的优势，使建造时间最小化。

　　（2）一体化装修——土建+装修：我国建筑行业目前存在土建与装修脱节、建筑设计师与室内设计师脱节的现象，由此引发二次装修带来的不适

图6-17　3D建造的发展（资料来源：网络）

用、不经济、不安全、不环保等弊端，既无益于建筑品质的延续，也不利于建造效率的提高。建筑的土建与装修工程一体化可以避免这类问题，其前提是建筑师必须完成土建与装修的一体化设计，从设计到施工所有环节协同考虑，重点解决各环节之间的衔接问题。包括在设计阶段调整空间参数以提升通用性，预先考虑家具、设备、管线布置，确定装修方案；在土建阶段预留孔洞与埋件，控制施工误差；在装修阶段优化材料利用，合理优化安装等。万科在其地产项目中一贯坚持精装修、工厂化和绿色建筑三大理念，特别在施工不便、装修成本较高的北方寒地城市，为其获得了经济性上的受益以及住户的良好反馈。

（3）一体化定制——设计+土建+装修：早在20世纪三四十年代，美国已出现过对预制住房的开发热潮，但受制于当时的技术水平和经济条件，成果仅限于低标准的小住宅和房车。如今的工业化程度已经具备了满足人类想象力的条件，可以将小型建筑作为一个独立构造进行完整的定制，实现结构、装修、电器、家具的全部集成，从而可以在工厂大规模生产并成套供应。朱竞翔设计的上海南汇东滩鸟类禁猎区移动工作站集展览、办公、卧室、餐厨、卫浴、储物为一体，且具有保温隔热、自然采光、通风设计等节能特性。更重要的是建筑采用全木预制，房屋可整体拆卸异地重建，全工厂预制50天、基础准备3天、吊装1天即可完成整个建造过程（图6-18）。同时，根据环境和用户需求的定制还可增加建筑面对极端环境的应变能力。可以看到，如今的一体化定制房屋并不是一件单纯的工业产品，而是整合了节能措施和建筑师设计理念的高标准建筑，并且仍在高速发展中，相信随着更多技术含量的整合和应变能力的增强，还会产生更加广泛的应用前景。

平面图          立面图

图6-18    建筑的一体化完整定制
（资料来源：浦东湿地鸟类禁猎区移动工作站，《世界建筑》，2015年第3期）

## 6.3    协同建造品质的绿色部品引介

关于建造品质的应变，与之最密切相关的系统就是构成建筑实体的建筑材料与配件，即部品系统，同时也是可持续"3R"原则的重要体现。世界性的人口增长以及新型经济体的迅速发展造成了巨大的建造需求，追逐建造效率的同时往往造成对品质的忽略：其一，大部分建筑材料不同程度地含有对人体健康有害的物质，且人工材料普遍大于天然材料；其二，基于新型材料的建筑部品具有较高的内含能源（产品在上游制造、加工、运输等环节消耗的总能量，图6-19表示了部分常见材料的内含能源），直接或间接增加了建筑的生态负担，缺乏先天绿色优势；第三，建筑被频繁地改造或拆除，具有应用价值和可持续优势的废弃建筑部品通常作为建筑垃圾处理，回收率极低。面对这一现状，需要将绿色部品系统与建造品质进行协同考虑，不能将其视为形象工程，

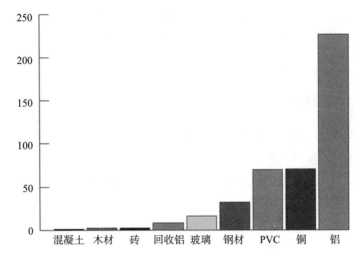

**图6-19　部分建筑材料的内含能源**
（资料来源：《可持续设计要点指南》，第107页）

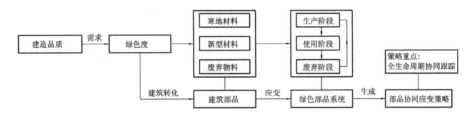

**图6-20　协同建造品质的应变策略生成过程示意**

而需衡量其内含能源、环境效益、运行寿命、回收率等全生命周期的绿色价值，综合考量进行选用。以下结合部品系统的作用和表现，从寒地材料、新型材料、废弃物料三个方面进行建造品质与绿色部品系统协同应变策略的介绍（图6-20）。

## 6.3.1　寒地材料的绿度提升

品质的建造离不开地域条件，本土是材料充足供应和运输效率的保障，而传统材料是绿色和低内含能源的代表。在应用中需首先发掘寒地本土材料的绿色特质，不仅对材料自身的性能、健康、环保、安全等属性提出要求，同时贯彻材料的生产、加工、施工、使用、废弃处理等环节，为寒地建造提供优良的基础条件。

### 6.3.1.1　本土材料就近选择

建材生命周期评价方法（简称LCA）作为一种基于绿色建材的定义之上的环境评价方法，将材料按整个生命周期的跨度分为建筑前期、使用期和建筑后期三个阶段，而材料的获得与运输是材料生命周期中的首要环节。一般情况下，这种建筑材料运输过程的能耗与运输距离成正比，同时因所采用的运输方式而不同。材料单位重量或距离的能耗在铁路、公路、空运、水运等不同运送方式下均有差异。假设材料运输总能耗为$E_t$，第$i$种材料的单位数量运输能耗为$E_{ti}$，使用量为$Q_i$，则运输过程能耗的计算公式为：

$$E_t = \sum_{i=1}^{n} Q_i E_{ti} \qquad （6-1）$$

从公式可以看出，建筑材料的运输能耗包括单位数量运输能耗和使用量，而单位运输能耗是与距离成正比关系的，所以建造活动应秉承就近取材的理念，首选当地和临近地区生产的建筑材料。另外，通过提升材料性能和利用率从而降低$Q_i$，也可在一定程度上降低$E_t$的值。

在实际操作中，施工现场500km以内厂家供应的材料重量应占所有建筑材料总重量的70%。在我国北方地区，500km接近于一个省的直径，因此材料供应应以省内和邻省为主，如哈尔滨的主要建筑材料应来自黑龙江省和吉林省，北京的建筑材料应以本市和河北省为主，并可兼顾选用辽宁、内蒙古、山西和山东的建材厂家。

### 6.3.1.2　传统材料绿色应用

传统材料由古代劳动人民在有限的技术条件和局限的地理空间内发展演进而成，因而在材料的实用性和易得性方面价值突出，与可持续理念对材料的全生命周期要求十分契合。如东北寒地的秸秆、木材，西北寒地的生土，西藏地区的边玛草等传统建筑材料均具备与生态环境协调，对资源、能源消耗少，再生利用率高以及清洁无污染等先天优势。但由于产地局限、工艺落后等因素这些地域材料缺乏大规模工业生产的条件，面临被常规材料代替的窘境。以下介绍几种基于寒地传统材料绿色特性的现代应用策略（图6-21）。

（1）保温特性：稻草、秸秆等植物材料因结构轻质而中空，具有天然的阻断作用，将其紧致堆砌后能有效杜绝冷风和低温渗透，在广大的寒地农村及偏远地区是最为廉价易得的传统保温材料。西藏居民用边玛草加工、砌筑而成的边玛墙既有通风保温的功效，同时反映了文化与宗教内涵。东北、西北地区也有利用稻草、秸秆铺设屋顶的传统。如今，植物材料经现代技术处理，可以强化其保温性能，成为理想的可再生绿色材料。由哈尔滨工业大学建筑学院金虹教授设计的大庆市林甸县胜利村绿色住宅项目中，对稻草进行了透气、防蛀处理后，将其作为草板保温复合墙和草屋顶，生态效果突出。

（2）蓄热特性：质地厚重的材料除结构作用外往往具有优良的蓄热性能，是应变寒地环境需要的特质。石材在北方地区随处可见，具有优良的强度、耐磨性和耐久性，如今的建筑业大量应用花岗石、大理石等作为高档装饰材料，而忽略了石材最基本的物理特性，以及对于碎石、鹅卵石等廉价石材的开发利

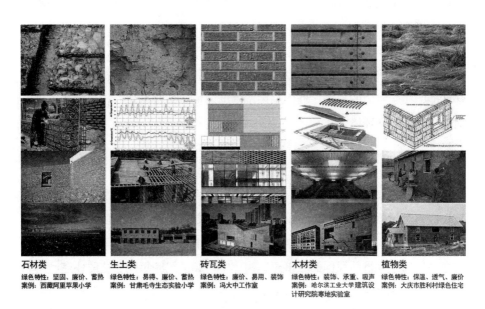

石材类
绿色特性：坚固、廉价、蓄热
案例：西藏阿里苹果小学

生土类
绿色特性：易得、廉价、蓄热
案例：甘肃毛寺生态实验小学

砖瓦类
绿色特性：廉价、易用、装饰
案例：冯大中工作室

木材类
绿色特性：装饰、承重、吸声
案例：哈尔滨工业大学建筑设计研究院寒地实验室

植物类
绿色特性：保温、透气、廉价
案例：大庆市胜利村绿色住宅实验室

图6-21  传统材料的绿色特性及应用案例（资料来源：网络及作者自摄）

用。西藏阿里苹果小学是一个从材料开始的设计，贫瘠且高海拔的自然条件下仅有一种当地材料——鹅卵石可以大量使用，建筑师采用自制鹅卵石混凝土砌块的材料做法，新建建筑和原有的基地材料相同，因而得以紧密结合。此外，还可利用碎石和卵石的蓄热性能作为建筑的集热或调温设施。生土作为西北黄土高原最普及的建筑原料，具有优良的热工性能和粘结力，可用于制成土坯砖、砌筑土坯墙或建造窑洞。甘肃毛寺生态实验小学的建造充分利用了当地的自然生土材料，并延续了当地传统的施工工艺和以村民为主的组织模式。宽厚的土坯墙、碎石基础、茅草保温屋面结合双层玻璃窗的处理方法极大地提升了建筑抵御寒冷气候并维护室内环境舒适稳定的能力。

（3）装饰特性：传统砖、瓦因低技术加工的限制，强度性能和砌筑方式不适用于当今的大规模建造。且随着对黏土砖的限制使用，其在建筑中的主要应用逐渐被砌块、屋面板等新兴材料所取代，传统的砖瓦更多地倾向于装饰功能。一方面，在外观上进行改良，出现了釉面砖、抛光砖、玻化砖等饰面砖；另一方面，建筑师在砌筑方式上的发掘，激发了老材料的新应用，呼应了中式建筑的传统，如陶磊设计的冯大中工作室以及王澍设计的宁波滕头案例馆等作品。我国东北地区木材资源丰富，木材是最清洁环保的材料之一，回收效率高，寿命比钢筋混凝土更长，单位重量强度达混凝土的3倍，只需提高其耐久、防虫、防腐性能，即可在寒冷环境中获得较好的应用效果，如哈尔滨工业大学建筑设计研究院寒地实验室的木材外立面设计。同时，木材具有优良的声学性能，实验室内的报告厅墙面采用了木饰面板，结合吊顶处理，塑造了廉价而又独特的声学环境。

### 6.3.1.3　常规材料耐久提升

耐久性是寒地建筑品质的一项重要检验标准，其增强不仅是对使用期限的延长以及对资源的节约，同时也是从全生命周期角度对建筑品质的提升。根据相关数据统计，美国建筑平均寿命达74年，英国建筑达132年，而我国建筑平均寿命仅30年。目前我国的城市建筑构成中，20世纪80年代建造的住宅已所剩无几，而我国《住宅建筑规范》GB 50368规定住宅的设计使用年限一般为50

年。多数住宅在实际寿命仅达到设计寿命一半左右的情况下即被废弃或拆除，除客观因素外，主观上质量和品质的下降是主要因素。可见，延长建筑生命周期的关键在于耐久性，从材料角度耐久设计主要应注意以下两个方面：

（1）提高材料厚度：通过增加材料厚度提高结构强度，是较容易实现的应变对策，也是最有效的生命周期设计。根据结构估算，如果将结构强度增加20%，可提升建筑寿命约一倍；以RC结构为例，其保护层厚度每增加1cm，可提升结构寿命约10年，如果能使钢筋的保护层厚度大于5cm，混凝土水灰比降至55%，楼板厚度提高至20cm，耐久性将大幅提升。而增加材料所带来的成本附加和建筑寿命的提升相比是微不足道的。

（2）加强材料保护：对建筑材料的保护一方面需要防止材料的直接损坏，另一方面则需注意因空调、水电、电气、通信等管线和设备对材料完整性的间接破坏。对于前一种情况，寒地应重点关注防水层、保温层和结构层的连锁关系，这是保障整体材料性能的关键，谨防因防水层的冻胀破坏导致保温层的失效和结构层的侵蚀，需根据结构选型选择适宜的构造形式和材料类型，如选用柔性防水、岩棉喷涂等力学性能佳、耐久性好的材料形式。对于后一种情况，应对管线在建筑主体上的穿洞协同考虑，尽量使其集中布置并减少数量，水箱、冷却塔、变电器等大型设备的安装应与结构层分离，避免对建筑表面的破坏。

## 6.3.2 新型材料的浅绿运用

由于传统建材工业的能源消耗、环境污染以及产品性能的落后，在我国建材和行业发展的政策导向下，新型材料的研发和应用成为主要发展方向。随着资源枯竭、能源短缺、环境问题、经济消耗的日益严重，以及寒地固有的气候条件限制，新型建材内涵演变呈现出时空的连续性、阶段性特征。新型材料从早期基于常规材料的性能优化提升转向如今的节能、环保、利废等可持续要求，并逐渐强调全生命周期内的综合效益。因此，具有资源节约、环境友好、功能复合特性的材料方能成为未来建设的主流。

### 6.3.2.1 环境友好型

环境友好之于寒地材料而言更多的是对恶劣环境的适应，这是材料能够在寒地应用的先决条件，这类材料必须具有耐低温、抗收缩、性能稳定等特点，从而在寒地环境中具有较好的耐候性能和耐久性能。相比较该方面性能差的材料而言，即便其生产过程没有显著的绿色体现，寿命的增加也等同于产品的资源、经济成本的降低，以及对环境负担的减少。其次才应考虑对环境的作用，在生产、使用到回收的全过程降低污染物的释放，从而减少对生态环境的侵害。

具有代表性的该类新材料有硅纤陶板、生态陶瓷、硅藻泥等。第一，硅纤陶板又称纤瓷板，与天然石材相比具有强度高、化学稳定性好、色彩多样、无色差、无放射元素等优点。这种板材以陶瓷黏土为主要原料，生产资源分布广泛，价值适宜，故易推广，且开采过程简易，比石材生产降低40%的能源消耗，烧制过程周期较短，可减少20%～30%的有害气体排放。与瓷砖相比具有较强的耐候性和稳定性，不易冻胀损坏或脱落，因此适合在寒冷地区使用。如哈尔滨西客站以及哈尔滨长途客运站均采用了红色陶板作为外饰面材料，比普通石材色彩鲜艳且造价经济。第二，生态陶瓷由陶土通过自然添加剂和纤维制成，是一种方便获得、可无限回收形成高质陶瓷的材料，具有多孔、耐腐蚀、高强度特性。通过低技的陶瓷制造技术与电脑生成的几何模型相结合，形成具有特殊功能性的建筑表皮。如由CAD/CAM程序形成的先进生态陶瓷表皮系统，通过电脑几何模型针对太阳的季节性和昼夜变化进行调整，整合生成复杂的表面图案，可满足自遮阳、影响表面气流、将热环境的热交换最小化等功能，同时使得室内温度可以保持更好的稳定性。第三，硅藻泥的主要原材料是硅藻土，作为室内饰面装饰材料具有吸收异味、调节湿度、防潮防水、防火阻燃、墙面自洁、质地多样等优点。硅藻泥不仅有很好的装饰性，因其突出的绿色性能、环境效益以及功能性，而成为替代壁纸和乳胶漆的新一代室内装饰材料，尤其适合应用在寒地建筑室内，已经从最初的住宅装修扩展到商场、医院、办公楼等公共场所（图6-22）。

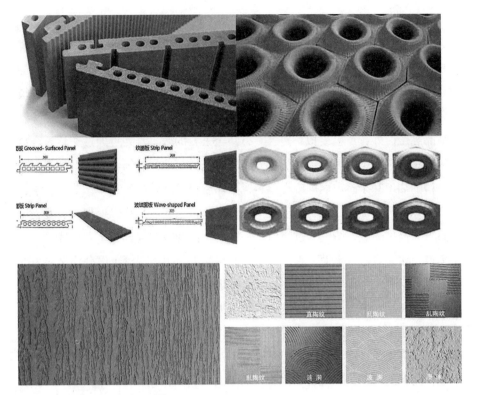

图6-22　陶板、生态陶瓷、硅藻泥
（资料来源:《建筑设计要点指南：建筑表皮设计要点指南（引进版）》，第71页）

### 6.3.2.2　资源节约型

资源节约型也是一个相对于全生命周期的概念，指材料在生产阶段能够显著降低对能源、资源、经济的消耗，通过集约利用将利益回馈于社会，在使用阶段减少维护成本，在回收阶段减少处理难度。这类材料关注生产环节的资源消耗和效益产出以及应用过程中的热效率和热损失。具体包含四个方面的要求：第一，优选高品质、高产出的生产工艺，如在水泥制造中采用加入掺合料、提高保温性能等降低环境负荷的技术；第二，推广低能耗材料，如混凝土空心砌块、加气混凝土、水泥泡沫砖、建筑石膏制品等；第三，利用工业废弃物原料加工而成的材料，如利用粉煤灰、尾矿渣、煤渣为原料生产的绿色墙体材料等；第四，利用农业废弃物如秸秆、稻草、芦苇等生产有机、无机人造板材，也可利用其植物纤维作增强辅料等。

具有代表性的该类新材料有玻晶砖、再生混凝土、生态石等。第一，玻晶砖是一种既非石材也非瓷砖的新型绿色材料。以碎玻璃为原料，掺入少量黏土，经粉碎、成型、晶化、退火而成。生产过程与玻璃类似，却可以获得比玻璃更优良的抗弯强度、耐薄性、防滑性、耐蚀性、隔热性以及抗冻性。除了制作结晶黏土砖外，也可模拟瓷砖、石材甚至玉石的效果，并可通过调整掺合料产生多种颜色和定制多种规格形状，用于建筑的墙地面装饰。最重要的是，这种材料的加工基于碎玻璃等废弃原料，损坏后仍可回收循环利用，节约资源，符合"3R"原则。第二，再生混凝土由从旧建筑上回收的难以处理的混凝土垃圾而来，经过碾碎、清洗、过滤后按一定的比例的级配混合，用来代替砂石等粗集料，使用时加入水泥、水等即成为新混凝土。再生混凝土可分为全部为再生集料、粗集料为再生集料或细集料为再生集料等集料形式，控制表观密度、堆积密度和吸水率，以配置所需的混凝土类型。由于回收的混凝土集料性能参差，有时还需经过机械活化、酸液活化、化学浆液等处理，改善再生混凝土性能。中国院创新科研示范中心即在地下工程中应用了大量的再生混凝土，起到了节材降耗的目的。第三，美国希尔利斯材料公司研制的生态石（EcoRock）也是一种基于废料循环的资源节约型材料。原料80%以上取自粉煤灰、矿渣、水泥窑灰等工业副产品，加水混合成黏状物质后倒入模板成型，虽不靠加热凝固，却具有比陶瓷制品更高的强度。整个生产过程的资源消耗仅为石膏板加工过程的20%。另外，生态石内不含淀粉浆或纤维成分，因此没有白蚁和霉菌问题顾虑，是优质的内墙材料，价格和一般隔墙相当，是石膏板的理想替代品。

### 6.3.2.3　功能复合型

功能的复合包括材料的物理性能、安全性能、环保性能等多个方面的选择性组合。物理性能包括轻质、高强、保温、蓄热等；安全性能包括防火、防水、防爆等；环保性能包括消毒、防臭、灭菌、防霉、固碳、抗静电、防辐射等，对于室内环境较为封闭的寒地建筑而言尤为重要，室内材料必须有利于环境的清洁健康。这也纠正了传统材料单一重视建筑物理性能或装饰作用，而忽视了人的生理舒适的现状。

具有代表性的该类新材料有透明混凝土、真金板、复合保温节能砌块等。第一，透明混凝土用普通混凝土加入玻璃纤维和树脂制成，可以在不破坏其完整性的条件下产生约10%的透明度，来满足白天的照明需要，以达到节省能源和资金的效果。其生产成本远低于借助光纤电缆进行建筑照明和发光的能耗，且因树脂是基于材料特性的透明，所以对光线的捕捉能力更强，表现效果更生动。2010年上海世博会上，意大利馆的设计应用了该透明混凝土材料，墙面可以让光线直接穿过，营造出美轮美奂的发光效果。目前该材料仍在研发中，但其透光不透气的特性对于寒地而言十分适用，应用前景广泛。第二，真金板的出现在一定程度上分担了寒地建筑中最为常见和复杂的外饰面方式，石材幕墙与金属幕墙因较好的装饰作用和耐久性能在寒地应用广泛，但无论干挂抑或湿贴工序都较繁琐。干挂方式适用范围更广，但有两个问题难以根除：其一是施工过程中对金属挂件的大量焊接作业极易引发保温层起火，已成为近年来东北地区施工现场最频发的事故诱因；其二是金属配件必须穿透保温层、防水层等中间层次与结构相连，容易造成保温层进水失效以及钢筋的锈蚀。真金板是一种新型的性能稳定的防火保温板，可用来替代普通聚苯乙烯泡沫板，其保温、防水性能与苯板相当，导热系数介于0.033～0.038之间，但强度高于苯板，且防火性能突出。由于运用了高分子防火隔离分仓颗粒技术，可达A级不燃。因取材环保，不分解、不霉变，避免了苯板在生产和加工过程中有害物质的释放。在实际应用中，还可根据需求结合仿石材、金属面层，将保温和饰面两个主要层次整合形成保温装饰一体化饰面，因强度的提升可以减薄石材厚度或采用替代材料，配合更加合理和规则布置的铝合金卡件控制冷桥，因此可在外观无明显差别的前提下大大降低材料成本。第三，复合保温节能砌块在寒地近年来发展迅速，寒地建筑目前主要应用的苯板、岩棉、玻璃棉等保温材料均具有一定的性能劣势，发展新型隔热保温材料及其制品一直是一个重要议题。复合保温节能砌块由轻集料微孔混凝土与EPS材料复合而成，充分集成了两种材料的优良特性，同时加入了无机矿物与聚丙烯短切复合增强纤维以及阻燃型聚苯乙烯泡沫板保温芯材，具有轻质高强、高效保温、耐久性好的性能。哈尔滨工业大学建筑设计研究院寒地实验室采用了基于该材料的框架结构体系自保温构

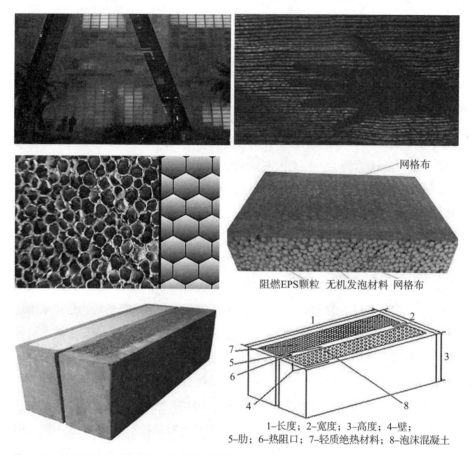

1-长度；2-宽度；3-高度；4-壁；
5-肋；6-热阻口；7-轻质绝热材料；8-泡沫混凝土

图6-23　透明混凝土、真金板、复合砌块（资料来源：网络）

造做法，大大简化了传统寒地建筑外墙结构层、保温层、饰面层的复合做法，并且实现了与外饰面锚固构造的完美结合（图6-23）。

## 6.3.3　废弃物料的循环输出

目前的社会经济结构和文化氛围导致人们普遍厌旧贪新、急功近利，在建造活动中追求速食化和形象化，忽略建筑部品的品质，习惯性放弃对其修复或利用，即放弃对资源消耗和环境代价的回收，造成不可逆的损失。在可持

续发展的寒地建筑中，应避免
不可持续的行为。将循环概念
连接到生命的周期是我们必须
面对的下一个概念性的跨越，
如同美国建筑师威廉·麦克唐
纳和化学家迈克尔·布朗嘉特
在其著作《从摇篮到摇篮：重
塑我们造物的方法》中提出了
"从摇篮到摇篮"的循环发展
模式，体现了对传统的"从摇
篮到坟墓"的反思。可持续的
再循环原则要求建筑部品在行
使完其建筑职能后能再次当作
资源回收利用，而非无用的垃
圾。根据循环经济理论，再循
环表现为两种方式：一种是原

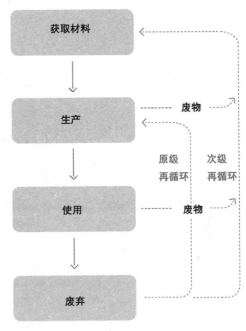

图6-24 建筑物料的废弃与循环过程
（资料来源：《可持续设计要点指南》，第19页）

级再循环，即废弃物经过循环用以生产同种类型的新产品，例如回收混凝土生
产再生混凝土、回收钢材生产再生钢材等；另一种是次级再循环，即将废弃资
源转化为生产其他产品的原料，如木材转化为复合板材、玻璃转化为饰面砖等
（图6-24）。增加废弃物料的再循环能力是对建造品质的进一步协同应变。

### 6.3.3.1 分级寿命系统

随着材料价格的上涨和绿色设计的兴起，废弃式拆除正在被可拆解式拆除
所取代，目的是将材料从废弃物中分流出来。带有解构性质的"分级寿命系
统"是实现这种想法的途径，在标示建筑有序废弃过程的同时保证了每类部品
在使用阶段的品质。但要做到这一点首先需要对建筑系统作更细致的解构，不
再是依循功能，而是按照其所构成的材料部品的寿命以及在建筑中所处的相对
位置关系。

如图6-25所示对建筑的分级解构，很多建筑部品会在20年或更短的时间内

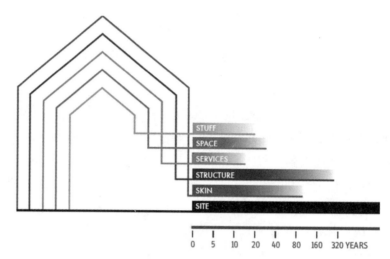

图6-25　Francis Duffy提出的建筑分级寿命
（资料来源：《可持续设计要点指南》，第112页）

更换，这是因为它们寿命相对较短、在功能上和技术上减弱或是影响外观而需替换。对这些寿命比较短的系统，从一开始就对它们寿命终止时作出计划变得很有必要。如果想延长建筑的寿命，那它就需要对不同寿命的各系统进行统筹调配，便于更新或回收，使其面对局部的使用模式、技术要求及材料寿命的改变时有足够的应变能力，从而获得建筑整体系统的平衡运行。由此，根据各系统的主要构成材料和部品的寿命，在表6-2中将各建筑系统归纳为三级，形成每一级系统内近似的运作年限。

通过对建筑寿命的分级，主系统是建筑的核心建构，作为建筑的总寿命标

按使用年限划分的三级建筑寿命系统表　　　　　　表6-2

| 系统分级 | 使用年限 | 代表系统 |
|---|---|---|
| 主系统 | 100年以内 | 钢结构系统、钢筋混凝土结构系统 |
| | 50年以内 | 钢结构厂房、砖混结构系统、砖木结构系统、干挂外饰面系统 |
| 二级系统 | 20年以内 | 水、暖、电设备系统、外墙保温系统、铺贴外饰面系统、合金门窗系统、隔墙系统、高档内饰面系统 |
| 三级系统 | 10年以内 | 屋面防水系统、喷涂外饰面系统、低档门窗系统、低档内饰面系统 |

准，一般指建筑的结构系统，钢结构和钢筋混凝土结构寿命较长，砖混、砖木及临时建筑的结构寿命略短，干挂外饰面因构造独立、用材耐久，寿命接近结构系统；二级系统以主系统为基础，预留更换的可行性和便易性措施，使建筑无论重新分隔、更换设备或是更改外墙都易于操作，主要指建筑的设备、保温、装修等大项；三级系统则位于建筑的最里或最外表层，需要经常更换，因此留有更大的改变余地，主要指防水、喷涂、低档装修等简单工序。建筑师应创造最大的可能性，使建筑逐步解构式地废弃，且在废弃后仍有多渠道的循环输出，有大量材料和部品能够获得再利用，可拆卸的建筑总比必须推倒摧毁的建筑要好。

### 6.3.3.2　部品原级再生

原级再循环即建筑材料或部品免去重新提取和加工，直接回到建筑的建造阶段进行再利用，因此材料在加工过程中的能量损耗率要比次级再循环低很多，是循环经济所提倡的理想模式。

普利兹克奖获得者王澍热衷于废旧材料的循环建造，在其作品宁波滕头案例馆、宁波历史博物馆、中国美术学院象山校区等作品中，不止一次地应用从老建筑上拆下来的木材、瓦片、砖头甚至已经残破的配件，并在新建筑上还原瓦爿墙等传统建构方式。王澍认为，将拆下来的材料重新运用于建造而不简单抛弃，传递了中国传统文化中对时间的体会。另一位热衷于传统文化的建筑师张永和在其作品京兆尹餐厅设计中，充分尊重了传统四合院场所，采用了传统材料当代做法的策略。从四合院中提取木、砖、瓦等典型材料用非常规的使用和建造方法组织：将木材当成砖来砌筑；砖叠涩本是墙的砌法，但被移植过来作吧台；屋顶上的瓦则用来搭屏风，实现了传统和现代的共生与结合（图6-26）。

对于建筑部品的完整再生具有比材料更直观的效果和更大的经济价值。哈尔滨辰能溪树庭院位于哈尔滨制氧机厂原址，其接待中心为原加工车间改造而成。在保留原厂房结构系统的基础上，拆除北部保存状况较差的局部墙体，更换门窗，增加了槽钢、玻璃幕墙等现代材料处理，加上建筑入口保留的原有加工车间的钢架吊车梁，使得工业时代的历史氛围清晰再现。位于黑龙江北安市的庆华军工遗址博物馆依托于原东北三省唯一的军工厂改造而成，是一个展示我国

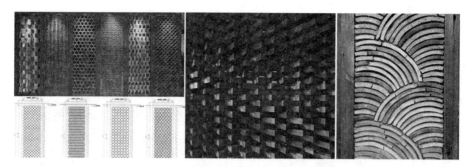

图6-26　京兆尹餐厅对砖瓦材料的原级再生（资料来源：http://www.fcjz.com）

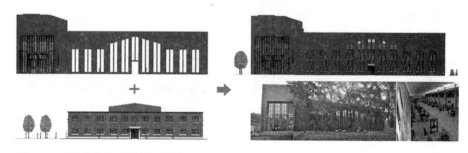

图6-27　枪械博物馆对建筑部品的原级再生

枪械研发生产的主题博物馆。出于对历史的还原和遗址的保护，博物馆完整保留了原厂房，但在破旧的红砖墙之外增加了一道现代感十足的黑色石材立面，将老建筑包入其中，通过韵律的开窗镂空出老建筑的外观，黑色与红色的碰撞，线条与图形的隐喻，使旧建筑与新材料进行对话和交流，激发了旧建筑的生命力，不仅是废旧材料和部品的再生，也使建筑的意境和文化得到再生（图6-27）。

### 6.3.3.3　废料次级循环

从全生命周期角度而言，材料在建筑的各个阶段均具有循环再生利用价值，废料的次级循环是对废弃材料进行重新提取并回到材料加工环节的完整循环。因此不能用单一经济性标准去衡量一种材料，还需关注其生物可降解性与耐久性的关系，即可回收性能。

对于建筑施工、旧建筑拆除时的固体废弃物，应对其中的可再利用材料、可再循环材料进行分类处理。再生性较好的材料有钢材、铝材、玻璃、木材

图6-28　乌德勒支高速路屏障对废弃钢材的次级循环
（资料来源：《情态建筑+结构逻辑——ONL事务所的设计与建造》，第76页）

等，其中型钢回收系数（每单位的废旧材料经过回收生产后得到的新的建筑材料的数量）为0.90，钢筋为0.50，铝材为0.95。废钢筋、钢丝及各种钢配件处理后可加工制成金属材料，碎玻璃可以回炉重新加工成玻璃制品或制成骨料，废木材可用来生产木芯板、压缩板、胶合板等装饰材料，砖、石、混凝土等经粉碎后可以带砂，这些都是典型的废弃材料次级循环措施，可直接和间接降低建造的环境负荷。在保证材料安全和环保性能的前提下，应增加以废弃物为原料生产的建筑材料的使用，保证可循环材料的使用重量占建筑材料总重量的10%以上。在荷兰乌德勒支高速路声学屏障设计中，ONL事务所的卡兹·欧斯特豪斯教授选用了附近厂房拆除而来的钢材。经过回收重新加工，制定了一系列结点和横梁连接系统，并借助参数化软件编制数以万计的单元模块，两个不同的变量共同形成这个以钢结构为支撑的大规模非标准体系构件，使废弃材料重新循环，转化为饱含时代性的城市标志景观（图6-28）。

## 6.4　协同建造成本的再生能源补给

能源的高额消耗是寒地建筑的典型特征，因此能源投入和使用效益直接关系到建筑的经济性。许多建筑如大型体育场馆、博物馆、展览馆因暖通空调、夜景亮化等能耗问题处于建得起、养不起的尴尬境地。国家体育场鸟巢承办活动时，在声光电设备全开、保证舒适和观赏效果的情况下一天的用电量达1万kWh；大连体育中心主体育馆设备参照NBA标准设计，承办一次比赛的费用需数十万元，中小城市根本无法承担。着眼于一个建筑的全生命周期，能源投入的总和决定了建筑的运营成本，并在很大程度上影响了建筑的成本总和，如果能在建造阶段协同合理的能源构成方式，提高能源绩效，以运营成本平衡建造成本，即是建造成本的价值提升。在前文对诸多利用能源以及提高能源效率的被动技术措施进行介绍之后，本节从能源构成的角度对以清洁、低碳为特征的再生能源进行补充。这种主动式再生能源技术可以协同传统矿物能源的应用，并逐步降低矿物能源比重，符合寒地建筑的可持续目标，以下将从能源拓展、能源储存、能源回收三个层次进行应变策略的介绍（图6-29）。

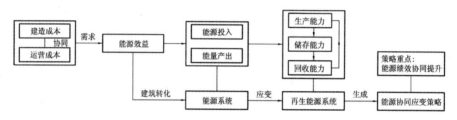

图6-29　协同建造成本的应变策略生成过程示意

## 6.4.1　热源替代的方式拓展

寒地建筑的能耗构成有别于其他气候区，随着温度降低对制冷要求逐渐减少，而基于煤炭资源的热能需求成为最大的能源消耗（图6-30）。据统计，我国北方地区城镇和农村年平均能源消费大致比例为：煤炭74%、电力13%、液化气8%、秸秆等生物质能源5%，其中的60%左右用于冬季采暖。以哈尔滨、沈阳等省会城市为例，国家计委、国家税务局在《关于北方节能住宅投资征收固定资产投资方向调节税的暂行管理办法》中规定的采暖期为176天和152天，在此期间每年消耗标准煤均逾500万t，供热面积上亿平方米，对可持续发展形成严重威胁。除合理的建筑环境标准和管理机制外，从设计层面提高能源利用方式、降低化石能源比重是可持续的关键。根据寒地的气候和地理特征，太阳

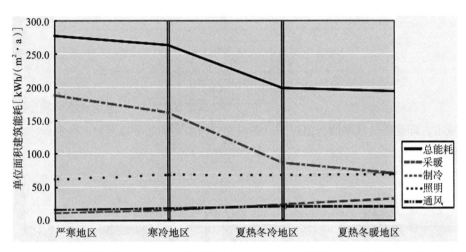

图6-30　各气候区单位面积的建筑能耗（资料来源:《大型公共建筑生态化设计研究》，第25页）

能、地热能以及风能三种相对丰富的资源适宜作为热能的替代能源，可用于降低煤炭的使用量。

### 6.4.1.1　太阳能建筑一体化

　　我国北方寒地太阳辐射资源丰富，随着人类对太阳能的利用到达相对成熟的阶段，已具备将太阳能转化为热能、电能、化学能等能源形式的先决条件。相对于寒地而言，前两种转化形式：太阳能光—热系统与太阳能光—电系统更有助于传统供热方式的替代和补充。在操作中，为了保证集热效果与美观效果的双向需求，应在满足技术措施的前提下将太阳能与建筑有机结合，保持与建筑和周边环境的和谐。太阳能与建筑一体化将建筑作为太阳能设施的载体，实现建筑的能源系统、设备技术与太阳能的高效协同，以此实现对能源需求和建造成本的有效应变。

　　（1）太阳能集热器与平屋面的一体化设计：这种方式最简单易行，其优点是安装简单，集热器可放置面积大，且便于调整朝向，对于朝向不利的建筑没有影响。在设置时，集热器朝向应以正南向为最佳，偏东20°至偏西20°次之；集热器的日照时数应不少于4h，排列整齐且互不遮挡；集热器与储水箱之间的连接管线穿过屋面时，应注意对其进行防水构造处理。从美观角度而言，集热

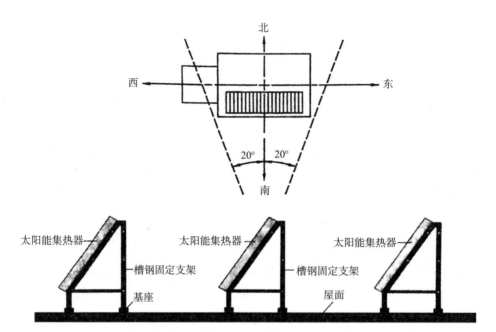

图6-31 平屋面上的太阳能安装示意（资料来源：《可持续建筑技术》，第329页）

器一般被女儿墙遮挡，不影响建筑的观感（图6-31）。在长春工业大学北湖校区的宿舍设计中，采用太阳能与电热锅炉协同供应生活热水的措施，在宿舍的平屋面上设置了大面积的太阳能集热器，结合仿坡的倾斜女儿墙进行遮挡，既满足了集热器的便利设置，同时实现了坡屋面的造型需求。

（2）太阳能集热器与坡屋面的一体化设计：在坡屋面上设置也是较好的方式，并可以省去在平屋面上的支架系统，通过屋面材质、坡度结合集热器的形态与质感使得建筑外观丰富，突显现代感。在设置时，集热器应在向阳的坡面上顺坡架空设置或镶嵌设置；集热器的倾角以当地纬度为主，冬季可增加10°，夏季可减少10°，由此确定了坡屋面适宜的坡度范围；在屋面上摆放时需综合立面比例、系统的平面空间、施工条件等因素。因屋面形式及维护的限制，坡屋面太阳能更适合应用在小型建筑中（图6-32）。早在20世纪90年代初，德国政府即启动了"千屋顶计划"，对集合式住宅屋顶进行大规模的太阳能改造和安装，如今这一低能耗措施在荷兰、瑞典等北欧国家已取得相当普遍的应用。国内哈尔滨工业大学正在负责的"十二五"科技支撑计划《严寒地区

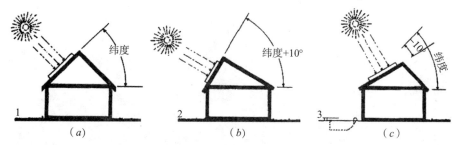

**图6-32　坡屋面上的太阳能安装示意**（资料来源：《可持续建筑技术》，第330页）
（*a*）普通角度；（*b*）冬季角度；（*c*）夏季角度

绿色村镇建设关键技术研究与示范》也包含这一措施。

（3）太阳能集热器与建筑立面的一体化设计：北方寒地太阳高度角较低，因此在立面上设置太阳能集热器也可获得较好的集热效果，但需考虑与建筑外观和门窗洞口的协调，以及面积和形状的限制。英国曼彻斯特的CIS太阳能大厦、北京的静雅酒店等案例均为结合玻璃幕墙或大面积实体墙面。此外，建筑外墙需考虑集热器的荷载、集热器支架与墙面的安装构造，低纬度地区为保证接收效果可使墙面与集热器保持一定倾角。已经出现的薄膜光伏板是新一代技术，因为它比传统的晶体硅光伏板更加轻薄、柔韧，且具有透明度，为与建筑立面设计的结合提供了更多的可能性。最新研制的IC集成系统将透明模块结合双层幕墙体系，这些由多种玻璃制成的模块安装在一个精确的太阳轨迹追踪机械上，通过菲涅尔透镜聚集太阳光。因为追踪太阳路径，该系统的工作效率远高于15%～20%的光伏板，可产生35%的发电效率，剩余的大约40%废热被转换成了高质量的热能。据悉，未来的芝加哥太阳能大楼将应用该项技术。

（4）太阳能集热器与建筑部品的一体化设计：这是一种与建筑实体相分离的装饰化设计策略。集热器通过与建筑构件的结合，自身集热的同时形成较好的遮阳、围护以及装饰效果。对于住宅、办公等规则建筑可结合突出的阳台板设置，形成独立的标准化预制组件，便于快速安装，在建筑上形成均匀的韵律，规模化的集热器还具有更加美观的效果。北京国电新能源技术研究院在屋顶上覆盖了约为3万m²的太阳能光伏板，形成一个为整个多层部分遮阳、隔热的现代化大屋檐，产生遮蔽和隔热效果，同时为建筑之间提供了带有遮蔽的路径，加强了建筑之间的联系（图6-33）。

太阳能与屋面一体化

世博会主题馆、长工大宿舍、太阳谷国际会议中心

优点：安装简单，放置面积大，便于调整集热器角度和方位，对建筑朝向无要求。

太阳能与部品一体化　　　　　　　　　　太阳能与立面一体化

国电新能源技术研究院　　　　　芝加哥阳太能大楼　　曼彻斯特的CIS大厦

优点：标准化预制组件便于快速安装，具有较好的遮阳、围护以及装饰效果。　　优点：适合高纬地区，形象隐蔽、美观。

图6-33　不同形式的太阳能建筑一体化案例（资料来源：http://www.ikuku.cn）

### 6.4.1.2　多源热泵

地球的表层之下蕴含着无限的热量，既包括地热水、地热蒸汽等可以直接利用的高品位能源，同时蕴含更广泛和普遍的是土壤、地下水、地表水中的低品位能源，需要通过相应的土壤源或水源热泵来提取，统称为地源热泵。该系统通过少量的电能消耗，将低温位热能向高温位转化，形成既可供热又可制冷的高效节能空调系统，比传统的采暖系统耗能少，且不占用建筑的使用空间。地源热泵系统一般由室外换热系统、热泵机组和室内末端系统三部分组成。根据室外换热系统的区别主要有土壤源热泵、地下水源热泵、地表水源热泵三种常见类型。

（1）土壤源热泵：该系统是一种借助闭路循环吸收地下岩土热量的热泵形式。通过循环液在封闭的地下埋管中流动，经过一个换热器实现系统与大地之间的传热。由于寒冷地区冬季冻土较深，以水为主的循环液中应掺入10%~20%质量浓度的甲醇或氯化钠等防冻液。地埋管换热器是其主要组成部分，设置形式包括垂直埋管、水平埋管、倾斜埋管三种。垂直埋管是在地面钻直径0.1~0.15m的钻孔，钻孔深度30~200m，孔中埋管以U形或螺旋形设置，并用灌浆材料填实。垂直式埋管占地面积小，且土壤深处温度和传热特性变化较小，机组性能较高。水平埋管是在地面挖1~2m深的沟，每个沟水平铺设管道。和垂直式相比，水平式初始投资较少，施工相对简单，但由于埋管较浅，土壤温度受季节变化、降雨等因素影响，机组性能波动较大。目前，黑龙江、吉林、辽宁、内蒙古等地区共十几个北方城市已经开始进行可再生能源供热推广试点，推广地源热泵供热技术。利用地下土壤中的恒温层提取热能，用于城市供热，减少靠烧煤供暖的比重。初步目标是将地缘热泵供热面积提高到供热总面积的30%，这样每个城市每年即可减少上百万吨的煤炭消耗。

（2）地下水源热泵：该系统是从水井抽取地下水，经过换热将地下水排入地表水系统或回灌到原地下水层。水质良好的地下水可以直接进入热泵换热，这种形式被称为开式环路。由于地下水温常年恒定，不存在结冻等问题，冬季比室外温度高，夏季比室外温度低，是非常理想的热源。因此，在地下水量充足、水位适宜的地区，地下水源热泵比土壤源更经济，只需一个抽水井和一个回灌井，建造更简便。丹东市浪头体育中心选址紧邻鸭绿江，即在协同考虑充足的地下水源优势与造价控制后应用了该系统，利用再生能源的循环降低场馆运行能耗，在成本允许范围内实现了长效运营。

（3）地表水源热泵：该系统是利用江、河、湖、海等地表水作为热源的热泵形式。地表水存在两个问题，一是水质普遍不如地下水，因此更适合采用闭式系统，减少换热器的损害；二是地表水温度波动较大，寒冷地区冬季水体会结冰，较深的水深才可保证底层足够的温度。由于地表水的应用比地下水源和土壤源更加便利，大连、青岛等北方沿海城市正在进行大型海水源热泵供热项目的开发。

### 6.4.1.3　风力制热

我国北方寒地广阔的平原和高原尽管饱受冬季冷风侵扰，同时也反映出所蕴含的丰富风能资源，对其开发利用以补充寒地建筑冬季高额的热电消耗，正是促进自然自身循环和平衡的可持续应变理念的绝佳体现。目前，建筑上应用的风轮机一般有两种形式：水平轴与垂直轴。水平轴风轮机源于最早的风车形式，朝向单一，是大型风轮机经常采用的形式；垂直轴风轮机多为小型设备，目前常见的有S形转子、H形转子、螺旋翼形转子等，通过转子的改进可以提升产能，同时产生更多美学上的变化，优点在于不依赖于风向，且噪声较小。应用风轮机进行风力制热主要有三种转换方式：

（1）风轮机发电，再将电能通过热阻丝，转化成热能；

（2）风轮机将风能转换成空气压缩能，通过空气绝热压缩释放热能；

（3）风轮机直接将风能转换成热能，如搅拌液体制热、固体摩擦制热等方式。

风轮机与建筑的一体化设计首先需要选择适宜的建筑条件。荷兰代尔夫特大学和Ecofys机构的合作项目总结了五种适合风力发电的建筑形式，并给出了各自条件下的风轮机工况和效率。这五种建筑形式定义了建筑群体形式对风速的影响（图6-34），分别是：风斗型（wind catchers）、集风型（wind collectors）、分风型（wind sharers）、聚风型（wind gathers）、无风型（wind dreamer）。其中风斗型建筑适合于配备小型水平轴风轮机，通常安装位置高且

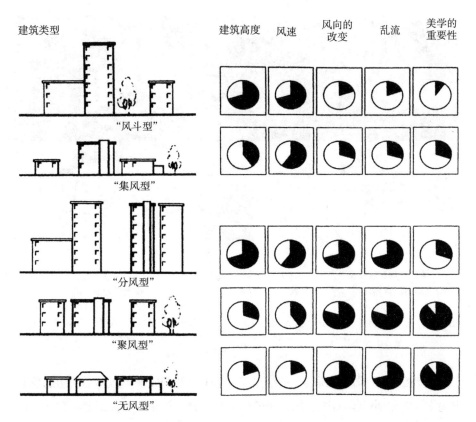

建筑类型　　　　　　　　　　建筑高度　风速　风向的　乱流　美学的
　　　　　　　　　　　　　　　　　　　　　　　改变　　　　　重要性

"风斗型"

"集风型"

"分风型"

"聚风型"

"无风型"

图6-34　　风轮机与建筑一体化的条件（资料来源：《尖端可持续性：低能耗建筑的新兴技术》，第110页）

分散，从相对自由的气流运动中收集能源；集风型建筑形体比较低矮，易受到乱流影响，因此适合垂直轴风力发电机；分风型建筑相对轮廓清晰且布局分散，造成该类建筑形式易产生疾风和湍流，多见于类型单一的办公区或工业厂区。根据上述风环境特征，可以采取对应的风轮机布置方式，或在拟利用风能的建筑设计中采用相应的建筑群体形式[①]。

　　风轮机与建筑的一体化设计还需根据建筑各部位的风环境确定适宜的风轮机安装位置。根据三种基本的空气动力模型（图6-35）以及4.2.2节中的分析可

① （英）彼得·F·史密斯. 适应气候变化的建筑——可持续设计指南［M］. 北京：中国建筑工业出版社，2010：68.

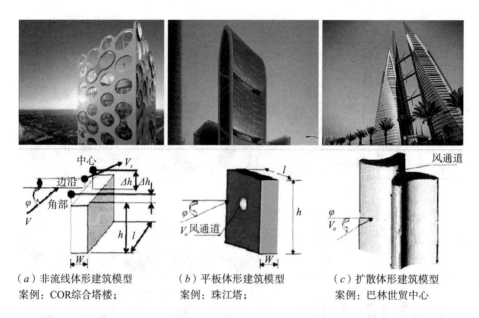

（a）非流线体形建筑模型　　　　（b）平板体形建筑模型　　　　（c）扩散体形建筑模型
案例：COR综合塔楼；　　　　　　案例：珠江塔；　　　　　　　案例：巴林世贸中心

图6-35　三种基本空气动力集中模型及案例（资料来源：《建筑设计的生态效益观研究》，第133页）

知，非流线建筑体形的顶端、平板建筑体形上的孔洞以及扩散体形的边缘位置风速较大。在小型建筑上应用时风轮机通常设置在屋顶，如英国北安普顿的联排住宅项目。而在大型建筑顶部设置时并不一定需要采用独立的设备形式，也可与建筑立面很好地结合，由Oppenheim设计的COR综合塔楼，风车变成了一个美学元素，与主体的开窗形式相呼应，平滑过渡而不显突兀。SOM设计的广州珠江塔在塔身上设置了4个6×6.8m的通道，借助平板体形上的孔洞效应即减小了大楼的风阻，又能进行风力发电。阿特金斯设计的巴林世贸中心则体现了最后一种空气动力原理，经过建筑外形曲率的向外扩散，在双塔中部的开口形成高速风效应，驱动3个巨大的风轮机，以替代大楼每年11%～15%的能耗。

## 6.4.2　能量存储的能力强化

人对能量的需求具有时效性，市政设施供应的能量是恒定的，而自然界中的可再生能量波动较大，且多数情况下与人的需求时段不吻合。为了更好地发挥环境效益，同时缓解矿物能源的消耗，需加强能量的存储能力，以延长可再生能源的使用时效，应变不同时段建筑与人的能量需求特征。寒冷地区可以储存的能量包括丰富的冷能，以及需求量较大的热能和光能。

### 6.4.2.1　冷能存储

我国大部分严寒与寒冷地区冬季降雪量丰富，城市中的积雪清理一直是一个难题，多数情况下采取任其自然融化或者运到郊外的方式，不仅浪费能源，而且积雪内残留的融雪剂会对城市绿化、水体和土壤造成污染。日本、北欧等国冬季对积雪加以集中存储，用于建筑制冷的技术值得我国寒地城市借鉴。雪制冷技术应用的原料是自然降雪，在解决积雪处理问题的同时充分利用了地方资源，有利于平衡季节间的能量需求差异，更重要的是雪作为一种普遍的可再生资源，在寒地具有巨大的发展潜力，契合寒地城市的可持续发展要求。在冬季将自然条件下形成的冰雪通过某种方式存储起来供来年建筑物空调供冷使用，是一种节能的自然冷源利用方式。北方地区很早就有将积雪埋在土壤之下，利用形成的低温储存食物的做法[①]。从技术方面来看，充分有效地利用自然冷能，主要需解决三方面的技术问题：集雪、储存和输送。

（1）冰雪的收集可以直接利用自然降雪，在降雪不足的地区也可以采用人工喷水现浇的方式在室外低温下自然结冰。

（2）储存原理是建立一个埋在地下的圆柱形储库，借助土壤形成天然保温，且不占地上空间（图6-36）。储库高度与直径根据供冷规模精确计算，在需要冷量时，通过一定的结构将储库中的冷量引出。表6-3所示是储库规模与储冷量、钢材消耗量、总外表面积对应数据[②]。

（3）输送采用闭式冷水制冷机，夏季时通过储库内的盘管将冷却水温降至18~20℃，若采用洁净的自来水浇冰时也可设置开式系统。整个系统的冷量损失一般在10%以内。

---

① 姬长发. 冰雪冷储存与利用技术新进展［C］. 2004年陕西省制冷学会学术年会会议论文集，2004：35-38.
② 余延顺，屈贤琳，徐辉，刘婧. 季节性冰雪蓄冷技术在建筑空调中的应用［J］. 解放军理工大学学报（自然科学版），2010，6：339-343.

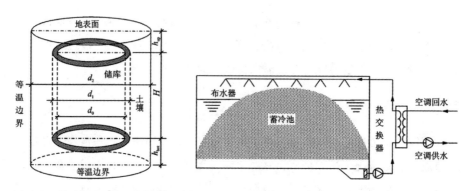

图6-36 储库设计示意及冷能交换原理图（资料来源：《解放军理工大学学报（自然科学版）》，第56页）

储库有关技术数据表      表6-3

| 序号 | 储冰罐直径/高度（m） | 总外表面积（m²） | 钢材耗量（约）(t) | 显冷量（MJ） | 潜冷量（MJ） | 储冰量（m²） | 可将30℃冷却水降温到20℃量(t) |
|---|---|---|---|---|---|---|---|
| 1 | 25/21 | 2631 | 123 | 390000 | 3400000 | 10000 | 91000 |
| 2 | 30/22 | 3487 | 163 | 590000 | 5200000 | 15000 | 130000 |
| 3 | 35/22 | 4343 | 203 | 800000 | 7000000 | 20000 | 180000 |
| 4 | 40/25 | 5655 | 265 | 1200000 | 10000000 | 30000 | 270000 |

注：冰的融化热为370kJ/kg；密度按0.9t/m³计算。

    天然冰雪存储最大的优点是零耗能，当达到一定规模的冰雪储存量后，使用效果相当可观。初步计算表明，储库投资经过一个夏季使用周期（3~4个月）即可全部回收。

    此外，冰上体育项目对于冰雪有直接需求，北方地区可借助冰雪存储延长体育项目在冬季以外的使用。如每年一度的内蒙古牙克石国际雪联越野滑雪夏季邀请赛，即是冬季在室外用锯末层和土壤遮盖大量的积雪，夏季挖开集中使用，暴露在室外高温下也足以满足2天的比赛需求。2014年索契冬奥会在高山滑雪赛场附近修建了大型的储雪设施，储存了45万m³的雪以备冬奥会举办时无雪或雪量不足时之需。冰上体育建筑更是天然的冷库，室内滑雪场、戏雪乐园等均可在冬季进行自然冰雪的补充和储存，以备全年使用。

### 6.4.2.2　热能存储

热能储存的对象主要是太阳辐射热，目的是消减建筑耗电量以及锅炉和供暖设备的容量，同时蓄热可以弥补太阳能的不稳定性和间断性的缺点，把白天过剩的太阳辐射储存起来，以供夜间和阴雨天使用。前文已经介绍过多种基于寒地条件的产热方式，但一定的储存能力和容量是必须条件，起到平衡能源效率的作用，无论从节能角度或是经济角度都极为重要。

热能储存按材料属性可分为显热储存与潜热储存两大类。第一，显热储存是研究和应用较早的储热方式，材料随温度的升高或降低进行吸热或放热，因此需要材料具有较高的热容量，主要类型有水储热、固体储热、空气储热等。利用水作为储热介质对于采暖和空调系统最为适用，如北方常见的太阳能热水系统；固体储热常用材料包括岩石、砂石、混凝土、钢材等，成本较低，而且都是建筑材料，蓄热墙体即是利用这一原理，利用岩石的储热能力在建筑地下设置岩石堆积床也可以获得较好的换热效率；空气储热最常见的形式是被动式阳光间，通过高透过性的玻璃罩形成密闭空间，太阳辐射加热空气，形成可流动的热量，还可在阳光间内结合蓄热墙体，加强储热效果。第二，潜热储存是指相变材料（PCMs）在发生相变前后产生大量吸热或放热的现象称为潜热。与显热储存相比优点在于储热密度大，储存相同的热量所需容积较小，且相变过程温度恒定，有利于设备保持稳定的热力效率和供热性能。通过应用于建筑表皮配件或墙体构造中，可为轻质墙体增加热工性能，满足美学和舒适性的要求，并起到调节室内温度、减少供暖和空调的作用，节能效益突出。由于价格和适用性的限制，潜热储存在建筑市场发展较为缓慢。目前研制的适合建筑供暖应用的相变材料是硫酸钠十水合物，此外可选材料还有氯化钙、六氢氧化物等。

热能储存按使用时效可分为昼夜性储热系统和季节性储热系统。昼夜性储热系统一般设置路径较短，直接结合建筑外形设置小型集热设施，利用每天的太阳辐射昼夜差别将白天的热量收集供全天候特别是夜间使用，如小型太阳能生活热水系统、蓄热墙系统等均属此类。季节性储热系统主要利用地下土壤的热稳定性而非太阳能，一般多以水作为储热材料。在地下设置温水和冷水两个储热池，夏季利用冷水降温，将加热的水排入温水池，冬季通过温水池水采暖，将降温后的水排回冷水池（图6-37）。在冬季漫长且日照较短的严寒地区，提供其他季节储存的热能可以大幅减少采暖负荷。德国柏林的议会大厦改造中分别在地下400m和40m深处各设置一个储热池，深的为温水层，储存夏季过剩的热能，浅的为冷水，储存冬季冷能，共同构成用于季节转换的大型采暖制冷系统。荷兰已在海牙市政厅等19个新建项目中完成该技术的应用，预计每年节约初始能源相当于150万m³天然气。

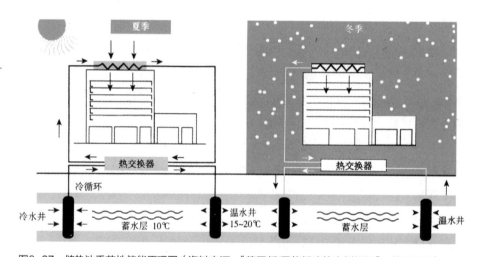

图6-37　储热池季节性储能原理图（资料来源：《德国低/零能耗建筑实例解析》，第178页）

### 6.4.2.3　电能存储

在过去的25年中，全世界范围内太阳能光伏发电技术的研发、示范及应用获得空前成功，具有循环再生能力的电能已成为最重要的可持续能源，为广大寒地建筑提供珍贵的光和热。随着光伏发电技术的成熟、并网发电的应用和光伏建筑一体化的发展，产能提高的同时还需考虑电能的储存能力、系统寿命以及环境效益。

当前的电能储存方式主要分为两类：第一是借助化学反应实现储能效果的各种蓄电池，如电解电容器、液流电池、超导储能等；二是借助物理变化的储能设备，如抽水储能、飞轮储能、压缩空气储能等[①]。建筑系统中，蓄电池仍是主要的储能方式，但通常使用的铅酸电池体积笨重、价格昂贵、存储效率不高，且含有铅、汞、镉等化学元素，如处理不好会对环境造成危害，因此，蓄电技术的改进与提高储能效率、降低建造和运营成本等目标息息相关。

　　未来最有发展前景的是效率更高的高能电池以及具有可持续意义的再生燃料电池。前者的代表之一是镍氢电池，比传统电池储量提升30%以上，且充电迅速。另如西班牙Graphenano公司和科尔瓦多大学合作研发的石墨烯聚合材料电池，储量是目前市场最好产品的三倍，且拥有更长的寿命和更快的充电速度，将在动力、发电等领域带来革命性进步。后者将电能转化为化学能，能量转换效率高且整个过程清洁、无污染。

### 6.4.3　低效能源的回收利用

　　寒地建筑中能源在输送和利用过程中的损耗是一个关系到建筑品质和能源效率的关键问题。以供暖系统为例，锅炉及附属设备的运行效率为55%～77%，室外网管的输送效率为85%～90%，进入建筑时已有近半能量流失掉，而从建筑排出时仍带有大量余热。这些低效能源还包括高温废气废热、冷却介质废热、废水废热、高温产品和炉渣废热等。尽管品位较低，但这些能源总量巨大，高达矿物燃料总消耗量的17%～67%，对其利用需与建筑成本以及设备经济性相协同（图6-38）。

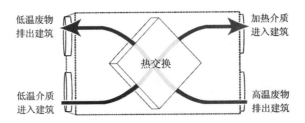

图6-38　热交换原理示意（资料来源：《可持续设计要点指南》，第77页）

---

① （英）彼得·F·史密斯. 尖端可持续性：低能耗建筑的新兴技术［M］. 北京：中国建筑工业出版社，2010：228.

### 6.4.3.1　空调系统的热能回收

对于建筑空调系统的废热回收主要有两方面的价值，一是有助于回收空调废热并制备廉价热水，二是可以改进机组工作效率、延长设备使用年限，进行废热回收改造后机组效率一般可提高5%～15%。在空调耗能量大且热水需求较多的旅馆建筑中，这一应变措施节能效益十分显著。

空调系统的热回收包括空气循环中的废气热回收和制冷循环中空调冷凝水的热回收两个方面：在换气循环中，建筑排出的废气与室内温度相同，而引入的新风与室外温度相同。在冬季建筑流失大量热量的同时引入大量低温空气，会造成室内温度降低，且温度较低的新风会造成人体不适，夏季则反之。通过在通风循环中引入热交换器，在温度较低的新风进入室内之前，与热交换器中温度较高的废气隔一层薄板相遇，使新风吸收废气热量而加热。假设建筑90%的换气都经过热交换器，而热交换器效率为60%，则相当于比直接的自然通风减少了54%的室内热量损失。作为关键部件，目前新型交叉式热交换器的回收效率可达85%，另一种对流式热交换器的效率为80%～90%，有的产品将两个热交换器串联，效率可达90%以上。在制冷循环中，制冷剂所排放的冷凝热量等同于冷水机组制冷量与输入功率之和，随着我们一直所追求的制冷效果的提升，大量冷凝热被排放到大气中，浪费能源的同时加剧了城市热岛效应。冷凝热包括直接式和间接式两种利用方式：直接式指从压缩机出来的制冷剂直接进入热回收器与自来水换热制备生活热水；间接式指利用空调冷凝器侧排出的经过加热的空气或冷凝水的热量制备生活热水，但效率较低，只能起到预热作用。

### 6.4.3.2　污水系统的热能回收

污水热能利用系统由取水点到利用对象的设备和管道组成，根据污水水质、取水点和用途不同，可形成不同的污水热能利用方式。

根据污水与热泵的热交换部分是否直接进行也可分为直接式系统和间接式系统：污水热能直接利用系统没有专门的换热系统，可与其他被动设计措施相结合，如将污水管线敷设在建筑入口或道路下促进冬季化冰融雪等，这种方式更加简便易行，在应变设计中应优先考虑。污水热能间接利用系统指通过增设换热系统对污水中的热量进行提取，然后加以利用。以污水为热源的空调系统一般由取水点、过滤器、热交换器、热泵、蓄热池、空调机、水泵及管道组成，具有以下特点：污水量比较稳定，来源可靠，温度年波动较小（15~25℃），节省电耗（图6-39）。据国外资料统计，中央空调以未处理水为热源可节省能耗40%~44%，还可减少污染物的排放。

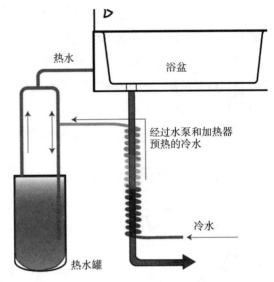

图6-39　生活污水间接利用示意
（资料来源：《可持续设计要点指南》，第79页）

### 6.4.3.3　建筑内部的热能回收

进深较大的建筑中，平面中心区远离外围护结构，因而四季受外界条件波动较小，加上人员、灯光、发热设备形成全年余热，即使寒地的冬季也能保持较高的室内温度。因此，可采用水环式水源热泵系统将中心区的余热转移至靠近外围护的外区，使内部多余的热能得以有效利用。该系统一般由室内水源热泵机组、水循环环路和辅助设备三部分组成，也可选用双管束冷凝器冷水机组。同理，建筑内的高温房间，如洗衣房、配电间、空调机房、电梯机房等，因设备全年不间歇运行散热量极大，个别温度甚至高达40℃以上，也可就近设置水源热泵系统。在这样的环境下热泵不但运行效率极高，还可制备生活热水，同时为房间提供所需冷量，免去制冷设备的投资和能耗。

纵向延展的高层建筑，室内温度往往会因使用性质和人员密度形成较大差别，同样可以借助水环式水源热泵系统利用高温区的余热补充低温区温度。伦佐·皮亚诺设计的位于英国伦敦的夏德大厦主体为一座310m高的三角形塔楼，在温度分区上将人流量较大的办公区放在低区，酒店放在中区，公寓则放在高区，因此协同了可持续的供热方式：采用低区办公区的余热为中区和高区提供部分供热，同时将整个建筑内的一部分余热储存供冬季使用，一部分用以驱动空气热泵对各区进行通风换气，通过自身的能量流动维持了整栋建筑内的热环境平衡（图6-40）。

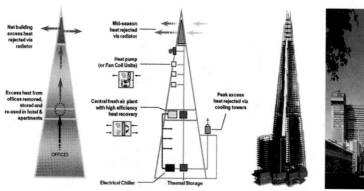

图6-40　夏德大厦的内部热能流动设计
（资料来源：《建筑与都市：奥雅纳可持续建筑的挑战》，第98页）

## 6.5　本章小结

　　桑德拉·波斯特在她的文章"承载力：地球的底线"中写道："作为人类社会，我们并未能够区分开以可持续的方式满足人类需求的技术与那些对地球产生危害的技术。"[①]本章所介绍的协同应变是可持续应变体系的合题阶段——即对寒地建筑建造环境的应变策略。协同促进原先孤立建筑系统的协调合作，整体加强，在建筑的初始建造阶段建立协同关系，对于建筑的全生命周期具有持续效益。基于对建造环境典型问题的提炼，重点从以下三个方面进行具体的

---

① 　桑德拉·波斯特，贡光禹. 承载能力——地球基本的能力［J］. 中国人口·资源与环境，1994，4：64-68.

应变策略引介：

（1）寒地建筑建造效率的低下与严酷自然条件下形成的复杂构造要求以及较短的施工季节直接相关，对其应变应从建筑的构造系统入手，通过改进构造方式和构造性能减少建造环节，形成与建造效率的协同设计。

（2）寒地建筑的建造品质主要由构成建筑的物料品质决定，对其应变应从建筑的部品系统入手，通过提升其绿色化程度形成与建造品质的协同设计。

（3）寒地建筑的建造成本与能源绩效，即建筑的能源消耗和效果反馈相关，对其应变应从建筑的能源系统入手，通过改进其构成方式和比重形成与建造成本的协同设计。具体策略见表6-4。

寒地建筑协同应变设计策略　　　　　　　　　　表6-4

| 应变形式 | 应变对象 | 应变主体 | 应变策略 |
|---|---|---|---|
| 协同应变 | 建造效率 | 集成构造 | 1. 通过在形式上集成构造的表现化作用，与建筑造型装饰需求相协同 |
| | | | 2. 通过在性能上集成构造的功能化作用，与建筑功能整合需求相协同 |
| | | | 3. 通过在规格上集成构造的模块化作用，与建筑定制量产需求相协同 |
| | 建造品质 | 绿色部品 | 4. 对寒地材料进行本土就近开发，进一步提升其绿色化程度和性能 |
| | | | 5. 对新型材料进行拓展和引介，应用对于资源、环境、功能有益的绿色建材 |
| | | | 6. 对废弃物料进行再循环发掘，重复利用寿命及性能较佳的材料和组件 |
| | 建造成本 | 再生能源 | 7. 对寒地建筑的供热方式进行补充，应用替代热能的清洁、廉价、高效能源 |
| | | | 8. 对寒地建筑的能量存储能力进行强化，延长能量的使用周期，补给不利时段 |
| | | | 9. 对建筑运行可能产生的低效能量进行回收，减少各环节、各系统的能量浪费 |
| 特征及意义 | | | |
| 合题：各系统间的开放协作 | 寒地建造环境 | 建筑建构系统 | 以协同应变策略整合全行业、多学科的技术力量，形成共同加强的附加效益，最终回应了寒地建筑适技的可持续诉求 |

# 结 论

本书研究成果如下：

（1）从变化的气候、行业、社会背景出发，对寒地建筑的发展现状及其所处的特殊环境进行全面解析，从而确定寒地建筑的设计问题作为研究对象。通过对国内外相关领域研究现状和发展趋势的客观陈述，提出寒地建筑适寒、适居、适技的需求，指出针对寒地建筑的可持续设计的迫切性，保证了本课题研究的意义。

（2）基于对相关背景及概念的界定，进一步介绍了应变设计和可持续思想的理论演进，重点对其内涵进行相关扩充和引介，得出应变设计与可持续思想在寒地建筑问题中自然观、人本观、社会观的高度契合。进而将两者结合形成本研究的理论基础和创新思路。

（3）对寒地建筑、寒地环境、设计媒介三个构成寒地建筑应变设计的要素进行解析，揭示了各要素的内在规律和特性。将应变作用机制与哲学三分法观点相整合，分解为正题—阻御、反题—调适、合题—协同，以此作为本研究的主要导向。依据其由外而内、由宏观到微观的层级关系形成原生环境下的阻御应变、次生环境下的调试应变、建造环境下的协同应变三个方面，构建起系统、完整的可持续寒地建筑应变设计策略框架。

（4）通过对寒地原生环境作用机制的剖析，引介出阻御应变的基本原理，通过寒地建筑外部形式的阻断隔离满足适寒的外部可持续需求。重点针对冬季冷风、冰雪侵袭和极寒温度三个典型原生环境问题，提出了城市格局、场域形态、界面性能三方面策略，构成可持续的阻御应变设计策略。

（5）通过对寒地次生环境作用机制的系统剖析，引介出调适应变的基本原理，通过寒地建筑内部性能的自我调节满足适居的内部可持续需求。重点针对高纬光照、热舒适度和内部生境三个典型次生环境问题，提出了游牧型空间、交互式功能、自组织场所三方面策略，构成可持续的调适应变设计策略。

（6）通过对寒地建造环境作用机制的系统剖析，引介出协同应变的基本原理，通过寒地建筑各系统的开放协作满足适技的建构可持续需求。重点针对建造效率、建造品质和建造成本三个典型建造环境问题，提出了集成构造、绿色部品、再生能源三方面策略，构成可持续的协同应变设计策略。

全文得出以下创新点：

（1）将可持续思想与应变设计结合，创新发展了寒地建筑设计理论。

（2）借鉴哲学三分法架构基于可持续思想的寒地建筑应变设计研究框架，提出了探索寒地建筑应变设计的新方法。

（3）提出了基于可持续思想的寒地建筑阻御、调适、协同应变设计三大策略。

寒地建筑的可持续设计是一个交织着理论与实践、方法与策略的庞杂课题。本研究基于对寒地建筑设计个性问题的探讨，旨在寻求有别于普适设计思路的突破，所涉范围较广，学科跨度较大，还有许多需要填补和完善之处。但该方向的研究确属关乎民生的应用性课题，契合当前寒地城市的发展需要，具有较好的应用前景和可持续意义，期待专家、同行的关注与指导。

# 参考文献

## 中文文献

［1］梅洪元. 寒地建筑［M］. 北京：中国建筑工业出版社，2012.

［2］杨维菊，齐康. 绿色建筑设计与技术［M］. 南京：东南大学出版社，2011.

［3］吴良镛. 世纪之交的凝思：建筑学的未来［M］. 北京：清华大学出版社，1999.

［4］张国强等. 可持续建筑技术［M］. 北京：中国建筑工业出版社，2009.

［5］吕爱民. 应变建筑：大陆性气候的生态策略［M］. 上海：同济大学出版社，2003.

［6］方立新，王琳琳. 绿色建筑的结构应变［M］. 北京：知识产权出版社，2010.

［7］林宪德. 绿色建筑——生态、节能、减废、健康［M］. 北京：中国建筑工业出版社，2011.

［8］孔宇航. 非线性有机建筑［M］. 北京：中国建筑工业出版社，2012.

［9］李念平. 建筑环境学［M］. 北京：化学工业出版社，2010.

［10］冷红. 寒地城市环境的宜居性研究［M］. 北京：中国建筑工业出版社，2009.

［11］王建国. 现代城市设计理论和方法［M］. 南京：东南大学出版社，1991.

［12］金广君. 图解城市设计［M］. 哈尔滨：黑龙江科学技术出版社，1999.

［13］刘加平，杨柳. 室内热环境设计［M］. 北京：机械工业出版社，2005.

［14］刘念雄，秦佑国. 建筑热环境［M］. 北京：清华大学出版社，2005.

［15］王班. 复杂性适应——当代建筑生态化的非线性形态策略［M］. 北京：中国建筑工业出版社，2013.

［16］阮海洪. 建筑与都市：奥雅纳可持续建筑的挑战［M］. 武汉：华中科技大学出版社，2011.

［17］许一嘉. 非标准改造：当代旧建筑非常规改造技巧［M］. 南京：江苏科学技术出版社，2013.

［18］赵劲松. 非标准功能：当代建筑非常规功能组织方式［M］. 南京：江苏科学技术出版社，2013.

［19］林雅楠. 非标准空间体验：当代建筑非常规体验空间设计［M］. 南京：江苏科学技术出版社，2013.

［20］宫新. 非标准装置：当代建筑自然材料的非常运用［M］. 南京：江苏科学技术出版社，2013.

［21］中国建筑文化中心. 世界绿色建筑——热环境解决方案［M］. 南京：江苏人民出版社，2012.

［22］陈秉钊. 可持续发展中国人居环境［M］. 北京：科学出版社，2003.

［23］于雷. 空间公共性研究［M］. 南京：东南大学出版社，2005.

［24］白德懋. 城市空间环境设计［M］. 北京：中国建筑工业出版社，2002.

［25］刘先觉. 现代建筑理论［M］. 北京：中国建筑工业出版社，1999.

［26］夏云. 生态与可持续建筑［M］. 北京：中国建筑工业出版社，2001.

［27］张神树. 德国低/零能耗建筑实例解析［M］. 北京：中国建筑工业出版社，2007.

［28］马峻. 创新设计的协同与决策技术［M］. 北京：科学出版社，2008.

［29］江亿，林波荣，曾剑龙，朱颖心. 住宅节能［M］. 北京：中国建筑工业出版社，2006.

［30］韩冬青，冯金龙. 城市·建筑一体化设计［M］. 南京：东南大学出版社，2000.

［31］田银生，刘韶军. 建筑设计与城市空间［M］. 天津：天津大学出版社，2001.

［32］（美）麦克哈格. 设计结合自然［M］. 黄经纬译. 天津：天津大学出版

社，2006.

［33］（苏）M·B·波索欣. 建筑、环境与城市建设［M］. 冯文炯译. 北京：
中国建筑工业出版社，1988.

［34］（美）罗伯特·格迪斯. 适合：一个建筑师的宣言［M］. 张加楠译. 济
南：山东画报出版社，2013.

［35］（法）勒·柯布西耶. 走向新建筑［M］. 陈志华译. 西安：陕西师范大
学出版社，2004.

［36］（英）爱德华兹. 可持续性建筑［M］. 第2版. 周玉鹏，宋晔皓译. 北京：
中国建筑工业出版社，2003.

［37］（英）彼得·F·史密斯. 适应气候变化的建筑——可持续设计指南
［M］. 北京：中国建筑工业出版社，2010.

［38］（美）布朗，德凯. 太阳辐射·风·自然光：建筑设计策略［M］. 常志
刚，刘毅军，朱宏涛译. 北京：中国建筑工业出版社，2008.

［39］（英）安妮·切克，保罗·米克尔斯维特. 可持续设计变革［M］. 张军
译. 长沙：湖南大学出版社，2012.

［40］（意）维佐里，曼齐尼. 环境可持续设计［M］. 刘新，杨洪君，覃京燕
译. 北京：国防工业出版社，2012.

［41］（日）藤本壮介. 建筑诞生的时刻［M］. 张钰译. 桂林：广西师范大学
出版社，2013.

［42］（英）菲利普·斯特德曼. 设计进化论：建筑与实用艺术中的生物学类比
［M］. 魏淑遐译. 北京：电子工业出版社，2013.

［43］（日）日本建筑学会. 建筑论与大师思想［M］. 徐苏宁，冯瑶，吕飞译.
北京：中国建筑工业出版社，2012.

［44］（德）黑格尔. 逻辑学［M］. 杨一之译. 北京：商务印书馆，1981.

［45］（美）玛丽·古佐夫斯基. 可持续建筑的自然光运用［M］. 汪芳等译.
北京：中国建筑工业出版社，2004.

［46］（美）杰恩·卡罗恩. 可持续的建筑保护［M］. 陈彦玉等译. 北京：电
子工业出版社，2013.

［47］（英）罗伯特·克罗恩伯格. 可适性：回应变化的建筑［M］. 武汉：华

中科技大学出版社，2013.

［48］（美）大卫·伯格曼. 可持续设计要点指南［M］. 徐馨莲，陈然译. 南京：江苏科学技术出版社，2014.

［49］（英）珍妮·洛弗尔. 建筑设计要点指南：建筑表皮设计要点指南［M］引进版. 李宛译. 南京：江苏科学技术出版社，2013.

［50］（美）巴里·W·斯塔克. 景观设计学：场地规划与设计手册［M］原著第5版. 朱强译. 北京：中国建筑工业出版社，2014.

［51］（美）约翰·伦德·寇耿. 城市营造：21世纪城市设计的九项原则［M］. 赵瑾等译. 南京：江苏人民出版社，2013.

［52］（美）刘易斯·芒福德. 城市发展史［M］. 倪文彦等译. 北京：中国建筑工业出版社，1989.

［53］（美）埃德蒙·N·培根等. 城市设计［M］. 北京：中国建筑工业出版社，1989.

［54］（美）莫森·莫斯塔法维. 生态都市主义［M］. 俞孔坚译. 南京：江苏科学技术出版社，2014.

［55］（意）布鲁诺·赛维. 建筑空间论［M］. 张似赞译. 北京：中国建筑工业出版社，1985.

［56］（奥）陶在朴. 生态包袱与生态足迹［M］. 北京：经济科学出版社，2003.

［57］（日）黑川纪章. 新共生思想［M］. 覃力等译. 北京：中国建筑工业出版社，2009.

［58］（挪）诺伯格·舒尔茨. 场所精神：迈向建筑现象学［M］. 施植明译. 武汉：华中科技大学出版社，2010.

［59］（美）汤姆·梅恩. 复合城市行为［M］. 丁峻峰等译. 南京：江苏人民出版社，2012.

［60］（德）赫尔曼·哈肯. 大学译丛：协同学（大自然构成的奥秘）［M］. 凌复华译. 上海：上海译文出版社，2013.

［61］（英）彼得·F·史密斯. 尖端可持续性：低能耗建筑的新兴技术［M］. 邢晓春，郁漫天，沈小钧等译. 北京：中国建筑工业出版社，2010.

［62］王建华. 基于气候条件的江南传统民居应变研究［D］. 杭州：浙江大学博士论文，2008.

［63］石婷婷. 应变建筑外界面及其审美特征［D］. 上海：同济大学硕士论文，2005.

［64］刘洋. 建筑空间应变设计研究［D］. 大连：大连理工大学硕士论文，2005.

［65］徐颖. 住宅应变性研究［D］. 昆明：昆明理工大学硕士论文，2005.

［66］苏丽萍. 住宅空间应变性的设计研究［D］. 哈尔滨：东北林业大学硕士论文，2012.

［67］庄磊. 建筑节能设计中的应变节能研究［D］. 杭州：浙江大学硕士学位论文，2008.

［68］王嘉亮. 仿生·动态·可持续——基于生物气候适应性的动态建筑表皮研究［D］. 天津：天津大学博士学位论文，2007.

［69］张骏. 东北地区地域性建筑创作研究［D］. 哈尔滨：哈尔滨工业大学博士论文，2009.

［70］海佳. 基于共生思想的可持续校园规划策略研究［D］. 广州：华南理工大学博士论文，2011.

［71］张璐. 应对降雪天气的城市道路及其设施规划设计研究［D］. 哈尔滨：哈尔滨工业大学硕士学位论文，2010.

［72］蔡琴. 可持续发展的城市边缘区环境景观规划研究［D］. 北京：清华大学博士论文，2007.

［73］杨志伟. 室内生态设计的原则及设计方法探析［D］. 天津：天津大学硕士学位论文，2010.

［74］王舒扬. 我国华北寒冷地区农村可持续住宅建设与设计研究［D］. 天津天津：大学博士论文，2011.

［75］李长虹. 可持续农业社区设计模式研究［D］. 天津：天津大学博士论文，2012.

［76］卢胜. 居住区园林可持续设计研究［D］. 北京：北京林业大学博士论文，2010.

［77］胡云亮. 大型公共建筑绿色度评价研究［D］. 天津：天津大学硕士学位论文，2008.

［78］贺静. 整体生态观下既存建筑的适应性再利用［D］. 天津：天津大学博士学位论文，2004.

［79］尹晶. 生态建筑的实践性研究［D］. 西安：西安建筑科技大学博士学位论文，2008.

［80］史立刚. 大型公共建筑生态化设计研究［D］. 哈尔滨：哈尔滨工业大学工学博士学位论文，2007.

［81］苏朝浩. 结构艺术与建筑创作之协同研究［D］. 广州：华南理工大学博士学位论文，2010.

［82］李蕾. 建筑与城市的本土观［D］. 上海：同济大学博士学位论文，2004.

［83］黄献明. 绿色建筑的生态经济优化问题研究［D］. 北京：清华大学硕士学位论文，2006.

［84］蔡洪彬. 建筑设计的生态效益观研究［D］. 哈尔滨：哈尔滨工业大学博士论文，2010.

［85］吴良镛. 关于建筑学未来的几点思考［J］. 建筑学报，1997（2）.

［86］刘新. 可持续设计的观念、发展与实践［J］. 创意与设计，2010（2）.

［87］梅洪元. 适宜与适度理念下的寒地建筑创作［J］. 城市环境设计，2012（Z1）.

［88］郭恩章. 东北地区城市建筑的发展与特色［J］. 时代建筑，2007（6）.

［89］卡雷斯·瓦洪拉特. 对建构学的思考——在技艺的呈现与隐匿之间［J］. 邓敬，朱涛译. 时代建筑，2009（5）.

［90］陈华晋，李宝骏，董志峰. 浅谈建筑被动式节能设计［J］. 建筑节能，2007，3.

［91］冷红，袁青，郭恩章. 基于"冬季友好"的宜居寒地城市设计策略研究［J］. 建筑学报，2007，9.

［92］何镜堂. 现代建筑创作理念、思维与素养［J］. 南方建筑，2008，1.

［93］张彤. 整体地域建筑理论框架概述［J］. 华中建筑，1999，3.

［94］朱颖心. 绿色建筑评价的误区与反思——探索适合中国国情的绿色建筑

评价之路［J］. 建设科技，2009，14.

［95］仇保兴. 我国建筑节能潜力最大的六大领域及其展望［J］. 建设技术，2011，1.

［96］王桂山，徐庆阳. 论黑格尔逻辑思维三阶段的辩证法思想［J］. 辽宁教育学院学报. 1992，2.

［97］蒋样明，崔伟宏，董前林，彭光雄. 多时间尺度上研究中国近代气温变化规律［J］. 生态环境学报，2010，9.

［98］毛开宇. 适应气候变化的寒地城市建设思考［J］. 湘潭大学自然科学学报，2005，9.

［99］宿晨鹏，梅洪元，陈剑飞. 城市地下空间集约化设计内涵解析［J］. 华中建筑，2008，6.

［100］马涛. 基于地域和场地的建筑创作观照［J］. 建筑师，2005，6.

［101］王玉平，李宁，杨易栋等. 建筑与基地的亲和性——中国禄丰侏罗纪世界遗址馆设计回顾［J］. 建筑学报，2010，2.

［102］李健，宁越敏. 西方城市社会地理学主要理论及研究的意义——基于空间思想的分析［J］. 城市问题，2006，6.

［103］李世芬，冯路. 新有机建筑设计观念与方法研究［J］. 建筑学报，2008，9.

［104］汪丽君，彭一刚. 以类型从事建构——类型学设计方法与建筑形态的构成［J］. 建筑学报，2001，8.

［105］冯路. 表皮的历史视野［J］. 建筑师，2004，8.

［106］刘涤宇. 表皮作为方法——从四维分解到四维连续［J］. 建筑师，2004，8.

［107］朱锫. 类型学与阿尔多·罗西［J］. 建筑学报，1992，5.

［108］王非，梁斌. 当代体育建筑表皮设计的生态化初探——以大连体育中心网球场为例［J］. 城市建筑，2012，7.

［109］梅洪元，陈禹，杜甜甜，解潇伊. 从"全运"到"全民"——由第十二届全运会看体育建筑新发展［J］. 建筑学报，2013，10.

［110］赵锡珠，陈曦. 寒地城市公共空间环境的设计策略［J］. 低温建筑技

术，2006，2.

[111] 梁斌，梅洪元. 基于应变思想的寒地大学校园适寒规划策略与实践 [J]. 城市建筑，2015，2.

[112] 周诣. 东北地区寒地城市的特色营造 [J]. 山西建筑，2007，6.

[113] 徐苏宁. 创作符合寒地特征的城市公共空间 [J]. 时代建筑，2007，6.

[114] Jesper Dahl.城市空间与交通 [J]. 李华东，王晓京译. 建筑学报，2011，1.

[115] 唐明，朱文一. "城市文本"———一种研究城市形态的方法 [J]. 国外城市规划，1998，4.

[116] 汪原. "日常生活批判"与当代建筑学 [J]. 建筑学报，2004，8.

[117] 张烨. 作为过程的公共空间设计 [J]. 建筑学报，2011，1.

[118] 孙超法. 建筑气候缓冲空间的设计研究[J]. 深圳土木与建筑，2006，4.

[119] 王立全. 信息社会对建筑空间发展的影响 [J]. 西北建筑工程学院学报，2002，12.

[120] 修龙，丁建华. 绿色建筑设计的思考与实践 [J]. 建筑技艺，2014，3.

[121] 杜治平. 冬季供暖室内温度标准之我见 [J]. 区域供热，2008，2.

[122] 陈红兵，涂光备，李德英，王耀. 大空间建筑分区空调负荷的研究 [J]. 煤气与热力，2005，4.

[123] 肖金媛. 可持续发展的室内生态设计观 [J]. 华中建筑，2006，7.

[124] 邹晓周，曲菲. 绿色节能主义之低碳建筑 [J]. 建筑节能，2009，4.

[125] 王晖. 西藏阿里苹果小学 [J]. 时代建筑，2006，4.

[126] 袁峰，林磊. 中国传统地方材料的当代建筑演绎 [J]. 时代建筑，2008，4.

[127] 韩旭亮，陈滨，朱佳音. 建筑热设计优化经济性分析及案例研究 [J]. 建筑科学，2014，4.

[128] 周晖. 我国绿色办公建筑被动设计对主动技术的适应性策略 [J]. 华中建筑，2011，3.

[129] 宇霞，杨勇. 全寿命周期建筑节能的经济效益评价 [J]. 生态经济，2009，5.

［130］夏春艳. 浅谈建设项目全寿命周期成本控制［J］. 科技经济市场，2009，5.

［131］王晓琳，左刚. 浅谈寒地城市气候防护策略［J］. 低温建筑技术，2009，3.

［132］叶青. 绿色建筑共享——深圳建科大楼核心设计理念［J］. 建设科技，2009，8.

［133］余延顺，屈贤琳，徐辉，刘婧. 季节性冰雪蓄冷技术在建筑空调中的应用［J］. 解放军理工大学学报（自然科学版），2010，6.

［134］徐兴奎. 1970—2000年中国降雪量变化和区域性分布特征［J］. 冰川冻土，2011，6.

［135］杜疆. 突现论与心—身协同［C］. 第三届全国科技哲学暨交叉学科研究生论坛文集，2010.

［136］姬长发. 冰雪冷储存与利用技术新进展［C］. 2004年陕西省制冷学会学术年会会议论文集，2004.

［137］杨易，钱基宏，金新阳. 大跨屋盖结构雪荷载的模拟研究［C］. 第十四届空间结构学术会议论文集，2012.

［138］国家发展改革委. 国家适应气候变化战略［Z］，2013.

［139］中华人民共和国建设部. 绿色建筑评价标准GB/T 50378［S］. 北京：中国建筑工业出版社，2006.

［140］中华人民共和国住房和城乡建设部. 严寒和寒冷地区居住建筑节能设计标准JGJ 26［S］. 北京：中国建筑工业出版社，2010.

［141］中华人民共和国建设部. 民用建筑设计通则GB 50352［S］. 北京：中国建筑工业出版社，2005.

［142］中华人民共和国建设部. 城市绿地分类标准CJJ 85［S］. 北京：中国建筑工业出版社，2002.

［143］中华人民共和国住房和城乡建设部. 建筑结构荷载规范GB 50009［S］. 北京：中国建筑工业出版社，2012.

［144］中华人民共和国住房和城乡建设部. 夏热冬冷地区居住建筑节能设计标准JGJ 134［S］. 北京：中国建筑工业出版社，2010.

[145] 中华人民共和国建设部. 建筑采光设计标准GB T50033［S］. 北京：中国建筑工业出版社，2001.

[146] 中华人民共和国建设部. 室内空气质量标准GB/T 18883［S］. 北京：中国建筑工业出版社，2002.

[147] 中华人民共和国建设部. 公共建筑节能设计标准GB 50189—2005［S］. 北京：中国建筑工业出版社，2005.

## 外文文献

[148] UK BREEAM. BREEAM98 for Offices—An Environmental Assessment Method for Office Building［S］. Building Research Establishment（BRE），2000.

[149] US Green Building Council. Leadership in Energy and Environmental Design Rating System Version2.0（LEED2.0）［S］，2001.

[150] Carlo V., Ezio M. Design for Environmental Sustainability［M］. Springer-Verlag London Limited，2008.

[151] Solomon S. D., Qin M., Manning Z., et al. Summary for Policymakers［M］//Climate Change 2007：The Physical Science Basis. Contribution of Working Group I to the Fourth Assessment Report of the Intergovernmental Panel on Climate Change. Cambridge and New York：Cambridge University Press，2007.

[152] Moody E., King M. D., S. Platnick C., et al. Comparisons of Temporal and Spatial Trends in the Spatially Complete Global Spectral Surface Albedos Products［J］. IEEE Transactions on Geosciences and Remote Sensing，2005，1.

[153] Liang B., Mei H. Y. Tentatively Research on Responsive Design of Architectural Spaces in Cold Region of Northeastern China［C］. 2013 International Conference on Structures and Building Materials（ICSBM 2013）：Part 3 Construction and Urban Planning. Zurich：Trans Tech

Publications Ltd., 2013.

［154］Vassigh S. Best Practices in Sustainable Building ［M］. Ross Publishing, 2012.

［155］Holley H. Becoming a Green Building Professional ［M］. Wiley, 2012.

［156］Jerry Y. Green Building through Integrated Design（Green source Books）（McGraw-Hill's Greensource）［M］. McGraw-Hill Professional, 2008.

［157］Steven H., Simmons Hall: Source Books in Architecture ［M］. Princeton Architectural Press, 2004.

［158］Jane J. The Death and Life of Great American Cities ［M］. Random House & Reissue edition, 2002.

［159］Allan B. J. The Boulevard Book ［M］. London: MIT Press, 2002.

［160］Andres D., Elizabeth P. Z., Robert A. The New Civic Art: Elements of Town Planning ［M］. NY: Rizzoli, 2003.

［161］Natasha K., Husrul N. H. Sustainable Building Rating Tool towards Learning Improvement in Malaysia's Higher Institution: A Proposal［C］. The Proceedings of 2011 International Conference on Social Science and Humanity-Section1, 2011.

［162］Communities and Local Government. Energy Performance Certificate（Public and Commercial Buildings）at Planning ［J］. Building and the Environment, 2012.

［163］T. E. Glavinich.Contractors Guide to Green Building Construction: Management Project Delivery, Documentation, and Risk Reduction ［J］. John Wiley& Sons Publisher, 2008, 8.

［164］C. A. Boyle.Sustainable Buildings of Civil Engineering ［J］. Engineering Sustainability, 2005, 48.

［165］M. Montoya. Green Building Fundamentals: A Practical Guide Tounder Standing and Applying Fundamental Sustainable Construction Practices and the（LEED）Green Building Rating System ［M］. Pearson Education Publisher, 2010.

［166］Charles D. C., John Z. Numerical Analysis of Performance of a Building Integrated Photovoltaic—Thermal Collector System ［A］. The First International Conference on Building Energy and Environment Proceedings, 2008.

［167］Sangeeta R., Swaptik C. Earth as an Energy Efficient and Sustainable Building Material ［J］. International Scientific Academy of Engineering and Technology, 2013, 8.

［168］Alessandro T. Recycling Resources in Sustainable Building ［Z］. Abstracts of Papers of 7th World Congress on Recovery, Recycling and Reintegration, 2005.

［169］Abair J. W. Green Buildings: What It Means to Be "Green" and the Evolution of the Green Building Legislation ［J］. Urban Lawyer, 2008, 40.

［170］Amirul Imran M. Ali, Nadzirah Zainordin. User Perception towards Green Building Practise at Pusat Tenaga Malaysia（Geo Building）［J］. Planetary Scientific Research Center Conference Proceedings, 2013, 32.

［171］Takako F., George H. Differences in Comfort Perception in Relation to Local and Whole Body Skin Wettedness ［J］. European Journal of Applied Physiology, 2009, 106.

［172］Golja P., Kacin A., Tipton M. J., et al. Hypoxia Increases the Cutaneous Threshold for the Sensation of Cold ［J］. European Journal of Applied Physiology, 2004, 92.

［173］Kjell S. B. The Sundsvall Hospital Snow Storage ［J］. Cold Regions Science and Technology, 2001, 32.

［174］Kjell S. The Sundsvall Regional Hospital Snow Cooling Plant-Results from the First Year of Operation ［J］. Cold Regions Science and Technology, 2002, 34.

［175］Bauer M., Mösle P., Schwarz M. Green Building-Guidebook for Sustainable Architecture 2009 ［M］. New York: Springer Publisher, 2009.

## 网站

［176］百度百科http://baike.baidu.com/.

［177］中国数字科技馆http://www.cdstm.cn/.

［178］筑龙网http://www.zhulong.com.

［179］中国建筑报道网http://www.archreport.com.cn.

［180］谷德设计网http://www.gooood.hk/Architecture.htm.

［181］在库言库http://www.ikuku.cn/.

［182］http://www.autodesk.com.cn/ Autodesk.

# 附 录

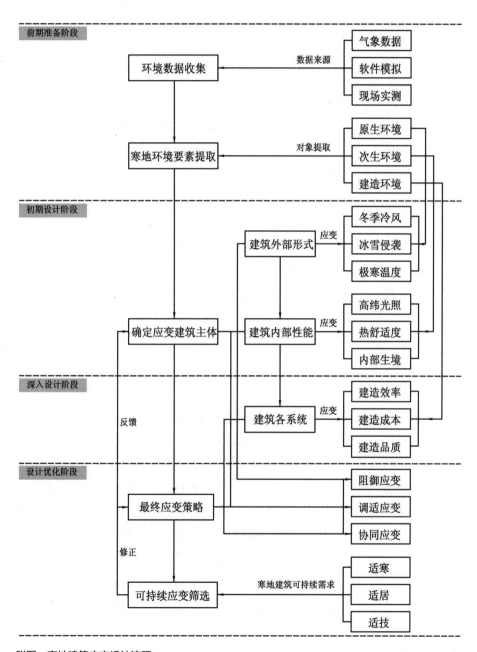

附图 寒地建筑应变设计流程

# 后 记

本书自2013年开始构思,2015年完成初稿,至此次修改出版历时五年,是对我个人专业道路上实践与思考最为集中的一个阶段性总结。

2003年我来到哈尔滨工业大学求学,形成了对北方寒地城市环境及寒地建筑的直观体验和认识。作为中国建筑"老八校"中纬度最北的一个,我们的建筑教育入门几乎将区分南方和北方建筑放在对空间的认知之前,门斗、窗井、火炕、49墙是我最早记住的建筑名词和最先了解的应对严酷环境的设计对策,此时也是本书所研究的应变设计的萌芽时期。

2008年起跟随恩师梅洪元教授攻读硕士和博士学位,开始对寒地建筑进行系统的梳理,同时获得了大量的实践机会,包括见证和参与了我国的新校园和体育场馆建设热潮。在大规模建设、高强度开发的设计项目中,经常需要思考如何降低环境影响、如何控制综合成本以及如何建立方案优势等问题,后经梅老师点拨找到"应变"二字,顿悟这几年所有的设计实践竟始终没有离开过环境——回应环境者大多成功,忽略环境者大多失败。于是,"寒地建筑应变设计"成为我12年哈尔滨工业大学求学生涯的总结。

2015年我回到家乡的西安建筑科技大学任教,从气候分区上仍然没有脱离寒地这个范畴,应变设计思想在我的项目实践和科研工作中得以延续。我主持的国家自然科学基金课题《基于平赛结合的中小型冰上运动体育馆可变设计模式及技术方法研究》以及博士后基金课题《兼顾冰上项目的寒冷地区体育馆低能耗转换设计模式研究》均包含了应变的衍生概念、建筑与特殊环境的交互关系等核心内容,课题的研究过程也是对本书主旨的进一步提炼、转译和添补。

2016年有幸做了刘加平院士的博士后,刘院士领衔的建筑技术二级学科是西建大的优势方向。相比较五年建筑学教育形成的设计思维,对建筑技术不管是在知识储备还是研究方法上都存有较大差异,如何让本科生完成从设计思维到技术思维的自然过渡，而非在研究生阶段将设计与技术的沟壑陡然拉大，这是教育需要解决的。突然发现，兜兜转转又回到了建筑教育的问题。应变设计思想反映了设计和技术的逻辑关系，或许可以帮助学生更容易地理解技术的本原，从被动和低技逐步走向高技的学习，也可以帮助我这类门外之人一窥技术的奥义。

五年的写作和完善过程，其间不断遇到引发思考的人和事，无数次徘徊于肯定和自我否定，庆幸自己没有改变坚持。即便此时，本研究也只是起点，希望对各位读者朋友有所启发。

**图书在版编目（CIP）数据**

寒地建筑应变设计/梁斌，梅洪元著．—北京：中国建筑工业出版社，2017.12
（寒地建筑理论研究系列丛书）
ISBN 978-7-112-21548-5

Ⅰ.①寒…　Ⅱ.①梁…②梅…　Ⅲ.①寒冷地区—建筑设计　Ⅳ.①TU2

中国版本图书馆CIP数据核字（2017）第288923号

责任编辑：刘　川　徐　冉
责任校对：芦欣甜

寒地建筑理论研究系列丛书
**寒地建筑应变设计**
梁　斌　梅洪元　著
\*
中国建筑工业出版社出版、发行（北京海淀三里河路9号）
各地新华书店、建筑书店经销
北京锋尚制版有限公司制版
北京中科印刷有限公司印刷
\*
开本：787×1092毫米　1/16　印张：18　字数：294千字
2017年12月第一版　2017年12月第一次印刷
定价：**69.00**元
ISBN 978 – 7 – 112 –21548 – 5
　　　　（31209）